内容简介

　　本书重点阐述了枣安全生产的关键技术，介绍了枣果的名优新品种、枣树的生物学特性、枣树育苗、枣园建设、枣树栽植与管理，并根据枣树生长类型选择有代表性的金丝小枣、冬枣、婆枣，从幼树定植、整形修剪、结果树管理到老树更新、优质果的生产、贮藏保鲜、制干等技术方面作了详尽介绍，并结合目前枣生产中存在的问题提出切实可行的解决办法。本书可供从事枣树育苗、枣树栽培、枣果贮藏人员及各级果树技术人员在生产实践中参考使用，也可做专业培训教材使用。

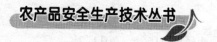

农产品安全生产技术丛书

枣

安全生产技术指南

周正群　主编

中国农业出版社

图书在版编目（CIP）数据

枣安全生产技术指南/周正群主编.—北京：中
国农业出版社，2011.8
（农产品安全生产技术丛书）
ISBN 978-7-109-15934-1

Ⅰ.①枣…　Ⅱ.①周…　Ⅲ.①枣—果树园艺—指南
Ⅳ.①S665.1-62

中国版本图书馆 CIP 数据核字（2011）第 151171 号

中国农业出版社出版
（北京市朝阳区农展馆北路 2 号）
（邮政编码 100125）
责任编辑　贺志清

中国农业出版社印刷厂印刷　　新华书店北京发行所发行
2012 年 1 月第 1 版　　2012 年 1 月北京第 1 次印刷

开本：850mm×1168mm 1/32　印张：9
字数：220 千字
定价：18.00 元
（凡本版图书出现印刷、装订错误，请向出版社发行部调换）

编写人员

主　　编：周正群

副 主 编：侯福华　韩金德
　　　　　杜增峰

编写人员：周正群　侯福华
　　　　　韩金德　杜增峰
　　　　　周　彦

前　言

　　红枣是我国的名优特产，栽培历史悠久，以其良好的口感和药食同源的上佳品质受到国内外消费者的青睐，市场前景广阔，农民的栽培效益好，仍然是目前产业结构调整中的首选果树品种。目前生产上仍存在一些影响枣果产量和品质的问题亟待解决。为促进枣生产发展，优化生态环境，生产出令消费者放心的安全果品，满足市场需求，帮助农民提高枣树栽培的经济效益，尽快踏上小康之路，特邀请长期工作在生产第一线的技术人员编写此书。本书简明扼要地解答了枣生产中存在的问题，目的是帮助枣树的栽培和经营者，更好地掌握枣树的安全无公害栽培、保鲜、贮藏技术，能随时解决生产中出现的问题，从而获得更高的经济效益。

　　食品安全关系到人类的生存与健康，世界各国十分关注，我国政府也非常重视，制定了食品安全计划和实行市场准入制度。本书编写的枣树栽培技术符合无公害食品标准要求，枣果生产达到我国新规定的食品安全标准。在编写过程中，作者根据自己几十年的实践并参阅了大量的科技资料，丰富了本书的内容，更突出了本书技术的先进性和实用性。书后所列参考书目可能有遗漏，在此特向原作者表示感谢和敬意。

　　为使本书更贴近生产、贴近农民，在编写中尽量采用农民朋友读得懂的语言，希望通过作者的努力使农民朋友从中受益。

　　由于作者水平所限，疏漏和错误难免，恳请广大同仁指正。

编　者

2011 年 4 月

目　录

目 录

第一章

我国枣树栽培概况

第一节 我国枣树栽培概况

一、我国枣树分布

枣是鼠李科枣属植物，中国是原产地，据最近考古资料介绍，其栽培历史在 7000 年以上。枣在我国栽培很广，在北纬23°～42°，东经 76°～124°之间的平原、丘陵、砂地、高原均有栽培。以年平均温度 15℃为等温线，以南为南枣区，以北为北枣区。南枣品系少，品质较差，以加工品种为主，能耐高温、高湿，适宜酸性土壤。北枣品系多，品质好，鲜食、鲜食兼制干、制干、加工等各类型枣均有优良品种且有较大面积栽培。北枣较耐低温，适应性广，耐干旱，适应中性和盐碱地栽培。目前全国食用枣栽培面积约 200 万公顷，产量约 300 万吨（折鲜枣）。全国除西藏、东北等极寒冷地区目前尚无栽培外，其他地区均有枣树栽培。全国产枣较多的省依次为河北、山东、河南、山西、陕西 5 省，其栽培面积和产量约占全国的 90%。历史悠久的栽培，物竞天择，各地涌现出一批优良的枣树品种，如沧州的金丝小枣、无核小枣、冬枣，赞皇的赞皇大枣，山西的壶瓶枣、梨枣，山东的孔府酥脆枣、金丝小枣、鲁北冬枣，辽宁的金铃圆枣，陕西的七月鲜，甘肃的鸣山大枣，浙江的义乌大枣，新疆的赞新大枣等。目前全世界有 40 多个国家有枣树栽培，但数量不大，只有韩国栽培 7 000 多公顷，产量 2 万吨左右，只占世界总产的 1%，尚不能满足本国需求。我国枣树栽培面积、优良品种的数量和枣产量均为世界第一位，栽培面积和产量均占世界的 98%。枣树栽培中心在中国，因此，我国发展枣生产具有得天独厚的优势。

二、发展枣生产仍有广阔前景

千百年来枣树之所以能在祖国大地上生长繁衍，不论是在瘠薄的山区，还是在土壤盐碱的滨海地区均有生长，是因为枣树具有耐瘠薄、抗干旱、耐涝、耐盐碱的优良特性。枣树是结果早，丰产性好，果实营养丰富，口感好，药食同源等诸多优点集于一身的树种，成为半干旱地区实现国土绿化、农民致富的重要经济林种，特别是我国人多耕地少，水资源匮乏，荒山荒滩相对较多的国情，发展枣树更有特殊意义。

枣树是半干旱地区国土绿化，减少水土流失，保护环境，农民致富的首选经济林树种之一。我国水资源缺乏，人均水资源仅为世界人均水资源的 1/6，且地域分布不均，南方湿润多雨，也有旱灾，北方干旱少雨，也有涝灾；时空分布不均，每年的 7、8、9 月 3 个月降水量约占全年降水量的 70%，缺水的北方仍会造成季节性水灾。这些地方山区干旱、水土流失严重；低洼平原土地盐碱，农业产值低，效益差，严重制约当地农业生产的发展。枣树具备抗旱、耐涝、耐盐碱、耐瘠薄的特点，在国土绿化，保持水土，改善生态环境，增加农民收益方面效果显著。河北省沧州市 1996 年夏季洪水成灾，凡是洪水经过的地方，农作物全部被冲毁，颗粒无收。而金丝小枣树在 1 米多深的洪水中浸泡了 20 多天，秋后仍获得较好收成，为当地农民抗灾自救增加了资金，社会效益显著。1998、1999 年沧州连续两年干旱，全市年降水量不足 300 毫米，大田里浇不上水的麦子、玉米均严重减产或颗粒无收，而当地的枣树仍果实累累，每亩^①效益都在千元以上。枣树在减少水土流失，改善生态环境方面作用巨大。河北省的赞皇、阜平、唐县等山区县凡是枣树集中的枣区水土流失得到控制，且枣区农民的生活水平远远高于其他农区。1999—2002年辽宁省朝阳市连年大旱，2002年农作物几乎绝收，而当地的金铃圆枣生长正常，且获得丰收。

1. 枣粮间作是实现农业可持续发展的最佳种植模式　世界性的资源日益减少与人类需求的不断增加和环境的恶化，已严重地危及人类的生存。为此，联合国早在1972年召开的"人类与环境"大会上提出"生态农业"、"食品安全"，最近提出的低碳经济，得到各国政府和人民的重视。1992年，联合国在巴西里约热内卢召开了有183个国家参加的"世界环境与发展大会"，会议一致通过了21世纪议程，中心议题是全球环境与可持续发展问题。可持续发展可以理解为：利用最小的资源，产生最大的效益，且对环境不构成污染和破坏，物质得到最充分的利用，使当代人生活幸福，又不给后代人的生存造成不利影响的系统工程。千百年遗留下来的枣粮间作这一种植模式历经沧桑，乃是保证我国粮食安全，实现农业可持续发展、节能减排的低碳经济，建设社会和谐，环境友好的小康社会的最佳模式。

2. 枣区枣粮间作的双千地块（树上千元钱，树下千斤粮）**比比皆是**　农作物的农副产品及枣树叶又是饲养牲畜的上等饲料，牲畜的粪便通过沼气池发酵，沼渣、沼液是生产无公害农产品的最佳肥料。产生的沼气可以作为燃料，照明做饭，节省的秸秆又可作饲养牲畜的饲料。农、林业为畜牧业提供了饲料，畜牧业为农、林业提供了优质肥料，做到了物尽其用，良性循环，实现了农业的可持续发展。实施了新农村生态家园工程的农户，用沼渣、沼液作肥料生产的金丝小枣，较一般的金丝小枣每亩增加

---

①　亩为非法定计量单位，1亩＝1/15公顷≈667米²。——编者注

效益 200～400 元，且树势壮，病虫害轻，果实品质好。养牲畜年增加收入 2 000～3 000 元，年节约燃料 300 元左右，仅此可年增加收益 3 000～4 000 元。目前农业生产有机肥料严重不足，是影响无公害农产品生产的限制因素，实施枣粮间作模式，实现农业的循环经济就能较好地解决这一难题。

生产无公害果品乃至有机果品，其病虫控制应主要依赖于物种间的生态平衡，而生物的多样性是促进生态平衡的首要条件。中国农业科学院在云南、贵州进行的生物防治实验研究，就是通过农作物的间作、套种、轮作等形式，充分利用生物多样性及其相互抑制来实现的。枣粮间作是实现生物多样性的种植模式。历史变迁，枣粮间作种植模式流传至今，应是源于符合生态规律的结果。

3. 枣果营养丰富，有良好的医疗保健价值 红枣营养极为丰富，富含人体所必需的物质，素有"维生素丸"之称。据中国医学科学院和北京食品研究所等单位对红枣的测定，每百克鲜枣含蛋白质 1.2 克、脂肪 0.2 克、粗纤维素 1.6 克、糖 24 克、胡萝卜素 0.01 毫克、硫胺素 0.06 毫克、核黄素 0.04 毫克、尼克酸 0.6 毫克、维生素 C 420 毫克、钙 41 毫克、磷 23 毫克、铁 0.5 毫克以及多种人体必需的氨基酸。制成干枣，胡萝卜素、硫胺素不变，维生素 C 降为 10～20 毫克，其他物质均有增加，糖可增至 73 克。据日本学者测定，红枣的提出物中 D-葡萄糖、D-果糖和其他如低聚糖各占 1/3 左右。由此可见，红枣中含的糖是以对人身体有益的多糖为主，利于益生菌的繁殖，对增强人的体质、提高人的免疫力和耐力是有益的。红枣所含主要营养物质远高于其他果品，如维生素 C 的含量，鲜枣是猕猴桃含量的 4～6 倍，钙和磷是一般水果含量的 2～12 倍，维生素 P 的含量达 3 000 毫克，为百果之冠。在崇尚食品保健和食疗的今天，红枣无疑是人们日常生活中的最佳果品。

4. 枣树用途广泛，市场前景良好 红枣的医疗作用为历代医学大家所重视。《神农本草》中记载："枣主心腹邪气，安中养脾，助十二经，平胃气，通九窍，补少气、少津液、身中不足、大惊、四肢重、和百药。"民国一代名医张锡纯高度评价"枣虽为寻常之品，用之得当，能建奇功"。现代医学研究，红枣中含有人体必需的多种维生素，而且还含有环磷酸腺苷和环磷酸鸟苷，是人体能量代谢的必需物质，并有扩张血管、增强心肌、改善心脏营养等作用，可防治高血压、心脑血管疾病、慢性肝炎、神经衰弱、非血小板减少性紫癜等多种疾病。国外医学家对红枣也有新的认识。一位英国医生用 168 位身体虚弱者做对比实验，凡是连续吃红枣的，其康复速度比单服用维生素类药物的患者快 3 倍以上。红枣是集医疗和保健于一身的美味果品，药食同源，可天天食用，无毒副作用。"日食仨枣，一辈子不显老"，"天天吃仨枣，郎中不用找"的民谚并非虚传。（枣所含营养物质种类，品种间差异不大，品种间或同品种在不同的区域及栽培水平的不同，其含同种营养物质有数量差异，现有资料对枣的内含物检测项目不同，不同品种难以比较，故在下文品种介绍栏目中不再——介绍品种所含的营养物质，只介绍枣含可溶性固形物来粗略判断枣果的品质。）红枣营养丰富是集医疗与保健于一身的果品，是防治"未病"的佳品，在人人崇尚健康和快乐的今天，红枣已开始步入百姓家庭，市场前景广阔。红枣是我国特有果品，随着我国的改革开放，对外贸易日益扩大，红枣这一名优果品必将走向世界。现代社会，人的生活节奏加快，工作压力和社会压力增大，"亚健康"成为普遍关注的问题，中医医学在治疗"亚健康"上有独到之处，黄帝内经的"上工治未病"医学观念，正吻合当前国际流行医治"亚健康"潮流，枣的保健医疗价值开始为世界各国人民所认识，枣的用途广泛，外贸出口逐年增加，国际市场前景良好。

5. 枣树用途广泛　枣树不仅能防风固沙、保持水土、美化环境，降低空气中二氧化碳的浓度，减缓温室效应，生态效益和社会效益巨大，又能为人类提供营养丰富、美味可口的佳果，而且是上等蜂蜜的蜜源植物，为养蜂业带来丰厚的报酬。其木材比重大，质地坚硬，纹理细密美观，可满足高贵家具雕刻用材。随着世界性天然林日益减少，优质高档木材日趋紧缺，市场前景同样良好。因此，发展红枣生产无疑是符合当前经济发展战略，实施低碳经济的利国富民之举。

三、枣树栽培中目前存在的问题及对策

我国枣树栽培历史悠久，有的名优品种栽培有上千年历史，在这历史长河中，环境的影响、自然的变异使这些古老品种分化严重。据沧州市红枣资源普查，仅金丝小枣一个品种就有近20个类型。长期依赖根蘖苗繁殖发展起来的枣园，生产的枣果大小不一，风味口感各异，难以做到内在品质与外观质量的一致性，和现代化商品标准要求极不相称，不能适应市场的需求。有的管理粗放，优质果率低，效益差。品种结构不合理，早熟鲜食品种少，市场销售链短。枣加工品种数量少，缺少现代化大型企业带动枣产业发展，枣产业化水平低。这些问题都制约枣业的发展，应在生产中解决好，以促进枣业的健康发展。为此，在今后枣生产中应注意以下几点：

1. 继续选育优良品系　中华人民共和国成立以来，经广大科技工作者和枣农的努力，已选育出几十个优良品系，改进了原品种的质量，推进了枣业发展，我们还应继续努力，发动群众，充分利用丰富的枣资源选育出新的抗性更强、品质更优的新品系。

2. 加大新品系的推广力度　20世纪末栽植的枣树多以根蘖苗为主，影响枣果质量的全面提高，今后新建枣园一定要选择通过省级审定新选育的良种苗木栽植，以保证枣园苗木纯正，品质优良。

3. 加快大树改造　对已结果的枣园特别是老枣区，通过普查，把果实小、品质差、抗性差，特别是易染病易裂果的单株，通过大树高接换头，改换成优良品系。只有这样才能做到降低成本，生产优质果品，增加农民收入。

4. 提高枣果品质　目前生产上有的枣园重种轻管，有的片面追求产量忽视质量，致使枣果质量下降影响市场销售。栽培者和经营者应建立质量第一，品牌至上，诚信经营赢得市场的现代理念。要全面提高枣果品质除采用优种外，还要优种优法，通过增施有机肥，合理的肥水管理，正确地运用保花促果技术，做到结果适量，适时采收，提高采后加工工艺水平，才能保证枣果的高质量，赢得市场，满足国内外市场的需求。

5. 调整品种结构，丰富红枣市场　枣果品种单一既不利于延长市场销售链，又给集中采收、加工增加压力，遇到阴雨连绵的天气会给枣业造成严重损失。2007 年沧州金丝小枣成熟时连续阴雨致使枣裂烂果损失惨重，应引以为戒。目前红枣品种凡是品质特优的枣，果皮一般都薄，成熟时易裂果，因此不宜过于集中大面积发展。应以适宜本地气候、环境的优良品种为主，早、中、晚熟，鲜食、加工品种兼顾，根据市场需求，形成一个品种配置合理的结构。这样回旋余地大，应对不断变化的气候和市场，减少损失，增加效益。

6. 积极发展枣的产业化　目前我国枣的生产多是一家一户的小生产，无力与现代化大生产抗衡，更无力驾驭国内外市场。有很多应解决而解决不了的问题，如现代技术的引进与应用，精品名牌商标的创建等，这些问题不解决，直接阻碍枣产业的发展。因此，必须适时扩大经营规模，与现代化大企业联合，走龙头企业加基地加农户的道路，或组织集产、销、研、加一体化的合作社、产业协会式的产业化，依靠集体的力量，通过科技创新，不断提高果实品质、产业化水平，应对千变万化的国内外市场，这是今后枣业发展唯一的出路。

7. 积极开发现代化的枣业加工，提升产品档次 搞好果品加工是实现增值，扩大果品销路，促进果业发展的重要途径。我国果品加工业相对滞后，果品加工仅占总量的10%左右，与世界果品加工占总量的50%差距甚远，枣业加工也是如此。今后要在加工上做文章，运用现代化的技术提升加工品的质量和档次；积极引进外国资金和技术，开发枣的内含物的提出，如枣红素、环磷酸腺苷等深加工业，通过扩展枣的应用途径，带动枣产业的健康发展。

第二节　枣名优新品种介绍

一、目前生产上选用的优良鲜食枣

（一）六月鲜

1. 品种特点 为鲜食品种，山东省农业科学院果树研究所选育，2000年通过省级审定。果实长筒形，单果重平均13.6克，果皮中厚浅紫红色，果肉绿白色质细松脆，味浓甜微酸可口，脆熟期含可溶性固形物32%～34%，可食率97%，品质上。成熟期遇雨不易裂果。在当地8月上旬即能采摘上市，可历时40余天。树体中大，树势较弱，适应性差，要求土壤深厚肥沃，花期温度较高，日均温度在24℃以下坐果不良。

2. 栽培要点 作为鲜食品种宜采用小冠密植模式栽植，株行距以3米×5米、3米×4米或计划密植1.5米×2.5米、1.5米×2米后改造成3米×5米、3米×4米为宜。引种时要充分考虑当地花期温度和土壤状况，以免引种失败。为提高果实商品率，幼果期应做好疏果工作。采果后要充分利用至落叶这段时间来增加树体营养，因此仍要加强果园后期管理，保证叶片完好无损、功能正常，增加树体贮藏营养的积累，为来年枣果的优质丰产奠定基础。其他管理参照本书有关部分，不再赘述。

（二）月光

1. 品种特点　早熟鲜食品种，河北农业大学选育，2005年通过省级审定。果实近橄榄形，单果重10克左右，含可溶性固形物23.9％，糖20.1％，果皮薄红色，果面光滑果点中大，果肉细脆汁液多，风味浓，酸甜适口，果核小，可食率96.8％。在河北保定8月中下旬成熟，成熟期遇雨裂果较轻。树势中等干性较强，树姿半开张。适应性强，抗寒耐瘠薄，适宜我国长江以北，河北承德、辽宁沈阳以南栽培。

2. 栽培要点　栽培条件要求不如六月鲜严格，其他栽培要点同六月鲜。

（三）七月鲜

1. 品种特点　鲜食枣，由陕西省果树研究所选育，2003年通过省级审定。果实大，圆柱形，平均单果重29.8克，最大74.1克。果皮中厚深红色，果面平滑，果肉厚质细味甜，汁液较多，品质上。鲜枣可食率97.8％，花红期果实含可溶性固形物25％～28％。在陕西关中地区8月中旬可采收上市。该品种结果早，丰产性好，产量高。果实较抗裂果、缩果病，采前不落果。

2. 栽培要点　该品种不抗炭疽病，应注意防治。花期使用赤霉素（九二○）提高坐果其浓度要高于一般品种，采用50～70毫克/千克效果较好，其他管理同六月鲜。

（四）京枣39

1. 品种特点　京枣39由北京市农林科学院果树研究所选育，2002年通过专家鉴定。果实大，圆柱形，单果重28.3克，大小较均匀。果皮深红色，果面光滑，果肉厚绿白色，肉质松脆，味酸甜可口，汁液较多，宜鲜食，品质上。果实含可溶性固形物 25.5%，鲜枣可食率 98.7%。在北京地区 9 月中旬果实成熟。该品种干性强，生长势旺，结果早，丰产性好。抗逆性好，抗寒、抗旱、耐瘠薄，对土壤要求不严，抗枣疯病和炭疽病力强，适宜北方枣区栽植。

2. 栽培要点 幼树应注意控制营养生长，可适当加大各级各类枝条角度以促进生殖生长，在实现早果早丰的同时培养健壮的树体结构。其他参照七月鲜。

(五) 孔府酥脆枣

1. 品种特点 为山东曲阜的名优鲜食品种。果实中大，单果重 13～16 克，大小较均匀。果实长圆形或圆柱形，果皮中厚深红色，果面不平，果肉中厚乳白色，肉质酥脆甜味浓，汁液中多，品质上。鲜枣可食率 92.6%，含可溶性固形物 35%～36.5%。原产地 8 月中下旬果实成熟。结果早，坐果率高，丰产。果实较抗病，一般年份裂果极轻。

2. 栽培要点 幼树期应注意中小枝组培养，盛果期应控制膛内大枝，保持冠内通风透光。其他参照七月鲜。

(六) 金铃圆枣

1. 品种特点 辽宁朝阳市发现优良单株，2002 年通过省级审定。果实大近圆形，平均单果重 26 克，最大 75 克。果皮薄鲜红色，果肉厚绿白色，肉质致密，味甜酸多汁，果实含可溶性固形物 39.2%，品质上，宜鲜食。枣核小，鲜枣可食率 96.7%。结果早、丰产性好。原产地 9 月下旬成熟。该品种抗寒、抗旱、耐瘠薄、适应性强。资料介绍：1990 年低温 -34.4℃ 未发生冻害，1990—2002 年连续 4 年大旱，2002 年农作物绝收，该品种生长正常枣果丰收。适宜北方年均气温 8℃ 以上，低温 -30℃ 地区栽植。

2. 栽培要点 参照孔府酥脆枣。

（七）冬枣

1. 品种特点 冬枣也叫黄骅冬枣、鲁北冬枣、苹果枣、冰糖枣、雁过红等。历史上河北的黄骅、盐山、海兴，山东的无棣、乐陵、庆云、沾化等市县农家院内有零星栽培，目前唯有黄骅市聚官有千年老树成片栽植千余亩，20 世纪 90 年代初开发，是目前品质最优的鲜食晚熟品种，通过贮藏保鲜可贮至春节。果实中大，平均单果重 10.5 克，通过疏花疏果，单果重可达 20 克以上。果皮薄赭红色，果肉细嫩绿白色，极酥脆多汁，味浓甜微酸，风味口感极好，成熟期果实含可溶性固形物 40%～42%，可食率 96.9%，品质极上。沧州 9 月下旬至 10 月中旬可采收上市。树体较大，树姿开张，发枝力中等，幼树期较强。花期要求温度较高，日均温度在 24～26℃坐果才好，适应性较强，耐盐碱，幼树耐寒性差，特别是冬季温度骤然变化易受冻害。

2. 栽培要点 栽培冬枣要注意花期温度适宜地域，即年均温度达到要求，花期温度低也难以栽培成功。花蕾期、花期、幼果期要严格控制枣头生长及预备枝的选留，花期开甲宽度较一般枣树宽，但不宜超过 1.2 厘米。要加强以增施有机肥为主的土肥水管理，要注意果实病害的防治，具体技术参照本书有关部分。

（八）临猗梨枣

原产山西运城、临猗等地，20 世纪 90 年代开始规模发展，是目前栽培面积较多的鲜食品种。

1. 品种特点 果实长圆形个大，平均单果重 30 克，最大 50 克以上。果皮较薄浅红色，果面不光滑，果肉厚白色，肉质松脆，味甜汁较多，品质中上。含可溶性固形物 27.9%，宜鲜食，可食率 96%。果实当地 9 月下旬至 10 月上旬成熟。树体较小，干性弱，枝条密，树姿开张。结果早，新枣头结实力强，丰产性好。但易感枣疯病和铁皮病，易裂果。

2. 栽培要点 适宜小冠密植模式栽培，幼树期充分利用新枣头结果和扩大树冠，该品种枣股1～2年生坐果好，进入结果期应通过短截促发新枣头更新枣股，发挥其丰产性能。及时疏除膛内无用枝条，保持冠内通风透光良好。应注意枣疯病和铁皮病的防治，要适时补钙以减少后期裂果。

（九）大瓜枣

山东果树研究所在东阿县选出优良单株，1998年通过省级审定。

1. 品种特点 大果型，果实椭圆形，平均25.7克，最大果重50克以上。果皮薄红色光亮鲜艳，果面平滑。果肉厚乳白色，肉质细密酥脆，味浓甜微酸，果汁中多，含可溶性固形物30％～32％，宜鲜食，可食率95％，品质上。山东泰安9月中旬成熟。树体较大，发枝力强，树姿开张，结果早、丰产。适应性强，较耐瘠薄，对土壤要求不严。花期日均温度21℃以上即可坐果，成熟期不耐干旱，遇旱易落果，遇雨裂果轻，较抗炭疽病。

2. 栽培要点 果实成熟期天旱应适当浇水，防止落果。其他参照京枣39。

（十）大白铃

山东果树研究所从山东夏津县选出优良单株，1999年通过省级审定。

1. 品种特点 果实大，平均果重24.5～25.9克，最大80克。果实近球形，果皮薄棕红色光亮。果肉绿白色，肉质松脆，味甜汁中多口感好。含可溶性固形物33％，可食率98％，鲜食品质上。在泰安果实9月上中旬成熟。树势中庸，干性较强，发枝力中等，结果早丰产。耐瘠薄，抗旱、抗寒、抗风，较抗炭疽病和轮纹病，裂果极轻。

2. 栽培要点 鲜食品种宜采用小冠密植模式栽培，幼树注

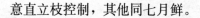

意直立枝控制，其他同七月鲜。

二、生产上鲜食制干兼用的优良品种

（一）金丝小枣

是河北、山东主产的优良品种，栽培历史悠久。目前河北、山东新选育的金丝丰，金丝蜜，金丝新1号、2号、3号、4号，乐金1号，乐金2号等新品种均是从金丝小枣中选出的优良单株培育而成，其综合性状和品质均优于现在栽培的金丝小枣树，应发展新选育的品种。现存的金丝小枣园应对那些品质劣的单株通过高接换头改劣换优，提高枣园整体的优良水平。并继续选育新品种，使栽培的金丝小枣综合性状越来越好，品质越来越优，使这一古老品种不断得到提升。其他地方品种也应如此，不再赘述。

1. 品种特点　河北沧州，山东德州、滨州为主产地，栽培历史悠久。目前栽培有20多个品系，株间差异较大，良莠不齐。果实小，一般平均单果重5克左右，果皮薄，鲜红色或紫红色，果面平滑，光亮美观。果肉乳白色，肉质致密细脆，果汁中多，味浓甜微酸，含可溶性固形物34%～38%，可食率95%～97%，可鲜食和制干，制干率55%～58%，干枣果皮深红色光亮，枣核小，肉厚质细，饱满富有弹性，果肉含糖74%～80%，酸1%～1.5%，味清香浓甜，无苦辣异味，耐贮运，品质极上。金丝小枣适应性较差，栽培需黏质壤土才能突出该品种的优良品质，在砂质土壤上则品质和产量均下降且树势早衰。抗盐碱，可在含盐量0.3%以下的盐碱地上生长，沧州盐碱地上生长的金丝小枣品质和产量均好。花期日均温度需在22℃以上坐果好。果实成熟期连阴雨易裂果，烂果严重。果实在沧州9月下旬成熟，鲜食9月上中旬采摘上市，制干一般在10月初当果实出现糖心时采摘。树势较弱，树姿开张，树体中大。花量大自然坐果率低。

2. 栽培要点 要选择气候环境适宜及土壤深厚的壤土或黏质壤土栽培，适宜中冠型栽植，应加强以增施有机肥为主的土、肥、水管理，开花前应控制枣头生长，花期必须采取开甲等提高坐果率的技术措施，保证枣的优质丰产。加强以叶螨和枣锈病为重点的病虫防治工作，栽培中注意补钙以减少后期裂果，其他参照本书有关部分。

（二）金丝4号

该品种由山东果树研究所从金丝2号的自然杂交实生苗中选出优良单株培育而成，其综合性状和果实品质均优于原金丝小枣。

1. 品种特点 果实长圆筒形，单果重10～12克，大小均匀，果皮紫红色较薄，果肉白色肉质致密脆甜，口感好，含可溶性固形物40%～45%，鲜枣可食率97.3%，制干率55%左右。干枣浅棕红色，肉厚富有弹性，光亮美观，耐贮运。在当地9月底10初成熟。适应性强，能在花期日均温度21～22℃的条件下坐果，结果早，丰产性好，花期不实施环剥技术也能获得较高产量，在山地、平原、盐碱地上均可生长。抗炭疽病、轮纹病，一般年份裂果少。可在我国北方和南方适宜地域发展。

2. 栽培要点 花期温度要求不如金丝小枣高，因此栽培区域较金丝小枣宽，其他要点参照金丝小枣。

（三）献王枣

由河北省献县林业局从献县河街枣区栽培的金丝小枣中选育出的优良新品系，2005年通过省级审定。

1. 品种特点 献王枣果实长圆形，平均单果重9克，最大果重12克，果皮深红色，有光泽，果面平滑稍有凹凸，鲜枣果肉厚黄白色，肉质细腻，口感较硬味甜汁液较多，含可溶性固形物 32％左右，枣核较小可食率高。干枣含糖量 76.5％，制干率70％～78％，果肉厚口感好，耐压耐贮运，品质极上。成熟期一致，当地 9 月下旬至 10 月上旬成熟，较一般金丝小枣晚 10 天左右，果实极少有裂果，适宜制干，鲜食口感虽不如金丝小枣中的优良品系，但仍好于其他品种枣。献王枣树势比一般金丝小枣长势略旺，发枝力强，树姿开张，枝条结果后下垂。耐旱耐盐碱，结果早，丰产。

2. 栽培要点 宜采用自由纺锤形、疏散分层形、单层半圆形树形。注意枝组结果后，抬高枝组角度，并及时更新和回缩下垂枝组。其他管理参照金丝小枣相关部分。

（四）赞晶

由河北农业大学和赞皇县林业局从赞皇大枣中选出优良单株，2004 年通过省级审定，是目前唯一的三倍体大枣。

1. 品种特点 果实近圆形，单果重 22.3 克，最大果重 31克。鲜枣含总糖 28.6％，总酸 0.31％，果肉绿白色，肉质酥脆，味甜微酸，果汁中多，宜鲜食和制干及加工蜜枣，制干率56.3％，干枣含糖 63.4％。当地 9 月中旬果实成熟。树势强健，树姿较开张。该品种耐旱、耐瘠薄，抗铁皮病、枣疯病较差，果实成熟时遇雨易裂果。

2. 栽培要点 秋季多雨地方不宜引种，栽培中应注意铁皮病和枣疯病的防治。自花结果率低，宜配置其他品种授粉，赞皇县多配置斑枣作授粉树。为提高枣产量，现在也在赞皇大枣上应用花期开甲技术同样取得好的效果。果实生长期应当补钙防治裂果。其他管理参照金丝小枣。

（五）骏枣

1. 品种特点 产自山西交城，已有千余年栽培历史。果实大，圆柱形，平均单果重 22.9 克。果皮薄深红色，果面平滑。

果肉厚，肉质细松脆，汁液中多味甜，含可溶性固形物33%，品质上。当地果实9月中旬成熟。鲜食、制干、加工蜜枣、枣酒兼用。树势强，树体高大，干性强树姿半开张，结果较早较丰产。耐旱、耐盐碱、抗枣疯病。果实成熟遇雨易裂果。

2. 栽培要点 适宜培养中冠或大冠树形，幼树注意控制直立枝，培养平斜结果枝组，以利早结果。适宜秋季少雨地区栽植。

（六）金昌1号

从壶瓶枣中选出优良单株，2003年通过省级审定。

1. 品种特点 果实大，短圆柱形，平均单果重30.2克，最大果重80.3克。果皮深红色较薄，果面平滑。果肉浅绿色，肉质酥脆多汁，果味甜酸可口，含可溶性固形物38.4%，可食率98.6%。干枣肉质细腻香糯甘甜，制干率73.5%，品质上。果实成熟期遇雨易裂果，产地9月下旬果实成熟。树势强，树姿较开张，枣头萌发力强，生长势也较强。耐旱耐瘠薄，在黏性、微碱性土壤上生长良好。抗枣疯病，较抗炭疽病和锈病。

2. 栽培要点 可作为壶瓶枣的替代品种开发，果实成熟期秋雨多的地方不宜发展。幼树期应控制直立枝条旺长，坐果前期应注意枣头适时摘心，做到长树结果两不误。果实生长后期应适当补钙以减轻裂果。

（七）圆铃1号

1. 品种特点 由山东果树研究所从圆铃枣中选出，2000年通过省级审定。果实圆柱形，平均单果重16~18克，果皮紫褐色中厚，无光泽，果面不平滑。果肉绿白色肉质致密，甜味浓汁少，含可溶性固形物33%，可食率97.2%，品质上。产地9月上中旬果实成熟。果实成熟期遇雨不易裂果。制干枣品质亦好，制干率60%。树体高大，树姿开张。适应性强，耐瘠薄、

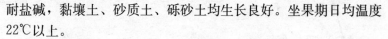

耐盐碱，黏壤土、砂质土、砾砂土均生长良好。坐果期日均温度22℃以上。

2. 栽培要点 适宜中、大冠树形，幼树期利用枣头摘心促进结果，实现早丰。

（八）无核小枣

无核小枣是河北、山东枣区混杂在金丝小枣园中的古老品种，枣核已退化只剩有一薄核膜，果实品质优，唯果实个小，产量较低，但食用方便，市场销售价格高，单位经济效益较高，栽培面积较前增加。目前从无核小枣中选出并通过省级审定的新品系有沧无1号、无核红、沧无3号、无核丰、乐陵无核1号等，其综合性状和单果重均好于原无核小枣应予推广。

1. 品种特点 无核丰由河北青县林业局选育，2003年通过省级审定。果实长圆形，平均单果重4.63克，果味甘甜，无核率100％，制干率65％。鲜食和制干品质均优。树势中庸，发枝力强，树姿开张。结果早，无大小年结果现象，丰产。当地9月中旬果实成熟，无采前落果，裂果轻。抗旱、耐盐碱。

乐陵无核1号由山东德州市林业局和乐陵市林业局选育，1997年通过省级审定。果实长圆柱形，平均单果重5.7克，果面光滑，果皮薄鲜红色，果肉黄白色肉质细脆，果汁中多味甘甜，含可溶性固形物34.3％。核呈膜状，食之无硬物感，可食率近100％。鲜食制干均优。当地9月中旬果实成熟。干枣色泽鲜艳皱纹少而浅，肉质细腻甘甜无苦味，品质极上。制干率58.1％。树体高大干性强，骨干枝直立树势强健，丰产性好。抗性较强，果实成熟遇雨裂果较轻。

2. 栽培要点 乐陵无核1号等树体高大干性强的无核小枣幼树整形应注意控制直立枝，各级骨干枝间距和角度应大于金丝小枣，控制营养生长，促进生殖生长实现早果早丰。其他可参照

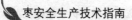

金丝小枣部分。

（九）泗洪大枣

1. 品种特点　原产江苏泗洪县上塘镇，明朝就被选为贡品，1985 年由泗洪县五里江农场果树良种场推出，1995 年通过省级审定。果实长圆形或卵圆形，果实大，平均单果重 30 克，最大果重 107 克。果皮中厚紫红色，果面不平稍有棱起，果肉淡绿色肉质酥脆，果汁多味甜，含可溶性固形物 30%～36%，品质上。宜生食和加工蜜枣。当地果实 9 月中下旬成熟。果实成熟期遇雨不裂果。树势强，树姿开张，发枝力强。适应性强，抗旱、耐涝、抗风、耐盐碱、耐瘠薄，抗枣疯病。

2. 栽培要点　幼树期应控制直立枝，减少营养生长，促进生殖生长早结果。其他参照枣栽培部分。

（十）灰枣

1. 品种特点　源于新郑，栽培历史 2 700 余年。果实长倒卵形，平均单果重 12.3 克，果面较平滑，果皮橙红色，果肉绿白色，肉质致密，味甜，含可溶性固形物 30%，可食率 97.3%，适宜制干、鲜食、加工，品质上等。制干率 50% 左右。当地 9 月中旬果实成熟，成熟期遇雨易裂果。树姿开张，树体中大。对土壤要求不严。

2. 栽培要点　秋雨多的地区不宜栽植。

（十一）灌阳长枣

1. 品种特点　又叫牛奶枣，主产广西灌阳。果实长圆柱形较大，果尖多向一侧歪斜，平均单果重 14.3 克，果皮深赭红色较薄有光泽，果肉黄白色，肉质较细松脆，果汁少味甜，可食率 96.9%，含可溶性固形物 27.9%，适宜加工蜜枣和鲜食。制干率 35%～40%。当地果实 8 月上旬白熟，9 月上旬完熟。对土壤

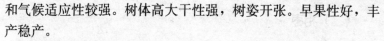

和气候适应性较强。树体高大干性强，树姿开张。早果性好，丰产稳产。

2. 栽培要点 适宜南方枣区栽植。幼树注意控制营养生长，促进生殖生长，实现早果早丰。

（十二）晋枣

1. 品种特点 也叫吊枣、长枣，主要分布陕西、甘肃交界泾河及支流两岸地带。果实大，平均单果重 21.6 克，大小不均匀。果皮薄赭红色，果面不平有凹凸和纵沟，果点小。果肉厚乳白色致密酥脆，甜味浓汁较多，含可溶性固形物 30.2%～32.2%，可食率 97.8%，鲜食品质上，制干品质中上，制干率 30%～40%。当地果实 10 月上旬成熟。树体高大，干性强，树姿直立。结果早，丰产。适应性较强，抗寒抗风，较耐盐碱，花期忌干热风和低温阴雨天气，成熟期不抗裂果。

2. 栽培要点 幼树应注意控制直立枝，培养平斜枝组以期提前结果，要求肥水管理较高，应注意成熟期裂果防治，其他参照京枣 39。

三、较好的加工品种

（一）义乌大枣

1. 品种特点 主产浙江义乌，果实圆柱形，平均单果重 15.4 克。果皮赭红色较薄，果面不平滑。果肉厚质松乳白色，果汁少，宜加工蜜枣。鲜枣可食率 95.7%。产地 8 月中旬果实白熟期，白熟期枣含可溶性固形物 13.1%，加工蜜枣品质上等。树体较大，树势中庸，树姿较开张。结果较早，产量高。自花结实率低。抗旱耐涝，喜肥沃土壤。

2. 栽培要点 适宜南方枣区栽植，栽植时应配置授粉品种，当地以马枣作授粉品种。应注意肥水管理以期高产优质。

（二）相枣

1. 品种特点　相枣又名贡枣，主要分布山西运城北相镇一带，栽培历史悠久。果实大卵圆形，平均单果重 22.9 克。果皮厚紫红色，果面平滑有光泽。果肉厚肉质硬绿白色，味甜少汁，鲜枣含可溶性固形物 28.5%，宜制干，制干率 53%，干枣品质上。可食率 97.6%。产地 9 月中旬成熟，成熟期遇雨裂果较轻。树体较大，树姿半开张，树势中庸。资料介绍干枣含环磷酸腺苷较高。

2. 栽培要点　果实速长期注意补钙可减轻后期裂果，其他参照枣栽培部分。

（三）婆枣

1. 品种特点　婆枣又名阜平大枣，是河北太行山一带的古老栽培品种，有上千年的栽培历史。沧州和山东德州枣区有少量栽培。果实长圆或短圆柱形，平均单果重 12 克左右，果皮深紫红色，表面光滑有光泽，果肉绿白色较疏松，果汁较少味甜，口感较淡。产地 9 月中下旬成熟，制干率 55%左右，干枣果肉松软，味甜，含糖可达 70%以上，不耐挤压，品质中上。该品种适应性强，耐干旱耐瘠薄较耐盐碱，唯不抗枣疯病，成熟期遇雨易裂果，故适宜加工蜜枣和乌枣。树冠高大圆形，枝条直立干性强，树干不圆常有沟棱，枣头紫褐色，皮孔中大较密，叶片较厚深绿色，卵圆形，基部广圆形，先端锐尖。坐果率较高，丰产。

2. 栽培要点　可作为加工品种栽培，制干应在成熟期降雨几率少的地域栽植。幼树应注意控制营养生长促进生殖生长。其他参照枣栽培专题部分。

（四）宣城圆枣

1. 品种特点　宣城圆枣是安徽省宣城市主栽的古老品种，至今已有 400 多年的历史。果实近圆形，平均单果重 24.5 克，大小较均匀，果面光滑赭红色，果皮薄，果肉厚淡绿色，肉质细脆致密，味甜微酸，果汁较多，核小，可食率 97.4%，当地 8 月中下旬白熟期，适宜加工蜜枣。当地加工蜜枣历史悠久，所产蜜枣品质上乘，肉厚核小，有金丝琥珀蜜枣美誉，畅销国内外市场。该品种树势强，树体高大，树姿开张，结果早，丰产性强，寿命长。

2. 栽培要点　宣城圆枣适应性较强，抗旱能力强但不耐涝，要选择地势高排水良好的地块栽植，适宜南方栽种。要加强以增施有机肥为重点的综合管理，充分发挥其增产潜力。

第三节　引种应注意的问题

①引种首先考虑栽培目的，如加工蜜枣就要引种适宜加工蜜枣的品种。大中城市郊区县应适当发展鲜食品种，因此就要选择适宜当地气候、环境、土壤条件的优良鲜食品种。

②要看该品种是否适合当地的气候、土壤及抗病能力等条件，气候应注意极端温度的影响，特别要考虑枣树花期的日均温度是否适宜，充分考虑影响枣树生长和结果的各种因子。

③在综合上述因素确定某品种后，应选用该品种新选育出并通过省级品种审定委员会审定的优良品系。如确定引种壶瓶枣，可引种金昌 1 号，这样可使新建的枣园上一个档次。因为金昌 1 号是从壶瓶枣中选出的优良单株培育而成，并通过省级审定，其综合性状远高于壶瓶枣。

④农业品种引进应遵循试验、示范、推广的原则。植物生长是受多种因素影响，一个品种在原产地的表现，被引种到新的地方不一定和原产地的表现一样，所以要先适量引种试验，在试验成功的基础上扩大栽培面积进行示范，在示范成功的基础上再大面积推广。盲目大面积引种可能给生产造成严重损失，有很多盲目引种造成重大损失的实例应引以为戒。

第二章

枣树的生物学特性

第一节　枣树适宜生长的环境

一、温度

　　枣树是喜温树种,在其生长发育期间需要较高的温度,枣树栽培在北方表现发芽晚、落叶早。当春季气温达到13～15℃时(沧州4月中旬前后),枣芽开始萌发,达到17～18℃时抽枝、枣吊生长、展叶和花芽分化,19℃时出现花蕾,日平均气温达到20～21℃时进入始花期,22～25℃进入盛花期。花粉发芽的适宜温度为22～26℃,低于20℃或高于38℃,花粉发芽率显著降低。果实生长发育的适宜温度是24～27℃,温度偏低果实生长缓慢,干物质少,品质差。果实成熟期的适宜温度为18～22℃。因此,低温、花期与果实生长期的气温是枣树栽种区域的重要限制因素。当秋季气温下降到15℃时,树叶变黄开始落叶,至初霜期树叶落尽。冬季耐极端温度的能力很强,休眠期可忍耐-34℃的低温,夏季可忍耐50℃短时的高温。

　　枣树花期坐果要求的日均温度是枣树区域栽培的重要因子,也是品种引进的重要依据,可分为广温型,要求花期坐果日均温度在21℃以上,如大瓜枣、板枣、临猗梨枣等,这类枣栽培区域广;常温型,花期坐果日均温度不低于22℃,如金丝

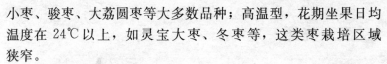

小枣、骏枣、大荔圆枣等大多数品种；高温型，花期坐果日均温度在 24℃ 以上，如灵宝大枣、冬枣等，这类枣栽培区域狭窄。

品种不同其耐极端高温和低温有差异，各生育期所需温度也不同，对土壤环境要求各异，抗病、抗裂果能力都有差别，这些品种特点在引种时要充分考虑，以免给生产带来损失。

二、湿度

枣树是抗旱耐涝能力较强的树种，对湿度的适应范围很广，年降水量 100～1 200 毫米的区域均有分布，以年降水量 400～700 毫米较为适宜。沧州最低年降水不足 100 毫米，最高 1 160 毫米，均能正常生长结果，枣园积水 30 多天也不会死亡。

枣树不同的生长期对湿度的要求有差异。开花期要求较高湿度，相对湿度 70%～85% 有利授粉受精和坐果，若此期过于干燥，相对湿度低于 40%，则影响花粉发芽和花粉管的伸长，致使授粉受精不良，落花落果严重，产量下降，"焦花"现象就是因为空气干燥，相对湿度过低造成的。如果花期雨量过多，尤其花期连续阴雨，气温低不利于授粉，花粉容易胀裂不能正常发芽，坐果率也会降低。果实生长后期要求少雨多晴天气，白天温度高，夜间温度低，昼夜温差大，有利于糖分积累和果实着色。如雨量过多、过频，会影响果实的生长发育和营养积累，裂果、浆烂等果实病害加重，并降低枣果的品质。

土壤湿度可影响树体内水分平衡及各部分器官的生长发育，土壤田间持水量在 70% 左右有利于枣树的生长，当 30 厘米土层的含水量 5% 时，枣苗会出现暂时性萎蔫；土层含水量 3% 时就会永久性萎蔫。水分过多，土壤透气不良，根系会因窒息影响生长，长期积水也会造成枣树死亡。

三、光照

阳光是一切生物赖以生存的基础，提供了取之不尽的能源，通过植物实现了能量的转换。植物的光合作用，只有在光的作用下，在叶片的叶绿体中把吸收空气中的二氧化碳和从土壤中吸收的水（包括叶片吸收的水）、矿物质，转化成有机物放出氧气，光能转换成生物化学能，完成了能量转换。

适宜的光照可促进植物体细胞增大和分化，控制细胞分裂、伸长，维持正常的光合作用，有利于树体干物质的积累及各部分器官的健康生长。如花芽的分化及形成的多少，质量的好坏，坐果率的高低，果实的生长、着色、糖和维生素 C 等物质的生成都直接与光照有关，不仅如此，光照不足也会影响根系生长，因为根系生长所需的养分主要依靠地上部的光合作用产物，根系生长又会影响到地上各个部分的生长发育，光合作用离不开根所吸收的水和矿物质。

目前生产上有的枣园，为达到提早结果的目的，实行密植。但由于管理不当造成枣园郁闭，树冠通风透光不良，致使形成无效叶面积增多，叶片的生产能力下降，造成树体衰弱、枣头、二次枝、枣吊生长不良、坐果率低、产量低、果实品质差、内膛枝条枯死、结果部位外移、病虫害严重等现象，必须通过冬剪和夏剪，合理整形，解决枣园的群体结构和树体结构过密问题，增加有效叶面积，才能达到树体健壮，实现枣优质高产的目的。

四、土壤

枣树一般对土壤要求不太严格，适应性强，是耐瘠薄抗盐碱能力较强的树种，在土壤 pH5.5～8.2 范围内，含盐量（滨海地区）不高于 0.3％的土壤上均能生长（pH 是表示土壤溶液酸碱程度的数值，凡土壤溶液的 pH 小于 7 的为酸性，pH 越小酸性越强，土壤溶液 pH 等于 7 为中性，大于 7 的为碱性，pH 越大碱性越强）。平原荒地、丘陵荒地均可种植，特别是 2004 年党中央、国务院已明确指出今后发展果树不能占用基本农田，枣树耐瘠薄、抗盐碱的优良特性在今后农业产业结构调整和农民增收上更有特殊意义。沧州地区滨海盐碱地上栽植的冬枣、金丝小枣不仅长势好，而且生产出品质优良，闻名中外的名牌金丝小枣和冬枣。河北省的赞皇、阜平，山西的吕梁等山区县也均有名优枣的生产，如赞皇大枣、阜平婆枣、吕梁木枣等。尽管如此，枣树栽植在土壤肥沃、环境条件良好的地块上，生产投入成本低且枣树生长良好，树势壮，结果早，产量高，果实品质优良，经济效益高。因此在枣树栽植前高质量地整地，为枣树生长创造一个良好的土壤和环境条件是必要的。

五、风

微风与和风对枣生长有利，可以促进气体交换，维持枣林间的二氧化碳与氧气的正常浓度，调节空气的温、湿度，促进蒸腾作用，有利于枣树的生长、开花、授粉与结果。大风与干热风对枣生长发育极为不利，虽然在休眠期枣树的抗风能力很强，但在萌芽期遭遇大风可改变嫩枝的生长状态，抑制正常生长，甚至折断树枝。花期遇大风特别是干热风，可使花、蕾焦枯或不能授粉，降低坐果率。果实生长后期和成熟前遇大风，导致落果或降低果品质量。为减少风对枣树生长的不良影响，选择园地要避开风口，建园前要规划栽植防护林带，花期喷水等技术措施改善田间小气候，为枣树生长发育创造一个较适宜的生态环境。

第二节　枣树的器官特征

枣属于鼠李科枣属，与其他落叶果树有不同特点，如花芽分化是在当年萌芽后开始，与芽、叶、新生枣头的生长、花蕾形成、开花、坐果同步进行。其结果枝为脱落性果枝，摘果后一般与叶片一起脱落。开花时间长、开花量大，落花落果严重、坐果率极低等。为有针对性地搞好枣的栽培管理，了解枣树各个主要器官及其生物学特性是必要的，现简要介绍如下：

一、根

枣树的根系分为两种类型，一种是茎源根，用枝条扦插和茎段组织培养方法繁殖的苗木及采用分株法生产的苗木根系均为茎源根系。其特点是水平根系较垂直根系发达，向周围延伸能力强，分布范围是树冠的 2～5 倍，有利于增加耕层的吸收面积。水平根向上发生不定芽形成根蘗苗，向下分枝形成垂直根，长势较好，能吸收较深层土壤的养分，但延伸深度远不及实生苗的垂直根。枣树的实生根系是由酸枣种子育成的实生苗木经嫁接而成的苗木根系，垂直根与水平根均发达，但垂直根比水平根更发达，一年生酸枣实生苗垂直根深可达 1～1.8 米，水平根长 0.5～1.5 米，是地上部分的 2～4 倍。

枣树的根系分布与砧木、繁殖方法、树龄、土壤质地及管理有关，一般在 15～30 厘米土层内分布最多，长期采用地面撒施方法施肥的枣树，根系多分布在 20 厘米左右的土层内，采用深沟施肥方法的枣树根系多分布在 40～60 厘米。根系分布深，吸收范围广，抗旱抗寒能力强，利于树木生长。根系水平分布范围一般多集中于树冠投影范围内，约占总根量的 70%。枣的根系除具有吸收、固结土壤、支撑地上树体的作用外，还具有合成养

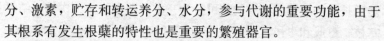

分、激素，贮存和转运养分、水分，参与代谢的重要功能，由于其根系有发生根蘖的特性也是重要的繁殖器官。

枣树的根系活动温度低于地上部分，故活动先于地上部分，开始生长的时间因地区和年份有差异，在沧州一般 3 月下旬根系开始活动，7～8 月份为生长高峰，落叶后进入休眠期。

二、芽

枣树的芽分为主芽和副芽，主芽又称冬芽，外被鳞片，着生在一次枝、枣股的顶端及二次枝的基部。主芽萌发可生成枣头（发育枝），用于培养骨干枝，扩大树冠；也可生成枣股（结果母枝）。枣股顶端的主芽每年萌发，生长量极小，枣股的侧面也有主芽，发育极差，呈潜伏状，仅在枣股衰老受刺激后萌发成分歧枣股。枣股上也可抽生枣头，但生长弱、寿命短，利用价值不高，在幼树整形时可将二次枝重短截（二次枝基径在 1.5～2 厘米时）可刺激形成新枣头，培养角度较水平的骨干枝。副芽为裸芽又称夏芽，是着生在一次枝上的副芽，当年萌发形成二次枝或脱落性二次枝，在二次枝上、枣股上的副芽生成脱落性的结果枝，即枣吊。

有的主芽可潜伏多年不萌发，成为隐芽或休眠芽，其寿命很长，在受到刺激后可萌发生成健壮枣头，有利于结果基枝和骨干枝的更新；在枣树的主干、主枝基部或机械损伤处，易发生不定芽，多由射线薄壁细胞发育而来，可生成枣头，这些特点都是枣树寿命长，百年以上的老树仍能正常结果的优势因素。

三、枝

枣幼树枝条一般生长较旺盛，树姿直立，干性较强，成龄树后长势中庸，树姿开张，枝条萌芽力、成枝力降低。有的品种成龄后长势仍较强。枣树的枝可分为三类，即枣头、二次枝、结果基枝、枣股和枣吊。

1. 枣头 由枣主芽发育而成的发育枝，是构成树体骨架或结果单位枝的主要枝条（即苹果、梨等其他果树上所谓的发育枝）。枣头是一次枝和二次枝的总称，每个枣头有6～13个二次枝。二次枝是由枣头每节的副芽形成的结果枝也称结果枝组，没有顶芽，来年春季尖端回枯。由枣头、二次枝组成的结果枝组也称结果基枝。

2. 枣股 是生长量极小的结果母枝，也可视为缩短了的枣头，是枣头由旺盛生长转为结果的形态变异。枣股是由主芽萌发而成，生长缓慢，随枝龄的增长而增粗增长。枣股顶端有主芽，周围有鳞片。枣股主要着生在二年生以上的二次枝上。枣头一次枝顶端和基部也可生成枣股。每个枣股上可抽生3～20个枣吊，当遭受自然灾害和人为掰枣吊后，当年可再次萌发新的枣吊并能开花结果，这也是枣树抗灾能力较强的原因所在。枣股的寿命很长，可达20年以上，但以3～7年生的枣股结果能力最强，10年以后逐年衰弱，应及时更新。当然枣股的经济寿命与品种、栽培管理关系密切，管理水平高的果园，其寿命就长，否则就短。品种间有差异，如梨枣以一、二年生枣股结果最好。

3. 枣吊 即结果枝，又称脱落性果枝。主要由枣股上的副芽形成，当年生枣头一次枝基部和二次枝的各节也可着生枣吊。枣吊随枣树萌芽开始伸长，着生叶片并随之花芽分化形成花蕾，开花、坐果，果实成熟后，秋后一般随落叶一起脱落，个别木质化程度高的枣吊不易脱落。枣吊的数量与长度和品种、树体的营养水平、树龄、着生位置及管理水平密切相关，如对枣头进行重摘心，基部可生成木质化或半木质化的枣吊，结果能力明显提高。枣吊一般长8～30厘米，10～18节，在同一枣吊上以4～8节叶片最大，3～7节结果最多（图2-1）。

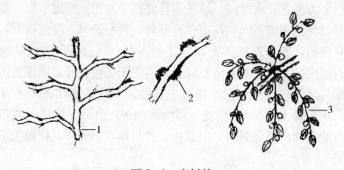

图 2-1 枣树枝
1. 枣头 2. 枣股 3. 枣吊

四、叶

叶片是进行光合作用、气体交换和蒸腾作用的重要器官。枣叶片互生，叶形长圆形、长卵圆形、披针形，叶片一般长 3～8 厘米，宽 2～5 厘米，叶片革质，有光泽、蜡层较厚，无毛，叶尖钝圆，叶缘锯齿有的钝细，有的稀粗，叶绿色，三主叶脉，叶柄短黄绿色。当日均气温降至 15℃时随枣吊一起脱落。

五、花与果实

枣花着生于枣吊叶腋间，一般一个叶腋的花序有花 3～8 朵，营养不足可产生单花花序。其分化特点是当年分化，多次分化，随生长随分化，单花分化速度快，时间短，全树花芽分化持续时间长，可达 2 个月左右。枣的花芽分化与树体贮存营养和环境条件密切相关，一般枣吊基部与顶部几节，因营养状况、温度等影响，叶片小，花芽分化慢，花的质量相对较差，坐果率及果实品质低，特别是遇干旱或干热风时易出现焦花和落蕾、落花现象，中部各节的叶片大，花芽分化完全而充实，结果能力显著增强。

北方枣花开放时间一般从 5 月底到 7 月初，地域不同，品种不同，年份积温不同，花期也有差异。春季干旱，气温高时，花期早而短，春季温度低尤其是花期多雨，气温低，则花期晚而长。庭院的枣树先于大田枣树，幼树先于老树。开花顺序为树冠外围最早，一般先分化的花芽先开放。一个花序中的中心花先开，依次是 1 级花、2 级花、多级花的顺序开放。枣树开花为夜间蕾裂型和白昼蕾裂型，但散粉、授粉均在白天，对授粉无不良影响。

六、授粉与结果

枣树具有浓香的蜜盘，为典型的虫媒花。枣多为自花结实（少数品种自花结实率低，需配授粉树），但异花授粉坐果率更高，因此应在枣园混栽两个以上的品种有利于坐果。应大力提倡花期放蜂，完成授粉。花开的当天坐果率最高，以后逐减。枣花授粉、花粉发芽与环境、激素、营养水平密切相关，低温、干旱、大风、阴雨天气均对授粉坐果不利，花粉发芽温度以 22～26℃、相对湿度 70%～80% 时最为适宜，温度低于 20℃ 或高于38℃，相对湿度低于 60%，都对花粉发芽不利。花期喷水、喷九二〇和微肥可提高坐果率的原因也在于此。枣树盛花期的枣品质好，坐果率高，初花期前与终花期开的花，坐果率低，果实品质也差，在生产中应抓好盛花期实施提高坐果率的技术措施，以保证枣的产量和质量。

第三章

枣树育苗

枣树育苗流程：苗圃地选择→苗圃地整地→枣树砧木培育→品种枣接穗采集与处理→嫁接品种枣→嫁接后枣苗管理→枣苗出圃。

枣树苗木一般采用根蘖、嫁接、嫩枝扦插、组培等方法培育。嫁接、嫩枝扦插、组培育苗如果所用的材料均来自标准的品种圃、根蘖苗选自品种茎源根系，可以保证育出的苗木品种纯正，保持原品种的遗传特性。但根蘖育苗大面积选自品种茎源根系难以做到，生产上采用根蘖苗多来自一般枣园自繁的小苗，特别是老枣区更是如此，难以保证品种纯正。河北、山东枣区，金丝小枣的品系繁杂、良莠不齐，是长期自然的变异并依赖于根蘖苗繁殖的结果，要全面提高金丝小枣的品质也必须用新选育并通过省级审定的新品系，采用嫁接方法培育苗木或大树改接，改变目前金丝小枣良莠不齐株系混杂问题。其他枣区、其他品种也存在同样的问题。

为保证苗木品种纯正，现在一般都采用嫁接、嫩枝扦插和组培的方法育苗。

第一节　枣树砧木育苗

嫁接繁育枣苗是保证品种纯正，投入少，方法简便，广大群众都能掌握的枣苗繁殖方法，被广泛采用。

一、砧木的选择

目前嫁接繁育枣苗采用的砧木多为酸枣苗或当地枣树的根蘖小苗。砧木和接穗对嫁接生成的苗木均有影响，主要表现在抗逆性、生长势及果实品质等方面。如以酸枣苗做砧木嫁接的冬枣在抗旱性、耐瘠薄的能力，植株矮化程度要好于用金丝小枣做砧木嫁接的冬枣，但耐盐碱的能力和果实的含糖量及单果重不如以金丝小枣做砧木嫁接的冬枣。嫁接选择砧木应以当地表现好、抗性强的枣树为砧木，因为用这样的枣树做砧木可以适应当地的环境条件，嫁接成的苗木成活率高，长势好。盐碱地区应选择抗盐碱能力强的枣苗作砧木较好，干旱山区以酸枣苗作为砧木较好。

二、苗圃地的选择

苗圃地最好选在近造林地的地方，也就是常说的"就地育苗，就地造林"，可以减少因长途运输致苗木失水降低成活率的因素，并能在苗期就地受到锻炼，适应造林地的环境，提高造林的成活率。为给幼苗创造一个良好的生长条件，苗圃地应选择地势较高、背风向阳、平坦、土壤肥沃、排水良好的砂壤土或轻壤土较好，如必须用砂土或黏土地育苗应通过沙掺黏或黏压沙改善土壤的理化性能，提高育苗的成功率。苗圃地还应近水源，有良好的灌溉和排水系统，保证苗圃地旱能灌、涝能排。为便于苗木外运，苗圃地还应选在交通方便的地方。

三、育苗前苗圃整地

培育优种壮苗，是保证造林成活率的基础，因此，育苗前苗圃地必须进行细致整地。首先对苗圃地进行平整，撤高垫低，如需动土方过多的地块，应采用挑沟的取土方法撤高垫洼。也可分段平整，局部整平能浇、能排即可。土地平整后要施足底肥，均匀撒满整个苗圃地，每亩要求施入经发酵无害化的有机肥（圈肥、厩肥均可）4 000～5 000千克，加入尿素10～15千克或硫酸铵20～30千克，然后深翻，将肥料翻入土内，翻耕深度20～30厘米随之耙地，地耙平后做畦，并做好灌水和排水沟渠，然后浇水后待育苗。

四、酸枣砧木苗培育

（一）种子处理

选用当年籽粒饱满发芽率达到80％以上的酸枣种仁育苗，低于80％的种子如果需要选用则要加大播种量。冬季前要对种子进行沙藏处理，方法是：先将种子拣干净，清除空粒、破碎的种子及杂物，用种子的4～5倍干净河沙与种子混合用水喷湿，沙的湿度以手握成团，不滴水，松手可散开为度。然后进行沙藏，沙藏的地方可根据种子多少确定。种子少可用木箱或瓦盆作容器，先在容器底铺一层湿沙，然后将已拌入湿沙的种子放入容器内，上面再用一层湿沙盖好，放入地窖内或埋入背阴处土内，上面用草或秸秆盖好，防止水分蒸发。如种子量大，可以选择高燥排水良好的背阴处挑沟沙藏，沟深70厘米左右，沟宽1米，沟的长度视种子多少确定。先在沟底铺一层湿沙，每隔1米在沟中间竖立一秫秸草把，把高要高出地面，然后将已拌湿沙的种子均匀地放入沟内，距沟边地面10～20厘米为宜，上面再铺10厘米厚的湿沙，然后覆土，并做成屋脊形，再将秫秸把抽出1～2根秫秸，便于沙藏种子通气，在沙藏沟周围挑排水沟，以免积水。来年温度开始回升时要经常检查种子萌动情况，如有30％的种子露白（萌芽）即可播种。

如果春天买的种子，已不能进行沙藏处理，可采用种子浸种处理，方法是：经过精选的种子用凉水浸泡24小时，捞出后再用 0.3％的高锰酸钾溶液浸种子 1 小时，然后将种子捞出平摊开，厚度 5～10 厘米，放在温度 20～25℃室内，种子上面用湿麻袋片盖好，保持湿度进行催芽，当种子有 20％～30％"露白点"后即可播种。

（二）播种

种子处理好后即可进行播种。播种时间为旬平均 20 厘米地温稳定在 20℃时为宜（华北中南部多在 4 月中旬）。如采用地膜覆盖可提前至 3 月下旬，早播种早出苗，可延长苗木生长期，砧木当年即可达到嫁接的粗度。播种方法采用条播和撒播均可，为便于苗木嫁接以条播较好。一般采用宽窄行的条播形式，宽行 50 厘米，窄行 30 厘米，播沟深 2～3 厘米，覆土 1 厘米，不可覆土过厚影响种子出土。播种时为防地下害虫可用适量乙酰甲胺磷或马拉硫磷拌入麦麸，随种子一起播于沟内。用种量根据种子发芽率确定。如种子发芽率在 80％以上，每亩留苗 8 000 株，每亩播种量 3 千克左右即可。不采用地膜覆盖育苗的地块，为保持土壤墒情，防止芽干，可顺播种沟起高 15 厘米，宽 20 厘米的土垄，播种 3 天后经常检查出苗情况，当有 30％左右种子露出原覆土后，可在无风天的下午，将土垄扒平，俗称"放风"，利于种子出土。地膜覆盖育苗，播种后要经常检查出苗情况，发现出土苗芽在其上方捅破地膜，露出苗芽，用细土把苗芽周围的地膜压好即可。

（三）幼苗管理

播种后 10～15 天，苗木出土，当苗高 5 厘米时进行间苗，株距 15～20 厘米。苗高 10～15 厘米时浇第一次水，结合浇水每亩追施尿素 15 千克或硫酸铵 30 千克。当苗高长到 25～30 厘米时，进行摘心或喷施 500 毫克/千克的多效唑加 0.3％尿素液，抑制新梢生长，促进苗木加粗生长。此时天旱可浇第二次水。在苗木生长期如发生病虫害，要及时防治，防治方法参阅本书病虫防治部分。结合每次喷药均应进行叶面施肥。8月份以前可用尿素，8月份以后可以喷磷酸二氢钾，0.3%～0.4%浓度即可。经过上述管理，酸枣苗基部粗度可达0.5厘米以上，来年春天即可嫁接枣苗。

五、根蘖苗培育砧木

利用当地枣树资源，采用根蘖苗归圃育苗，培育砧木。育苗时间在秋季落叶后至土壤封冻前或来年春季土壤解冻后，枣树萌芽前均可进行。方法是：先整地，同上述育苗地整地，在畦中每隔60厘米挖一深30厘米、宽40厘米的纵向沟，沟壁垂直于地面，以便摆放小苗。育苗用的小苗是采集自枣园一年生基茎粗0.5～1厘米的根蘖苗，挖苗时尽量保留完整根系，育苗前要剪去劈裂根，除去根系有病苗木，将选出的苗子地上部分留2个好芽剪干，然后用水浸12小时以上（如远地购入根蘖苗水浸时间应在24小时以上），再用10～15毫克/千克的ABT生根粉液浸根1小时或1 000毫克/千克的ABT生根粉液浸根5～10秒，然后将苗子直立摆放在已挖好的沟内，株距25厘米，摆完苗木后覆土，先覆至沟深的一半用脚踩实，然后浇一次透水，待水渗后再覆土至苗子原土痕处。如采用地膜覆盖，在苗木发芽后及时将地膜划破露出幼苗，并将幼苗周围的地膜用土压好。苗木成活后，留一个长势粗壮的小苗作主苗，其余的萌芽皆抹去，以集中养分促进留下的主苗生长，浇水、追肥、病虫管理可参照酸枣育苗。

第二节　品种枣嫁接育枣苗

一、品种枣接穗的采集

嫁接品种枣的接穗应选自该品种枣优良母树上或优良母树

（最好选用该品种新选育并通过省级以上审定的优良品系作接穗）所繁育的优质专用采穗圃的枣树上的枣头或优良的二次枝作接穗，接穗剪留长度以保留 2 个主芽为宜。采集时间，以枣树萌芽前的 10～20 天剪集接穗最好，此时接穗含水和养分较高，故嫁接成活率也高。接穗剪集好后可用 3 倍干净的河沙，用水喷湿与接穗混合放入温度 0℃湿度 90％的冷库内或冷凉的背阴房间内，用湿沙土埋好，待枣树芽萌动前后即可嫁接。此种方法处理的接穗，嫁接时要采用薄的地膜将整个接穗和接口缠好，接穗主芽用一层薄膜缠好，避免接穗因蒸腾作用失水而影响成活率。因为用的是一层薄地膜故芽子萌发时能顶破薄膜，不影响幼芽生长。剪集好的接穗最好用工业石蜡进行蜡封处理。方法是：用炉火将蜡熔化，温度应控制在 100℃左右（最好用水浴的方法加热，即将石蜡切成碎块，放入铁制容器内，将盛蜡容器放入沸腾的水盆中加热使石蜡熔化，水浴能保证蜡液不超过 100℃），随即逐一将整个接穗速蘸蜡液，如处理接穗量大，可将接穗放入铁笊篱中在蜡液中速蘸，然后撒在干净地面上使接穗互不粘连并迅速冷却。封蜡好的接穗应该是剪口鲜绿，接穗光亮透明，如果接穗发白，说明蜡温偏低，蜡皮较厚，易使蜡皮脱落，如接穗变色说明蜡温过高，易烫伤接穗。封蜡后的接穗可放入冷库或冷凉室内贮藏，方法同前。封蜡的接穗，嫁接时只需用塑料条将接口缠严即可。

二、嫁接枣树的方法

目前生产上嫁接枣树的方法一般为插皮接、劈接、腹接和芽接。

（一）插皮接

插皮接是枝接的一种，宜在枣树萌芽后，树液流动旺盛树皮易剥离的时期采用。嫁接方法简单，速度快，成活率要高于其他嫁接方法。方法是：选砧木表皮光滑处剪断砧木，在横断面一侧树皮由上而下切一0.5厘米左右的小口深达木质部，剥开皮层呈三角形裂口。在接穗下端距下横断面2～3厘米处，用剪、刀向下斜切，切面成马耳形，斜面超过髓心，斜面对面下端再削一长2～3毫米的小短切面，成"一"字形锐尖楔形，便于插入皮内。将削好的接穗长削面顺木质部从已切好的砧木三角裂口处插入皮内（接穗长削面与砧木的木质部密接），削面上面留1毫米的切面俗称"露白"，以利生长愈合组织，然后用塑料薄膜将砧木的切口及与接穗的结合部分全部缠严，不能透气，嫁接完成。如接穗未进行蜡封处理，要用薄地膜将接穗缠严（图3-1）。

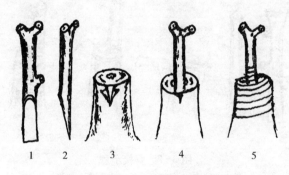

图 3-1　插皮接示意
1. 接穗削面（正面）　2. 接穗削面（侧面）
3. 砧木纵切口　4. 接穗与砧木接合状　5. 绑扎

（二）劈接

劈接是枝接的一种，也称大接，嫁接时间可早于插皮接，在树皮尚不易剥离但树液已开始流动时进行。苗圃小苗嫁接或大树改接均可采用。方法是：苗圃小苗嫁接，先将小苗周围的杂草、无用的根蘖苗清除干净，将砧木苗贴地面剪去，然后向下挖去深

10厘米左右的土，露出根茎较粗的光滑部位或大树准备改接的枝条的光滑部位，用剪刀将砧木横断面剪截，并沿砧木横断的中心将砧木纵向劈一长2～3厘米的切口，再迅速将接穗从距下端2～3厘米处向下削成双面楔形平滑削面，上厚下薄，如接穗比砧木细，切面的一侧略薄于另侧，主芽在薄侧，之后速将削好的接穗插入砧木的劈口内，接穗削面的上端留1～2毫米的切面俗称"露白"，使接穗较厚一侧的形成层与砧木的形成层对齐即可（如砧木与接穗粗细相同，可使砧木和接穗两边皮层的形成层对齐）。然后用塑料薄膜将砧木劈口及接穗的结合部均匀缠严，以利保湿。如接穗未经蜡封处理，用薄地膜将整个接穗缠严以防失水（图3-2）。

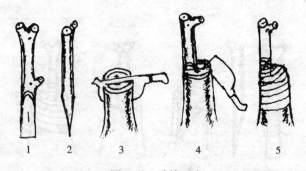

图3-2 劈接示意
1.接穗削面（正面） 2.接穗削面（侧面）
3.劈砧木 4.接穗与砧木接合状 5.绑扎

（三）腹接

腹接也是枝接的一种，嫁接的适宜时间同劈接。嫁接时，剪断砧木，沿砧木断面斜剪砧木一劈口，深度超过砧木直径的一半，但不能超过2/3，否则易风折，形成一个深达木质部的斜切口。接穗的削法基本同劈接，不同之处是接穗削面要削成一面稍长一面稍短。嫁接时将削好的接穗插入砧木的斜切口中，使长削面朝里面，短削面朝外，使接穗和砧木皮层的形成层对齐，其他工序及要求同劈接（图 3-3）。

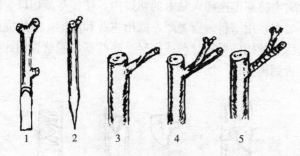

图 3-3 腹接示意

1. 接穗削面（正面） 2. 接穗削面（侧面）
3. 砧木嫁接处切口 4. 砧木与接穗接合状 5. 绑扎

（四）芽接

芽接一般是在生长季节主芽形成后，用当年主芽嫁接的方法，也称 T 字形芽接。如用上一年的接穗，也可在春季枣树萌芽后进行芽接，因取芽时芽片难以带全维管束故一般都采用带木质芽接，也称嵌芽接。7 月份以前嫁接成活的砧木可在接芽上方剪去本砧，当年仍能长成成熟的嫁接苗，8 月份以后嫁接成活的砧木当年不剪砧，否则嫁接苗因木质化程度低难以越冬，待来年春天发芽前再剪砧。T 字形芽接方法是：

（1）种条采集。一般用当年枣头，把主芽上的二次枝及主芽上叶片剪去，保留叶柄，然后用湿布裹好保湿备用，取下的种条在常温下不宜久放，应随采随用，如需较长时间贮藏，应放在 5℃左右的冷藏容器内。

（2）在砧木的光滑部位，用芽接刀将树皮横割一刀深达木质部但不能伤及木质部，然后自横切口中间向下切一纵向小口形成 T 字形切口。取芽用锋利的芽接刀在接穗主芽上方 3 毫米左右处横切一刀，深达接穗直径的近 1/3～1/2，然后在芽下方距芽 1 厘米左右处由下向上挑切与上方横切口相连，用手捏紧芽片轻轻一掰，取出接芽迅速插入砧木的切口内，使接芽横切口与砧木的横切口对齐，用塑料薄膜缠严，露出主芽和叶柄，芽接完成。嫁接 7 天后如叶柄仍保持绿色或轻轻一碰叶柄即脱落说明嫁接芽已成活，否则再重接（图 3-4）。

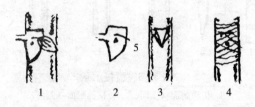

图 3-4　芽接示意

1. 接穗芽片切口　2. 芽片　3. 砧木切口

4. 绑扎　5. 叶柄

（五）带木质芽接

带木质芽接在春季砧木树液流动后进行，其方法是：在砧木基部光滑处，用芽接刀在砧木上横切一刀深达木质部，长度为砧木直径的 1/3 左右的切口，在距切口下方 1 厘米左右处用刀削切一盾形片与切口相连，取下木质片。最好用与砧木粗细相仿的接穗，在主芽上方 3 毫米处用刀横切一刀，长度与砧木的横切口一样，然后在芽的下方用刀削切一盾形芽片，大小与砧木盾形片相同，把芽片嵌入砧木盾形切口内，使芽片的形成层与砧木盾形切口的形成层对齐，用塑料薄膜条缠严，中间露出接穗的主芽，带木质芽接完成。如接穗芽片小于砧木盾形切口，应使接穗的上切口及一侧的形成层与砧木的上切口及一侧的形成层对齐，然后用塑料薄膜条缠严露出主芽。此外还有舌接、方块芽接等方法，在此不一一介绍（图 3-5）。

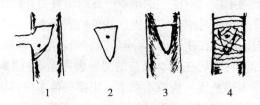

图 3-5 带木质芽接示意
1. 接穗芽片切口 2. 带木质芽片
3. 砧木切口 4. 绑扎

三、嫁接后枣苗的管理

为保证枣苗的优质壮苗，嫁接后的管理非常重要。从苗木嫁接后到接穗萌芽约需半个月的时间，由于养分相对集中，在砧木基部会萌发出幼芽应及时清除，以利于接穗的萌芽和生长；用二次枝做接穗的嫁接苗，粗壮的可能直接长出枣头，也有部分可先长出枣吊，为刺激主芽生成枣头，要从枣吊基部约 0.5 厘米处将枣吊剪去；采用插皮接和芽接方法嫁接的枣苗，当嫁接苗长到 10～15 厘米时应及时用木棍或细竹竿绑扶（绑扶时，木棍与新梢不能绑扶紧，要有 2 厘米左右的活动范围），以防风折，风大地区，劈接或腹接的苗木也需绑扶；当嫁接苗木与砧木已愈合牢固后，应用小刀纵向割断缠绕的塑料薄膜，以防苗木加粗生长出现缢痕，影响苗木生长；6～7 月份应及时追肥，每亩追施尿素 15～20 千克或硫酸铵 30～40 千克，追肥后及时浇水；嫁接苗萌芽后可能出现食芽象甲、绿盲蝽、枣瘿蚊、刺蛾类等食叶害虫及红蜘蛛和枣锈病的为害，防治方法请参照本书病虫防治的相关部分。

四、枣苗出圃

枣苗木出圃时间一般在秋季落叶后或春季萌芽前进行。枣苗出圃前如土壤干旱，应浇一次水，一是起苗省力并能保证根系完整，二是让枣苗吸足水分，可提高栽植的成活率。

起苗时应顺行在距苗子 25 厘米左右处，用铁锹挖掘一 30 厘米左右的深沟，然后在沟对面苗的另一侧距苗 25 厘米左右处下锹，掘起苗木根系逐一将苗木掘出。出圃的苗木应该进行苗木分级。首先将根系劈裂，根系达不到标准、有病虫害的苗子检出。枣优质壮苗应该是根系完整，枝、皮无伤，用归圃苗做砧木嫁接的苗木根系，要求直径在 2 毫米以上、根长 20 厘米以上的侧根有 4～6 条；用酸枣做砧木嫁接的苗木根系，要有 6～8 条侧根，苗高应在 1.2 米以上，基径在 1.2 厘米以上，梢条成熟度好，顶芽充实饱满，嫁接口愈合良好，无病虫着生的苗木。苗木出圃后如不能随起苗随栽植时，应随起苗随时用湿土暂时埋起来，以防苗木失水。如超过 12 小时不能运走，要临时假植起来，方法是：挖一直立深 30～40 厘米的沟，将出圃的苗木逐一摆放在沟底，顺沟用锹掘出湿土将苗子根系逐一埋好，之后又掘出第二条沟，依次将苗子假植起来。外运时，从一端开始逐一将苗子拔起。为提高成活率可将枣苗的枣头和二次枝各剪去 1/3～1/2，用加 1％保水剂的泥浆蘸根，再用 100 倍的羧甲基纤维素液，喷洒全苗（羧甲基纤维素应提前 12 小时用水泡溶），将苗木打捆，每 20 株捆成一捆，拴上标签，标明品种、产地、规格等。运苗车厢先用塑料膜将车厢底、四周铺好包严，然后装放苗木，装完后用帆布将苗子盖严外运。如长途运输，为便于保湿运输在征得客户主人同意后，可将苗木主干截留 50～70 厘米，将主干上的二次枝或枣头全部剪除，苗木再按上述方法处理后，用湿草将根系裹好，然后用塑料膜将苗木全部裹好，再按上述要求装车运输，可保证苗木一周内不失水，成活率能达到 90％以上。

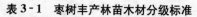

表 3-1 枣树丰产林苗木材分级标准

（中华人民共和国专业标准 ZB/B6400—89）

级别	苗高（米）	地径（厘米）	根　系
一级苗	1.2～1.5	1.2以上	根系发达，具直径2毫米以上、长20厘米以上侧根6条以上
二级苗	1.0～1.2	1.0～1.2	根系发达，具直径2毫米以上、长15厘米以上侧根5条以上
三级苗	0.8～1.0	0.8～1.0	根系发达，具直径2毫米以上、长15厘米以上侧根4条以上

第三节　枣树嫩枝扦插育苗

枣树嫩枝扦插育苗流程：插床建设→种条采集与处理→种条扦插及扦插苗管理。

在塑料薄膜、植物激素等新技术运用的条件下，枣嫩枝扦插育苗成为可能。有丰富的种条资源，采用嫩枝扦插育苗可免除培育砧木和嫁接枣的麻烦，又能较好地保持枣优良的遗传特性，采用塑料拱棚育苗是一种快速繁育枣苗的方法。

塑料拱棚育苗方法：

一、插床建设

插床应选光照充足、地势平坦、排水良好的砂壤土地为宜，整地参照育苗部分的整地方法和程序进行。然后做扦插床。扦插床畦宽1.5～2米，长度不超过10米，畦与畦之间挖宽、深各25厘米的排水沟，床面与地面平或稍低于地面，在插床上搭遮阴棚，以混凝土桩或竹木作立柱，棚高2米左右，棚的南面、西南面和顶部用苇帘或遮阳网遮盖，防止阳光直接照射，降低棚内温度，透光率一般掌握在 20％～30％。

二、种条采集及处理

种条要选适宜当地生态条件的优良品种，尽量选用已通过省级审定新选育的品系。枝条年龄阶段越老，其插条生根率越低，为提高插条成活率，应选幼龄母树上一年生枣头，如必须选自成龄母树，可通过环剥、刻伤、短截等措施，促使成龄母树萌发新枣头用作插穗。枣的枝条极难生根，利用嫩枝扦插必须用 ABT 生根粉处理促进生根。方法是：剪取半木质的嫩枣头，截成 15～20 厘米长，有主芽 4～5 个，上剪口距芽 0.5～1 厘米处剪成平茬，下剪口削成马蹄形并去掉下部 5 厘米以内的侧枝和叶片，保留上部叶片，每 20～30 枝捆成一捆，随即用 40％多菌灵 800 倍或 0.5％的高锰酸钾液浸泡插条基部 10～15 分钟进行灭菌处理，然后用 1 000 毫克/千克 ABT 生根粉液速蘸插条基部 5～10 秒钟，再在已准备好的苗床上扦插。注意采条时间最好在阴天或晴天的 8 时前，要随采、随处理、随用。

三、种条扦插及扦插苗管理

种条扦插前，先将畦内土壤深翻 25 厘米左右，用 0.5％的高锰酸钾水溶液进行消毒，然后上午 9 时前或下午 5 时后进行打孔扦插，孔深 3～4 厘米，每平方米插种条 200～300 根，并用土将插孔封严，插完一畦后立即向插条上喷洒 50％的多菌灵 800 倍或 70％甲基托布津可湿性粉剂 1 000 倍液，随即在畦上搭高 60 厘米的小拱棚，上覆盖塑料薄膜，两端和一侧用砖压实，另一侧用土压实。在棚的中间、四角装干湿温度计，定时观察棚内温度和湿度。棚内地温以 25℃左右，气温保持在 28～32℃，相对湿度 85％～90％为宜。棚内温度是插穗成活的关键，注意棚内气温不能超过 38℃，在高温季节应随时观察棚内温度，当棚内温度达到 35℃时，要向棚外覆盖的薄膜上喷凉水降温。为保持小拱棚内的湿度，每日早晚各向棚内喷水 1 次。扣棚后每隔 5～7 天喷 50％多菌灵 800 倍或 70％甲基托布津 1 000 倍液 1 次，防止叶片和嫩枝染病。笔者实践，小拱棚嫩枝扦插育苗（在华北地区）最好在 6～7 月初，成功率高，7 月中旬以后进行嫩枝扦插育苗，出苗生根期正值 7 月底至 8 月份的高温季节，棚内气温不易控制，难以降到 35℃以下，是塑料拱棚育苗失败的重要原因。

插条 1 个月后，种条已经生根，此时要进行炼苗，每天傍晚掀开拱棚薄膜的一侧通风，初期先掀开 1/3 的薄膜放风，每天早晚各喷 1 次水，以后逐渐扩大通风面积，7～10 天可全部除去拱棚上的塑料薄膜并继续喷水，保持土壤湿度，撤棚后要逐步加大苇帘或遮阳网的透光面积，直至全部撤去遮阳材料，使小苗逐渐适应大田自然环境，此时如土壤湿度低喷水时可加入 0.1％的尿素液，促进小苗健壮生长。

第四节　枣树全光照喷雾育苗

枣树全光照喷雾育苗流程：建床→种条采集与处理→种条扦插→幼苗管理→苗木移栽。

全光照喷雾嫩枝扦插育苗，是在全光照条件下，运用自动间歇喷雾的方式，调节空气及苗床的温、湿度，为插条创造一个适宜生根、萌芽、生长的条件，从而使嫩枝扦插育苗成为可能，是一种育苗周期短、成本较低、成苗率高的育苗方法。

全光照喷雾嫩枝扦插育苗方法：

一、建床

床址应选择在背风向阳、地势较高、接近水源、有电的地方。床高 40 厘米，床周围用砖砌成，用泥作为黏合剂，目的是利于从砖缝中排水。床底部铺 20 厘米厚的大石子，中间层铺 10 厘米厚的炉灰渣，上层铺 10 厘米厚的干净河沙或较细的炉灰作为扦插基质。床的形状可砌成圆形和正方形，以圆形较好，便于均匀喷雾。喷雾设备采用中国林业科学院生产的双长臂自压旋转扫描喷雾装置，再安装 HL—Ⅲ型叶面水分控制仪，现实自动间歇喷雾。扦插前 1～2 天，用 0.5％的高锰酸钾液对插床进行消毒，每平方米用药液 4 千克。

二、种条扦插及幼苗管理

种条采集、处理及扦插均参照嫩枝扦插相关部分。扦插时间要求不严格，只要做到随插随喷雾即可。扦插密度较嫩枝扦插育苗密度适当高些，以插条叶片互不重叠即可。扦插完成后立即启动自动喷雾装置，喷雾控制仪可根据叶面的干湿自动控制喷雾，光照强度越高，喷雾越频繁，间隔时间越短。清晨和黄昏光弱喷雾少，晚上自动停止喷雾，这时应启动控制仪的定时喷雾开关，可每半小时喷雾 1 次，每次喷雾时间在 20 秒左右，保证插条在夜间不失水。如采用全天定时喷雾，可根据天气情况人为调整，定好时间可自动定时喷雾。一般每天上午 8～10 时，每 10 秒钟左右喷 1 次，10～16 时每 3～5 秒钟喷 1 次，16 时以后逐渐减少喷水次数。在管理中，每周在傍晚停喷前喷 50％的多菌灵 800 倍或 70％的甲基托布津 1000 倍液一次，防止插穗腐烂。插后 15 天喷 1 次 0.3％的尿素液，促进小苗生长。枣嫩枝扦插育苗，在喷雾条件下，应尽量延迟插条落叶时间，生根后大部分叶子已经脱落，插条上的嫩芽会明显生长，一般 15 天后出现新根，20 天后达到生根高峰，30 天后可逐渐减少喷水时间，只在阳光强烈、高温的 10～16 点时适当喷水，阴天及早晚时间停止喷水进行炼苗，过 2～3 后全天停止喷水，进一步炼苗，5～10 天后即可移栽。

三、苗木移栽

苗木移栽前，需对苗圃地整地，方法参照前面苗圃整地部分。圃地整好后做畦，畦宽 2 米，每畦均匀开沟 3 条，将苗木栽植沟内，株距 20 厘米左右，扶正用细土填平压实，然后浇一透水。为提高移栽成活率，移栽最好选择连阴天，在傍晚进行，一周内向畦内苗木喷水，缩短缓苗时间，以后苗木管理参照前面育苗相关部分。在扦插时直接用营养钵，可提高移栽成活率，不足之处是较平插出苗少。营养钵规格为 8 厘米×8 厘米，营养土按壤土：河沙：腐熟无害化圈粪比为 3：3：1 配制，并用 0.5％的高锰酸钾液消毒，再行嫩枝扦插。也可将小苗移栽到营养钵内再放回育苗床上实施喷雾，待小苗成活后，再移至苗圃内，浇一次透水，其他管理参考育苗相关部分。

此外还有组织培养育苗方法，可实现工厂化育苗，是快繁优质无毒苗木的先进方法，但投资大技术较复杂，在这里不再介绍。

<h2 style="text-align:center">第五节　利用当地野生资源
改接优良品种枣</h2>

充分利用当地野生资源（北方可用酸枣，南方可用金钱树）改接优良品种枣。山区野生酸枣资源丰富，是山区水土保持的优势树种，其生态效益和社会效益巨大，但对于农民来说经济效益相对不高，利用野生酸枣改接适宜当地气候等自然条件的优质枣既有巨大的生态效益、社会效益，又提高了经济效益，不失为山区农民致富之举，更符合当前举国开展的节能减排，发展低碳经济的战略。南方地区可利用当地铜钱树野生资源改接优良品种枣。利用山区野生酸枣、铜钱树等资源改接优质枣，首先要对野

生资源地进行整地，根据当地实际情况在有利于水土保持的前提下，在资源地周围可采取水平梯田、水平沟或鱼鳞坑等形式的整地，增加活土层，提高土壤肥力，为枣树生长提供良好的土壤环境，然后再根据当地管理水平，确定适宜的密度。将野生苗进行清理，清除杂草、无用根蘖苗，选择一长势健壮无病害（主要是枣疯病）的单株进行枣头（枝头）摘心，并加强水肥、病虫防治等管理，促进野生苗健壮生长，第二年春天枣萌芽后进行改接。枣接穗的采集、处理、嫁接方法及成苗后的管理见本书有关部分。

第四章

枣 园 建 设

食品安全越来越受到消费者的关注，保证枣果安全的最低标准是无公害枣。生产无公害乃至有机枣是市场的需求，是未来果品生产的发展方向。新建枣园首先要符合生产无公害枣的建园标准，这是保障食品安全的基础，并要考虑未来果品升级，生产绿色果品、有机果品的需要。生产无公害果品的另一重要内容是减少果园用药，既要做到果园用药少，又要确保果树不受病虫为害。因此，就必须从果树本身的抗病虫能力和合理利用天敌做起。果树本身的抗病虫能力与其遗传基因有关，也与果树生长健壮程度有关。天敌的繁衍与果园的群体结构和环境有关。只有采用科学的栽培技术，才能使果树生长健壮，提高果树的抗病虫能力；合理的树体结构和果园群体结构，营造有利于天敌繁衍的环境；合理利用天敌，才能减少使用农药，生产出符合无公害标准的优质果品。

第一节　枣园园址选择

一、环境要求

园址选择是生产无公害果品的基础，必须选择符合生产无公害果品标准又适宜枣树生长的地块作为枣园。

生产无公害果品的果园要求远离有污染的工矿企业、医院、生活污染源、车流量多的重要交通干线。具体要求见表4-1、表4-2。

表4-1 无公害农产品地距污染源要求

项　目	指标（米）
高速公路、国道	≥900
地方主干道	≥500
医院、生活污染源	≥2 000
工矿企业	≥1 000

表4-2 无公害农产品产地大气质量要求

项　目	指　标	
	日平均	1小时平均
总悬浮颗粒物（TSP）（标准状态）（毫克/米³）	0.3	—
二氧化硫（SO_2）（标准状态）（毫克/米³）	0.15	0.50
氮氧化物（NO_X）（标准状态）（毫克/米³）	0.12	0.24
氟化物（F）（微克/米³）	10	—
铅（标准状态）（微克/米³）	1.5	1.5

二、土壤要求

土壤承载果树，不仅为果树提供所必需的养分，而且直接影响果树的生长和果品的品质，建园前必须对土壤进行全面的调查，选择无有害物质、重金属含量超标的土壤和水源，适宜生产无公害枣的地块。生产无公害枣对土壤环境及水质的要求参见表4-3、表4-4。

表4-3 土壤环境质量要求

项　目		指标（毫克/千克）		
		pH<6.5	pH6.5～7.5	pH>7.5
总汞	≤	0.30	0.50	1.0
总砷	≤	40	30	25
总铅	≤	250	300	350
总镉	≤	0.30	0.30	0.60
总铬	≤	150	200	250
六六六	≤	0.5	0.5	0.5
滴滴涕	≤	0.5	0.5	0.5

表4-4 无公害农产品产地浇灌水质量要求

项　目		指　标
氯化物（毫克/升）	≤	250
氰化物（毫克/升）	≤	0.5
氟化物（毫克/升）	≤	3.0
总汞（毫克/升）	≤	0.001
总砷（毫克/升）	≤	0.1
总铅（毫克/升）	≤	0.1
总镉（毫克/升）	≤	0.005
铬（六价）（毫克/升）	≤	0.1
石油类（毫克/升）	≤	10
pH		5.5～8.5

三、土壤质地

土壤质地也影响枣树生长，一般的讲，最适宜农林作物生长的土壤是壤土，也叫中壤土。砂质土壤，透水性和通气性、热量状况良好，耕作容易，但有机质和腐殖质含量低，分解快，保水保肥能力差，成苗率高，但后劲不足。黏质土壤，透水通气性差，排水不良，当地势低洼时，土壤含水量高、土壤温度低，耕作阻力大，易板结，但土壤有机质和腐殖质含量较高，作物生根困难，因此幼苗成苗率低，但后劲足。壤土其有机质和腐殖质含量高，土壤的理化性能介乎于砂壤土和黏壤土之间，是最有利用价值的土壤。

四、土壤酸碱度

土壤中的溶液组成不同，致使土壤呈酸性或碱性。土壤的酸碱度影响枣的生长，一般枣适宜在 pH5.5～8.2，含盐量（滨海地区）不高于 0.3％的土壤上均能生长。

五、地形特点

平原、丘陵山地均可发展枣树，全国各地无论是山地还是平原、滨海碱地都有当地的名优枣，不少内地品种引种到新疆表现良好，近些年利用荒山酸枣的资源改接优种枣成功的实例很多。不同的是，要根据不同的地域、地形，种植适宜的品种，进行适宜当地条件的整地和管理技术。

平原地区地面高差起伏小，较为平坦，便于管理，一般分为冲积平原、黄泛平原和滨海冲积平原。

冲积平原地面平整，土壤深厚较肥沃，便于耕作，适宜发展果树，只要地下水位不高，可以选做枣园。

洪积平原，由山洪夹带泥沙沉积而成，其幅员较冲积平原小，常含有大量石砾。距山较远的洪积地带含石量少，土粒较细，山洪危害较少地带可以选做枣园。

黄泛平原主要是黄河中下游，称为黄泛区，最典型的为黄河故道区。中游为黄土，肥力较高，下游多为砂壤，有的是纯砂，或与砂泥相间，形成沙荒区。其特点是土壤肥力低，缺乏有机质、氮、磷、钾等营养物质，土壤的理化性能差，漏水漏肥，通过改良土壤可以建枣园。

滨海冲积平原是地处河流末端，近海的河流冲积平原，其土壤是砂、泥相间，含盐分较多且以氯化盐为主，地下水位较高，通过降低地下水位，蓄淡水淋碱盐，改良后可建枣园，著名的黄骅冬枣就是在这样的土地上生产出来的。

丘陵山区高度变化不大，交通便利，适宜发展枣树，但丘陵山地地形、土壤、肥力和水分条件变化较大，应根据土壤风化程度和成土年限区别对待，通过工程措施，提高土壤肥力和良好的理化性能，为枣树创造适宜的生长环境。丘陵山地建枣园还应避开冷空气下沉的谷地，因为枣树虽然耐寒但萌芽和花期需要较高温度，冷空气下沉的谷地易造成霜冻或花期低温，影响授粉和坐果。大风也对枣树授粉不利，应避开风口地带。

尽管枣树的适应性较强，平原、丘陵山地均能生长，但仍以土层深厚、有浇灌条件、排水良好、土壤酸碱度适中且较肥沃的壤土生长最好，树势健壮，寿命长，丰产性强，并能很好地表现出其优良的品质特性，以较低的投入获得较高的效益。品种不同对土壤的要求也不同，如金丝小枣生长在黏质壤土上树势壮，果实品质最好，生长在砂壤地上树势早衰，果实品质下降。

第二节　枣园规划

枣树的经济寿命在百年以上，搞好果园规划非常重要。规划原则既要最大限度地提高土地利用率，创造有利于枣树生长的局部环境，发挥枣树的生产潜力，又要充分考虑有利于枣的生产，方便管理，并要考虑适应未来机械化和科技发展的需要。

一、防护林设置

适宜的防护林可减弱大风、冰雹等灾害天气的危害，降低风速、增加空气温度，有利于枣树花期授粉和坐果。有防护林的果园冬季园内温度可提高 1~2℃，夏季温度可降低 1~2℃，可使风速降低 10%~40%，湿度增加 10% 以上，能为枣树生长创造良好的局部环境。

防护林的结构、高度不同，其有效防护范围也不同，据研究，防护范围为树高的 20~30 倍。因此，防护林带的间距可设置为 300~500 米。垂直于主要风向的林带为主林带，根据当地风力大小决定林带的宽度，一般主林带由 5~10 行乔木树种组成，株间栽植灌木，副林带由 3~5 行乔木树种组成，株间栽植灌木。林带株行距 2 米×3 米，品字形栽植，林种选择尽量避开主要病虫害与果树为共同寄主的树种。目前枣园较好的树种组合有窄冠毛白杨、间种紫穗槐，此组合病虫相对较少，防护效果较好。为节约土地，可充分利用作业道路、排灌沟渠的两侧设置防护林带。为最大限度地减少林带对枣树的影响，东西行向林带可将林带设置在道路或沟渠的南侧，南北行向林带可将林带设置在道路或沟渠的两侧，靠近枣树一侧的林带边缘可挖深 1 米左右的断根沟，防止树根串入枣园内与枣树争水争肥。林带栽植时间最好先于枣树的栽植时间，以便提早发挥防护效益。

二、建立作业小区

大型枣园为便于管理，应规划作业小区，小区的大小可根据地形、劳力和机械化程度设置，以方便管理为原则，可结合作业道路和排灌渠道的设置划分作业小区。盐碱地区要根据当地的地下水位、土地的盐碱程度规划台条田及排水淋盐沟，通过降低地

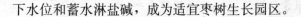

下水位和蓄水淋盐碱，成为适宜枣树生长园区。

三、建筑物设置

为方便生产，枣园要设置作业道路、排灌设施、配药设备、库房、选果场、储果库房、办公休息室等辅助设施。设置原则要以能满足生产需要，最大限度地节约用地，提高枣园的效益为目的，兼顾当前，着眼未来发展的需要，做好总体设计，切忌朝令夕改。

第三节 枣树种植

一、枣树栽种密度

枣树的种植密度与结果期的早晚、立地条件及管理水平有关。如立地条件好，水浇条件好，有充足的肥源，可以将枣树种植密度适当小一点；反之密度可以适当大一些。要求枣园尽早获得高效益，可将枣树种成密植果园或计划密植果园的形式。

多数专家的研究，果园覆盖率达到 70%～80%，叶面积系数达到 4～5，才能实现果品的优质丰产。枣树是喜光树种，叶面积系数以 3～4 为宜。栽植密度越大，达到上述指标的年限越短。稀植果园要 10 年左右才能达到上述丰产指标，密植园 3～5年就能实现。密植园能充分发挥果园前期群体优势，叶面积迅速扩大，同化功能强，营养物质积累多，营养生长向生殖生长转化快，可提前结果并缩短进入丰产期的年限。另外鲜食品种枣，只能人工采摘，适宜小冠密植。密植园树体矮小，便于修剪、施肥、浇水、摘果、喷药等果园作业，减少生产成本，利于枣园增效。制干加工品种可采用稀植中、大冠形栽培模式。枣有当年栽植或改接、当年成活、当年成花、当年结果的特点，适当密植能充分发挥枣的早实特性，达到早结果早丰产。

目前密植园的栽植密度一般株距1～3米，行距2～5米。笔者近几年对不同栽植密度的枣园进行调查，密度为1米×2米、2米×2米的枣园，前期产量高，由于不能及时调整果园的群体结构，使果园过早的郁闭，果品产量和质量均呈下降趋势且病虫较难控制。3米×4米、3米×5米的栽植形式，前3～5年枣产量低，但树形容易培养，树体和果园的群体结构较好，枣产量呈逐年上升趋势。笔者认为目前枣仍是市场前景好，效益较高的果树品种，建园后尽快获得较高的产量和效益是栽培者的愿望。为此，栽植密度2米×2或1.5米×2.5米，如管理水平较高也可栽成1米×2米的密度，此种植形式为计划密植形式，将枣树培养成永久株和临时株，永久株按计划树形整形，3～5年以培养树形为主，结果为辅，临时株栽植成活后，就可以采用各种技术措施抑制营养生长，促进生殖生长，强迫幼树提前结果，通过适时间伐临时株，最后改造成2米×4米，3米×5米密度的小冠形枣园，较好地解决了密植果园前期产量上升快，后期果园群体结构郁闭产量下降及稀植果园前期产量和效益低的矛盾。发枝力强、树势旺的加工品种栽植株行距可适当加大，以4米×6米、5米×6米为宜，培养成中冠树形。枣粮间作（枣农间作）株距3～4米，行距10～15米，如机械作业行距可达20米，总之行距大的枣园枣的效益低，农作物效益高；反之，可突出枣的效益。

从实践看，果园的行向以南北向较好，南北行向树与树之间遮阴少，光照均匀，通风透光好，适宜枣的生长发育，遇到大风和冰雹等灾害性天气，南北行枣树受害程度相对较轻。

二、枣树栽植前整地

枣是经济寿命很长的果树，为给枣树创造一个良好的生长环境，栽植前的整地十分必要。通过整地可以改良土壤质地，改善土壤的理化性能，提高土壤的通透性和良好的保水保肥能力；可以保持水土，有效地防止水土流失，涵养水源；可以减少盐碱地有害离子的浓度，利于枣树根系生长，提高枣树栽植的成活率及整个生育期的生长。特别是党中央、国务院已明确规定，今后基本农田一律不准栽种果树，再发展果树只能上山下滩，利用荒山、荒地。荒山、荒地立地条件差，因此，果树栽种前的整地更显得必要。

我国幅员辽阔，有丘陵山地、荒漠和盐碱地等，整地方法不尽相同，下面分别叙述。

（一）荒地的平整

荒地为未耕种或耕种后的废弃地，除缺水的西北荒漠外，一般立地条件要略好于丘陵山地或盐碱地。

荒地多高低不平、杂草灌木丛生，土壤活土层一般 20 厘米左右，很难满足枣树生长的要求，在枣树定植前需进行细致整地。如荒地的杂草灌木要彻底清除。在可控制火势、采取有效防火措施的条件下，采用烧荒的方法清除杂草灌木和各种病虫，或人工机械清除杂草灌木，然后平整土地。如土地高低相差悬殊，工程量大，可采用分段局部整平的方法，在平整土地的基础上再进行穴状或带状整地。一般每亩定植枣树密度不足 70 株的可采用穴状整地。方法是在定植点上挖长、宽、深各 0.8～1 米的坑（如土质太差还应增加深度），将上面阳土与下面阴土分开堆放，每株枣树用不小于 50 千克的腐熟有机肥与阳土拌匀回填坑内，填至距地面 10 厘米处，浇透水踏实，以备种树。土质不好，可进行换土或掺土。砂土掺黏土，黏土压砂土，以改善土壤的理化性能，提高土壤的保水保肥能力。如每亩超过 70 株可进行带状整地，顺定植行挖沟将阳土与阴土分开，把有机肥与阳土掺匀，回填沟内，填至距地面 10 厘米后浇透水踏实，以备种树。施肥改土参照上述部分内容。

（二）盐碱地整地

盐碱地上生长的冬枣和金丝小枣其质量不亚于好地。黄骅市正是在滨海盐碱地上，长出了品质极佳的名牌冬枣，畅销国内外。我国盐碱地多，可在不影响粮食生产的同时，在选定区域内发展枣生产。盐碱地的特点是土壤含盐、碱量高，地下水位高，缺少淡水。整地要按照盐碱地盐碱分布"高中洼"、"洼中高"和"盐随水走，水走盐存"的规律，充分利用雨季降水、蓄水淋盐、适当深栽躲盐、坑底覆草阻盐等技术，降低土壤含盐量，达到适宜枣树生长的土壤要求。方法是：提前 1 年整地，将含盐量较高的表层盐土刮去，运出果园，如无法运出果园也可刮至行中间作排水渠，尽量减少盐碱回流的机会。然后进行穴状或带状整地（要求同前），利用雨季降水，蓄水淋盐。雨季过后回填土，填土前先在坑底或沟底垫一层麦秸、麦糠或其他碎秸秆、杂草，厚度10～20 厘米，起阻盐碱作用，再回填腐熟有机肥和阳土混合土，填至离地面 20 厘米后浇透水踏实（用肥量同上），以备种树。在株与行的中间作成蓄水树盘，盘埂高 20～30 厘米，盘面倾向树坑，并拍实，以利集水压碱。

（三）丘陵山地整地

适宜栽植果树的丘陵山地一般是丘陵缓坡地，坡度在 25°以下，在有利于水土保持的前提下，可采取穴状（鱼鳞坑）和带状整地。鱼鳞坑是挖长径 1 米左右，短径 0.8 米左右，深 0.8～1米的半圆形深坑，坑与坑品字形设置，坑外缘修筑挡水埝，截留降水，扩大活土层。如土层薄，下面岩石多可采取局部爆破的方法（应在有关部门和专业技术人员指导下进行），进行局部整地。也可采用二次整地技术，根据花岗岩、片麻岩母质干旱时坚硬湿润时比较疏松的特性，可在春秋干旱时先挖深 20 厘米的坑，待雨季坑内母质湿润时再进行二次整地，此法比较省工。丘陵缓坡也可采用修筑水平阶田和沟状梯田。

水平阶田的修筑，可沿山地的等高线进行，水平阶面水平或倾斜成5°左右的反坡，阶面宽随地而异，一般0.5～2米，阶长1～8米，阶外缘修筑土埂以利保持水土。

沟状梯田整地是先将表土和风化疏松的岩层挖出翻到隔坡上，然后对下层岩石实施爆破，将爆破后的疏松母质挖出放在沟上方的坡面上，石块放在下面，要求沟宽2米、沟深1米（以外沿为标准），然后将上方疏松碎母质及隔坡表土、有机肥一起填入沟内与沟外沿平，如土不够需客土填满，待植树。田面要形成外高内低略向内倾斜的平面，外沿用石块、土垒埂，内沿修排水沟，自下而上连接各梯田的排水沟，形成排灌系统。其他整地工作和施肥同前面穴状或带状整地。

三、枣树栽植

影响枣树栽植成活率的因素很多，如苗木的质量，栽植的时间，栽植技术，栽后的管理等，为提高枣树栽植成活率应做好以下几点：

（一）枣树的栽植时期

枣树的栽植时期可分为秋栽和春栽。秋栽从秋季落叶后到土壤封冻前进行，秋季栽植时间越早越好，如无需长途运输苗木，可在9月下旬实行带叶栽植，可提高成活率（苗木叶片应摘去1/2～2/3为好）。来年春季栽植可适当晚栽，如不是大面积的栽植可在枣芽刚萌动时栽植成活率较高。从理论上分析，枣树秋栽应该比来年春栽成活率高，如秋栽土壤墒情好，返盐低（盐碱地），来年根系活动先于地上部分等，但实践结果是春季晚栽成活率高，其主要原因是苗木失水。因为从秋栽到来年枣树萌芽需经过半年的时间，冬季北方寒冷低温、空气干燥、大风等因素的影响，造成苗木失水。另外枣树是喜温树种，根系活动和开始生长所需地温高于其他北方落叶树种，秋季枣树落叶后的土壤温度已低于根系生长和活动的地温，根系已无吸水功能，难以补充地上部分需水造成苗木死亡。秋栽保证成活的关键是苗木不失水，可采取 3 种方法：一是实施截干栽植，即苗木栽植后，将苗木保留两个枣树主芽进行截干，然后用土将截干后的苗木全部埋起来。初冬开始覆土薄一点，随温度下降加厚覆土，进入深冬覆土超过当地冻土层的厚度，来年春天随气温升高逐步撤去覆土，在枣树萌芽前全部撤去覆土。此法适宜栽植树高不足 1 米的小苗。二是将苗木弯倒埋土保温防寒。采用一年生，苗高低于 1 米，基径在 1 厘米以下的小规格枣苗栽植，栽后顺行轻轻将苗木弯倒，为防止折断苗木，在弯倒处垫一土枕，然后用土将苗木全部埋起来，开始先覆土 20 厘米厚，然后逐渐加厚覆土，到严冬再覆土至当地冻土层的厚度，来年随气温增高逐步去掉覆土，萌芽前将覆土全部除去，将苗木扶正。三是苗木栽好后，在苗木周围覆地膜，面积不少于 1 米^2，并在苗木的西北面距苗木 40 厘米处培一个高 50 厘米的半圆月牙形的土埂，可提高根际温度，有利根系提前生长吸收水分，来年萌芽后再撤出土埂，并用 100～150 倍羧甲基纤维素液喷布整个树苗或用薄膜套将枣树套起来，翌年萌芽后撤去薄膜套，以减少苗木的失水。

春季栽植枣苗最好在枣芽萌动时，但由于芽萌动时期很短难以实施大面积栽植枣树，可提前进行，栽后采用覆地膜，剪去部分二次枝和枣头，苗木喷羧甲基纤维素等综合技术措施均可提高成活率，具体方法参照上述有关部分。保证枣树栽植成活率的关键是在枣树起苗过程中、运输途中、栽植中都要保证苗木不失水。采取的措施如起苗前苗圃浇水，起苗后根系要蘸泥浆、临时假植，苗木栽植前要浸水等均是围绕枣树苗子不失水而进行的技术措施，因为枣树是含水较低的树木，苗木在空气中暴露极易失水而影响栽植成活率。据孙玉柱实验，苗木主根和侧根的水分含量分别在41.6%、38.3%以上时，苗木栽植成活率在80%以上，风干2天主根和侧根含水量分别为36.9%、26.9%，苗木栽植成活率仅为36%。

（二）枣苗选择

为建设无公害高效的枣园，枣苗一定要选择品种纯正、根系完整、无机械损伤、无检疫对象的新鲜优质壮苗。栽前根系要用水浸12小时以上使根系充分吸水，并对根系进行修整，剪去脱水、腐烂及劈裂等不良根系，再用ABT生根粉10～15毫克/千克的溶液浸根1小时或用ABT生根粉1 000毫克/千克速蘸5～10秒，然后即可栽植。为提高成活率可将苗木的二次枝部分或全部剪除，中心主枝延长头剪留在壮芽部分。笔者实验，在一切条件均相同的情况下，枣苗剪除二次枝和中心主枝延长头与不剪的比较，成活率提高46%。

（三）栽植技术

在已整好地的地块上，根据枣树的根系大小再在定植点上挖植树坑，坑的长、宽、深均为40厘米，以保证根系在坑内舒展为宜，然后放入处理好的枣苗，苗木阳面栽植时仍朝阳面，苗木的株行间对齐，使行内、行间成直线，然后填土，边填土，边提苗，使苗木根系在土内舒展，然后踩实，苗木埋土可略高于原苗木土痕（浇水后土面下沉至原土痕为宜），栽后浇一透水，水渗后覆地膜，以保墒和提高地温，利于根系生长。覆膜面积，每株苗木不少于1米^2。如果不覆地膜，可在水渗后，适时进行锄划保墒。栽后苗木剪口要涂漆、树体喷石灰乳，防止苗木失水和日灼，有利成活（石灰乳配制方法：优质生石灰10千克＋食盐200克＋水胶100克＋水40千克，搅成乳状即可）。

（四）枣树栽后管理

枣树栽植后的管理非常重要，直接影响枣树的成活率和结果的早晚。影响枣树的成活与苗木质量和栽植技术有关，栽后管理主要是解决根系尚无吸水功能而地上部分又需水分的矛盾。解决办法：一是栽后要在苗木周围覆盖 1 米^2 的地膜，保持土壤水分，保证根系不失水，提高地温促使根系生长吸收根。二是在为苗木覆地膜的同时，用 150 倍的羧甲基纤维素液喷树苗或用塑料薄膜套将树干整个套起来，目的是保持苗木不失水。枣树定植成活后，可在夏季高温来临之前撤去地膜，如土壤墒情不足，可进行灌水增加土壤湿度，浇水后要及时进行中耕除草保墒，促进枣树生长。盐碱地上的枣树，如水质不好，在一般的情况下不要浇水，可进行多次中耕，减少土壤返盐。枣树成活后新萌生的枣头和二次枝一律不动，任其生长，但要注意与中心枣头竞争的枝头，必要时进行适当抑制竞争枝头以扶持中心枣头的旺盛长势。生长期要注意病虫防治，防治方法参照本书的病虫害防治部分。结合喷农药可进行叶面喷肥，生长前期可用 0.2％的尿素液进行叶面喷肥 2～3 次，促进枣树的营养生长，生长后期可用磷酸二氢钾 0.2％的溶液进行叶面喷肥 2～3 次，提高植株的木质化程度，有利于枣树安全越冬和来年的生长、结果。通过上述管理除个别苗木因质量和栽植技术的问题影响成活外，成活率可达98％以上。枣树栽植后因苗木质量和栽培技术的问题有假死现象即"迷芽"。对发芽晚的枣苗喷 20 毫克/千克的赤霉素（九二〇）溶液有促进萌芽的作用，可解决"迷芽"现象。枣萌芽后在整个生长期要追肥、中耕除草。第一次追肥要在 6 月份，以氮肥为主，第二次追肥在 8 月份，应以磷钾肥为主，追肥方法在苗木周围 30 厘米处挖一环状沟，沟深 10 厘米，每株施肥量 50 克左右（氮肥可用硫酸铵，用尿素减半，磷肥可用钙镁磷肥，钾肥可用硫酸钾肥），然后覆土，施肥后浇水，适时中耕除草，并注意枣锈病及食叶害虫的防治。通过上述管理，当年新生枣头长势粗壮，长度可达 50 厘米以上，为枣树早结果早丰产打下基础。对没有成活的枣树，来年要及时补栽，以保持枣园林相整齐，便于管理。

第四节　枣园施肥与灌水

一、枣树的施肥

枣树是多年生木本植物，几十年甚至上百年生长在一块地方不移动，每年从土壤里吸取大量养分用于萌芽、长叶、发枝、开花、结果等一系列生长发育过程，致使土壤里可供营养物质会越来越少，如不及时补充将直接影响树体的生长及结果，补充土壤养分的过程就是施肥。早在 18 世纪德国著名的农业化学家李比希就提出了养分归还学说，确立了肥料三大定律，即最小养分律、同等重要律和不可替代律，为农作物的施肥奠定了理论基础。养分归还学说阐明植物从土壤中吸收矿质养分，为保持土壤肥力，就需把植物带走的矿质养分以肥料的形式归还给土壤，否则土壤肥力会逐步下降，影响植物生长。并阐明植物生长所需要的营养元素尽管数量不同，但都是同等重要的，不能互相替代，并且受土壤中元素含量相对不足的元素制约，只有首先满足不足元素的数量，作物的产量才能提高。例如我国 20 世纪 50～60 年代土壤中氮素缺乏成为当时作物增产的限制因子，通过推广增施氮肥，使农作物产量得到提高。当重视氮肥的使用后，到 70 年代土壤中磷元素不足凸显出来，通过推广磷肥使用又使农作物的产量有较大提高，目前钾元素不足又成为制约因子，应引起广大农民朋友的重视。大量的实验表明，在施氮、磷肥的同时增施钾肥，无论作物的产量和品质都有较大的提高，枣树的施肥也是如此。另据中国农业科学院调查研究表明，目前全国有 30％的地块缺硫，缺硫的地块应引起耕作者的重视。为科学的施肥，应大力提倡通过土壤和植物叶片的营养诊断，以了解各种矿质元素分布情况及含量作为施肥依据，实施配方施肥和平衡施肥，保证农作物的高产优质。如无营养诊断条件时可采用实验方法确定，即在一小区内（2～3株树）增施某一元素的肥料取得大幅度增产和改善品质的效果，说明该地块缺乏此种元素，可以此为依据，指导合理施肥。

果树一年中不同的生育期所需肥料品种数量是不尽相同的，为满足果树不同时期生长的需要及时补肥可以取得良好的结果，错过时机，将引起不良后果。陕西省农业科学院果树所曾实验，当养分分配中心在开花坐果时，此时追肥量即使超过一般生产水平，促进坐果的作用明显，错过此时期再施肥，会加速营养生长，促进生理落果。生产实践中也有此种实例，由于花期不适当的追肥浇水，加重落花落果。为此施肥一定要掌握合理的施肥时期。

枣树的花芽分化、花蕾形成，是从萌芽开始，随着枣吊和叶片的生长而同时进行，各物候期重叠是枣树的生育特点。随着枣树开花、授粉、坐果，花芽仍在继续分化，整个花期可持续一个多月，这就决定了枣树需肥极为集中的特点。另外枣树从萌芽、枣叶生长，到枣树叶片具有合成营养功能之前这一段所需要的营养物质完全依赖于上年的贮藏营养，因此贮藏营养的多少，在很大程度上决定着枣树来年花芽分化质量及枣果产量。为满足枣树上述的需肥特点，一年之中施好基肥，萌芽前、开花前和果实膨大等三个时期的追肥是必要的。

基肥以有机肥为主，附以适量化肥及迟效性磷肥如钙美磷肥、易被土壤固定的微肥如硫酸亚铁可与有机肥混合作为基肥一起施入地内。有机肥属迟效性肥料，秋季9月份在枣树采果前后施肥效果最好。

萌芽前追肥，在枣树萌芽前进行，此次追肥以氮肥为主，可将全年应补充氮肥的 1/2～2/3 及 1/3 的磷肥混合施入地内，目的是保证萌芽时期所需养分，促进枣头、二次枝、枣吊、叶片生长和花芽分化、花蕾形成。

花前追肥。枣树花芽分化、开花、授粉、坐果几个时期重叠，花期长，此期需要养分多且集中，如此期养分不足将影响花芽质量、授粉和坐果率，直接影响果实的品质和产量。此次追肥以磷肥为主，适当配合氮和钾肥一块混合施入土内。

果实膨大期追肥。果实膨大期是枣树全年中需肥的主要时期，目的是促进果实膨大，提高果实品质和产量，养分不足将导致落果且果实品质下降，并影响枣果的耐贮性。此次追肥以钾肥为主，配合磷肥，如果叶片表现缺氮，应适当加入少量氮肥混合施入土内。

追肥是对基肥施用不足的补充，是在枣树生长的关键时期进行。为保证根系的吸收，追肥应采取多点穴施或沟施，即在树冠投影内，挖深 10 厘米的穴或沟将化肥均匀地撒入穴内与土混合并用土埋好，每树挖穴应在 10 个以上，每穴施肥量不能超过 50克，穴越多施肥面积越广，越利于根系吸收，如每穴施肥过量不仅不能发挥肥效，还能引起烧根，伤害根系，适得其反，应引起重视。

二、枣树生长发育需要的元素

目前已经发现植物生长发育需要的营养元素 10 多种。碳、氢、氧是植物进行光合作用合成碳水化合物等有机养分的主要元素，一般从空气和水中可以得到，不需补充，但棚室等设施栽培，由于通风不良，造成二氧化碳气不足，影响光合作用，需要进行补充碳。其余的氮、磷、钾、钙、镁、硫、铁、硼、锌、锰、钼等均是枣树生长发育需要的矿质元素。上述氮、磷、钾在植物的一生中需要量多，需要补给量也多，称为大量元素，即植物的三要素。钙、镁、硫的需要量少，一般称为中量元素，其余的需要量更少，称为微量元素。植物在生长发育过程中，不管需求量多少都是不可缺少、同等重要、不可代替的，不论缺少哪种元素都会影响植物的生长发育，每年应通过施肥予以补充。

三、肥料的种类及作用

（一）有机肥

有机肥是人畜粪便和动植物死亡残体及城市经无害处理的生活垃圾，在微生物的作用下经高温发酵而成的富含有机质的优质肥料，含有植物生长所必需的各种营养元素、维生素、生物活性物质及各种有益微生物，是营养全面，生产有机食品及绿色食品最好的天然肥料。近些年有机肥开始工厂化生产。

（二）生物菌肥

是近几年发展起来的新型肥料，利用生物发酵技术生产的有益生物菌活态菌制剂，充分利用有益菌群分泌的生物活性物质分解土壤中不能被植物根系吸收的矿物质，成为能被植物根系吸收利用的矿质营养；调节土壤的酸碱度、增加土壤有机质、促进根系生长、改善土壤生态环境，并能抑制土壤中杂菌及病原菌对枣树根系的危害，是一种不用能源，充分利用土壤中的矿质资源，对环境无害的新型肥料，是生产无公害果品的理想肥料，有广阔的发展前景。生物菌肥最好与有机肥混合一起施用，既利于有益菌群的加速繁殖，又加速有机肥的分解，效果更好。目前市场上有固氮菌肥、磷细菌肥、硅酸盐细菌肥料。复合微生物肥料是上述 3 种菌肥的混合体。EM 原露是多种有益菌群的液体，笔者使用 EM 原露进行有机肥堆积发酵后的有机肥作为基肥和用 EM 原露的稀释液叶面喷肥均提高了枣果的品质及产量，效果显著，农民朋友可以试用。

（三）化肥

通过化学合成或矿石加工能被植物吸收的元素较为单一的肥料，如尿素、硫酸铵、氯化铵、氨水、磷酸二铵、过磷酸钙、钙镁磷肥及硫酸亚铁、硫酸锌、硼酸等微肥。其作用比较单一，能快速补充作物所需的元素。

四、施肥必须重视以有机肥为主的基肥使用

（一）基肥必须以有机肥为主

追肥对于基肥而言，是对基肥的不足而采用补充的施肥方式，因此基肥是土壤施肥的基础。土壤施肥的目的除了补充植物每年从土壤中带走的矿质元素外，重要的是通过施肥提高土壤的肥力，为植物生长创造一个良好的生态环境。肥力是土壤最根本的特征，是土壤可供矿质营养、保水保肥能力、土壤空气通透性、土壤热容量状况、土壤有益微生物多少等的综合能力，而有机肥的使用正是提高土壤肥力最好、最全面的肥料品种，它不仅能补充植物所需要的各种矿质元素，而且能增加土壤中腐殖质的含量。腐殖质可使土壤形成大量的团粒结构，一个团粒结构就是一个小的肥水贮藏库，土壤的团粒结构越多，土壤的保水保肥能力越高。腐殖质中的腐殖酸可中和土壤中的碱，变不溶矿质营养为可溶性的矿质营养利于根系吸收，可改善土壤的理化性能，有利于有益微生物的繁殖，提高土壤的供肥能力，由此可见有机肥是不可替代的优质肥料。各种有机肥的养分含量参见表4-5。

表4-5 常用有机肥的养分含量

名称	状态	氮（%）	磷（%）	钾（%）	有机物（%）
人粪尿	鲜	0.3～0.6	0.27～0.30	0.25～0.27	5～10
牛厩肥	鲜	0.34	0.16	0.40	—

（续）

名称	状态	氮（%）	磷（%）	钾（%）	有机物（%）
马粪	鲜	0.40～0.50	0.30～0.35	0.24～0.35	21
羊厩肥	鲜	0.83	0.23	0.67	—
猪厩肥	鲜	0.45	0.19	0.60	—
鸡粪	鲜	1.03	1.54	0.85	25
鸭粪	鲜	1.0	1.4	0.62	36
一般圈肥	鲜	0.5	0.25	0.60	—

我国耕地有机质含量普遍偏低，一般群众认为的好地，土壤有机质的含量仅在1‰左右，而发达国家土壤有机质含量在3‰以上，土壤有机质含量低是限制果品产量和质量的重要因素。有机肥是人畜粪便和动植物死亡残体在微生物的作用下经发酵而成的富含有机质的优质肥料，含有植物生长所必需的各种营养元素、维生素、生物活性物质及各种有益微生物，是营养全面、生产有机食品最好的天然肥料。生产无公害的优质果品在施肥上必须以经无害化处理的有机肥为主，尽量减少化肥的施用，不施或少施化肥。目前农村随着机械化程度的提高，农户养牲畜的减少，有机肥源不足是普遍存在的问题，为保证有充足的有机肥源，要大力提倡发展畜牧业，实现农、林、牧互相结合，综合发展，使资源优化配置，合理利用，形成以牧养农林，以林促农、牧，以农养林、牧的良性循环。为做到物尽其用，帮助农民千方百计增收，应提倡建设生态家园，即通过沼气池的发酵将人畜粪便、秸秆转化为沼气，用作做饭照明的燃料，节省下的柴草供牲畜饲料，余下的沼液、沼渣是生产无公害果品的上等有机肥料。沼气池的建设使资源得到更进一步的利用，环境净化，农村生态环境得到改善，"生态家园建设"是我国广大农村的发展方向。

（二）基肥的使用方法

一般采取环状沟施、放射状沟施与地面撒施结合运用效果较好。2003 年在调查金丝小枣裂果原因时发现，凡是多年施肥连续采用地面撒施的地块，金丝小枣的根系大部分集中在 20 厘米左右的土层内，抗旱、耐涝、抗寒的能力减弱，而多年采用深沟施肥的地块，根系大部分集中在 40～60 厘米以上的深层土层中，抗旱、耐涝、抗寒的能力好于根系分布浅的枣树，表现为连续多日不降雨的情况下，根系分布浅的枣树叶片中午萎蔫的时间远多于根系深的枣树，且果实裂果、浆烂果的比例也远高于根系深的枣树。

1. 环状沟施 是在树冠投影的外缘（幼树自原整地穴外缘开始）挖深 40～60 厘米，宽 40 厘米左右环状沟，将有机肥与阳土拌匀撒入沟内，上面覆盖挖出的阴土。逐年外扩，直到两树连通时改为放射状沟施。也可采用条状沟施，即第一年在树冠投影的外缘挖南北向沟，第二年在树冠投影的外缘挖东西向沟，两年完成一环，其他技术要求同环状沟施，此种方法省工，也可用机械挖沟，减轻劳动强度提高工作效率。

2. 放射状沟施 在树盘内以树干为中心距树干 60 厘米左右处向四周挖四条放射沟，沟由浅入深到树冠投影处沟深 40～60 厘米，沟宽 40 厘米左右，施肥方法同环状沟施，第二年在第一年施肥沟一侧继续挖沟施肥，直至互相连通后，再采用地面撒施。

3. 地面撒施 将有机肥均匀撒在树盘表面然后深翻 20 厘米左右，将有机肥翻入土层内。地面撒施可连续进行 1～2 年再采用沟施。上述 3 种方法交替使用，达到深翻树地（山区有的地方称为放树窝子）和施肥的共同目的，土壤的活土层不断得到扩大，土壤的理化性能和肥力均得到提高，使根系各个部分均衡生长，扩大了吸收面积有利于果树生长发育。采用沟施方法应注意保护根系，避免伤害 0.5 厘米以上的粗根，因粗根分生能力远不如细根、毛根，过多伤害粗根对根系生长不利。

（三）追肥的使用方法

追肥是对基肥施用不足的补充，是在枣树生长的关键时期施用速效肥以满足枣树生长的需要。为保证根系的吸收，追肥应采取多点穴施或沟施，即在树冠投影内，挖深 10 厘米的穴或沟，将化肥撒入穴或沟内与土混合并用土埋好，然后浇水，并做好松土保墒工作。穴施，每树挖穴应在 10 个以上，每穴施肥量不能超过 50 克，穴越多施肥面积越广，越利于根系吸收，如每穴施肥过量不仅不能发挥肥效，还能引起烧根，伤害根系，适得其反，应引起重视。

（四）根外追肥

根外追肥也叫叶面施肥，是将某些可溶于水的肥料稀释后喷到叶片和枝干上，利用叶片的气孔和角质层能吸收矿质元素的特性而进行的一种追肥方法。叶面喷肥吸收快、发挥肥效快，在 1～2 小时内即可吸收，3 天即可发挥肥效。一般在坐果以前喷施氮肥为主，坐果以后喷施磷肥和钾肥为主，在整个生育期内可适当喷施微肥，以补充微肥的不足。根外施肥作为基肥和追肥的补充，保证枣树在整个发育期养分供应不断线，是十分重要的，应推广使用。尽管根外施肥是一种肥效快、肥料利用率高、使用方法简便的施肥方法，但必须与其他施肥方法配合使用，优势互补效果才好，根外施肥绝不能代替追肥和基肥的施用。根外追肥最好在傍晚进行，水分蒸发慢，便于叶片吸收，且不易发生肥害。适宜叶片喷施的化肥品种及浓度见表 4－6。

表 4－6　适宜叶片喷施的化肥品种及浓度

肥料种类	浓度（%）
尿素	0.3～0.5
硫酸铵	0.2～0.3

（续）

肥料种类	浓度（%）
磷酸铵	0.5～0.8
硫酸钾	0.3～0.4
氯化钾	0.3～0.4
硫酸锌	0.3
硫酸亚铁	0.3
硫酸镁	0.1
磷酸二氢钾	0.3

（五）如何确定枣树的施肥量

施肥量的确定应根据树龄、树势、结果状况和土壤的肥力等多种因素综合考虑。一般结果多的树，老树、弱树、病树和土壤肥力低的树适当多施，有利复壮树势维持较高的产量；反之，树旺、结果少的树可适当少施，通过修剪缓和树势促进结果，达到经济施肥的目的。一般生产中常用的施肥量，是通过调查、分析枣树丰产园施肥情况，结合树体生长结果的表现确定的。据多数研究者共认，每生产 100 千克鲜枣应施纯氮 1.5～2 千克、纯磷 1.0～1.2 千克、纯钾 1.3～1.5 千克（品种不同可有差异）。按照目标产量和以上比例确定施肥量，并考虑每种肥料的利用率，确定每年的施肥总量。生产无公害果品的施肥要求应以有机肥为主，且追施化肥量与有机肥的矿质元素应为 1∶1。以氮肥为例，一般的农家堆肥含氮为 0.5%，如果每亩施农家肥 1 000 千克，折合氮为 5 千克，追施氮肥不能超过 5 千克，相当追尿素 10.87 千克。再需增加合成氮肥的施用量，必须再增加农家肥的施用量。生产上一般要求每生产 100 千克枣至少要施入 150～200 千克的腐熟有机肥，不足部分再通过追施化肥予以补充。如每亩产枣 1 500 千克，需施用有机肥 3 000 千克、尿素 40 千克、磷酸二铵 40 千克、硫酸钾 35 千克，基本可以满足枣生长结果的需要。确定枣的施肥量是涉及多种因素的复杂问题，难以做到准确无误。上述提供的施肥量只能作为参考，应根据不同的土壤，树势的强弱等因素综合考虑，灵活掌握。目前全国农村开展测土配方施肥，使施肥更加科学合理，有条件的地方应积极采用。多数科研单位对丰产园枣树叶片分析结果：氮应在 3.1%～4.1%、磷 0.44%～0.58%、钾 1.2%～2.4%，叶片氮含量在 2.7% 以下无结果能力。枣树根际土壤全氮 0.15%、速效磷 50 毫克/千克、速效钾 200 毫克/千克。低于上述指标的土壤应根据每种肥料的利用率予以补充。常用化肥养分含量见表 4-7。

表 4-7　常用化肥养分含量

肥料种类	主要化学成分	平均含量（%）	利用率（%）	备　注
硫酸铵	氮	20.5～21.5	30.3～42.7	
尿素	氮	46	30～35	
氯化铵	氮	26	—	盐碱地不宜
碳酸氢铵	氮	17.5	24～31	
普通过磷酸钙	磷	14～20	—	不能和铵态氮肥混合
粒状过磷酸钙	磷	20		
钙镁磷肥	磷	12～18	—	盐碱地不宜
氯化钾	钾	52.4～56.9	—	适于一切土壤
硫酸钾	钾	45～52	—	盐碱地不宜

五、枣树灌水

（一）枣树灌水的重要意义

水是一切生物赖以生存的必要条件，是细胞的主要成分，一切生命活动都离不开水。如树干含水量在 50% 左右，果实的含水量在 30%～90% 不等。树木叶片的光合作用、蒸腾、物质的合成、代谢、物质运输均离不开水的参与。水能调节树温免受强烈阳光照射的危害，调节环境的温度、湿度有利果树生长，正确灌水是果树生育所必需的措施，不合理的灌水则使土壤侵蚀、土壤结构恶化，营养物质流失，土壤盐渍化等使土壤肥力遭到破坏，影响果树生长。枣和其他果树一样在整个生育期中，生长最旺盛的时期也是需水需肥最多最关键的时期。我国北方降水量少，且分布不均，50%～70%的降水量集中在夏季，秋季、冬季、春季降水量较小，特别是春季多风气候干燥正值枣树发芽、开花、坐果的关键时期对其生长极为不利。为保证枣树的正常生长，在萌芽前、开花前、幼果期、果实膨大期及冬前，如土壤缺水应及时浇水。为保证尽快发挥肥效，每次施肥后要马上浇水。浇水后应做好锄地保墒工作。浇水要视天气而定，如降水满足了此期的需水就可以不浇，如降雨过多还要进行适当排水。

（二）枣树的灌水方式

目前多数果园仍采用树盘大水漫灌的方式进行灌水，此种灌水方式不仅浪费了宝贵的水资源，而且对果树生长不利。因为大水漫灌的前期土壤泥泞，土壤结构被破坏，孔隙度降低，土壤中的空气大量被水挤跑，不利于土壤中微生物活动，不利于根系的呼吸与生长；中期随着土壤水分减少，土壤结构得到恢复，适宜根系的呼吸与生长，利于根系吸收养分；后期土壤干旱又不利于根系对养分吸收与生长。我国是水资源贫乏的国家，特别是北方更缺水，水资源已成为制约我国工农业发展的限制因素，节约用水是我国战略决策，必须珍惜每一滴水，为此我们应改变果园大水漫灌既不利于果树生长，又极大浪费水资源的落后灌溉方式，应大力提倡灌溉效果好，又节约水资源的滴灌、渗灌、喷灌等先进的灌溉方式。

1. 滴灌 滴灌是近几十年来发展起来的机械化与自动化结合的先进灌溉技术，由电脑或人工控制灌水，通过主管道、支管道、毛管然后到达树盘，由滴头以滴水的形式缓慢地滴入果树根系周围，以浸润的方式补充土壤水分。滴灌节约用水，是普通灌水量的 1/4，节约劳力，能与追肥结合起来进行，滴灌能经常稳定地对根际土壤供水，均匀地保持土壤湿润，土壤通气良好，利于根系生长和养分吸收，促进果品产量和质量的提高。据华北农业机械化学院滴灌组实验调查，滴灌的果树根群支根多，一个根群支根多达 93 条，须根长达 70 厘米，而畦灌的果树根群支根少，最多的才 10 条，且须根短仅 37 厘米，果品产量和单果重滴灌比畦灌高一倍。滴灌的时间次数及用水量，因气候、土壤、树龄而异，以达到根系浸润为目的，成年树每株每天约需 120 多分米^3 水，每株树下安装 3 个滴头，以每小时每滴头灌水 3.8 分米^3 计算，则每天需滴灌 12 小时。不足之处是滴灌不便于地下管理，如深翻施肥，设备投资大，一家一户果园难以实现，滴头容易堵塞等。

2. 渗灌 也称微灌，是在滴灌的基础上发展起来的一种灌水技术。渗灌是在树盘安装渗水装置，水流较滴灌大，每小时出水 60～80 分米^3，解决了滴灌滴头堵塞的弊病，优于滴灌和喷灌。

3. 喷灌 是通过机械压力，经过管道与喷头将水喷洒在果园内，优点是节水、省工，可与喷药、叶面喷肥相结合，土地不平的果园也适用，能调节果园的小气候，提高果园湿度，有利枣树花期坐果。缺点是投资大，喷灌受风的制约，一般四级风就影响喷灌效果。由于果园空气湿度大，易诱发病害。

4. 沟灌 滴灌、渗灌、喷灌由于投资大，我国大部分果园暂时难以实施，可采用沟灌。沟灌可在树冠外围挖灌水沟，沟宽 30 厘米左右，深 30～40 厘米，以不伤粗根为宜，灌水沟内覆草蓄水保湿，灌水后沟口用农膜或土覆盖。沟灌是通过渗透方式达到灌水目的，较畦灌省水且能保持土壤良好的结构和理化性能，有利根系的生长和吸收养分，有利于果树生长发育。

5. 贮水穴灌水 在树冠外围四角挖深 50 厘米、直径 40 厘米的坑，坑内添满秸秆或草把，建成贮水穴，灌水后上面用地膜覆盖，中间留一孔用石块或土块压好，周围用土压实，再灌水时从孔中将水灌入。贮水穴灌水是利用填充物良好的蓄水能力，长期稳定地向根系供应水分，不破坏土壤结构，有利根系生长，节约用水，并能与追肥结合进行，追肥时将化肥撒入穴内，浇水时随水渗入土壤内，不少果园应用效果很好，节约投资应以推广。

（三）枣树雨季排涝

枣树虽然比较耐涝，但是果园长期积水，土壤结构遭到破坏，果树根系的呼吸受到抑制，易造成烂根，影响根系吸收功能。土壤通气不良，影响土壤中微生物活动，降低土壤肥力，还产生与根系有害的物质如甲烷、硫化氢、一氧化碳等，严重影响果树根系、地上部分的生长及果品产量和质量。因此，雨季要注意排出果园积水，排水时应注意水土保持，防止水土流失，树盘内的积水一定要通过渗水排走，特别是盐碱地更需蓄水压碱。有条件的果园，可在果园周围建蓄水坑塘，蓄存排水和径流，供果园需要灌水时应用。

第五节 枣园土壤管理模式

目前生产上常见的枣园土壤管理主要有以下 5 种：

1. 清耕法（耕后休闲法） 清耕法一般在秋季深翻果园，春夏季多次中耕，清除杂草，使土壤疏松通气，利于微生物繁殖活动，加速有机质分解，提高土壤养分和水分含量，有利于枣树生长。但必须与增施有机肥相结合，注意保持水土，否则会逐年降低土壤有机质含量，土壤结构遭到破坏水土流失，影响枣树生长。

2. 生草法 在有水浇条件的地方可实施生草法。生草后减少土壤中耕锄草，管理省工，减少土壤水分流失，增加土壤有机质，改善土壤理化性状，保持良好的团粒结构，有利蓄水保墒和水土保持。雨季草类可吸收土壤中过多水分，使土壤水分含量适中，防止枣树陡长，促进果实成熟，提高果实品质。适宜果园种植的草种有三叶草、草木樨、黄豆、绿豆、田菁、黑麦草等。多年生草可一年割草数次，覆到果园株、行间。一年生草可在产草量最大、有机质含量最高时就地翻压。为提高产草量，充分发挥生草作用应在萌芽前、幼草速生期等关键时期追施氮、磷、钾等化肥和适时灌水解决树与草互相争肥争水的矛盾。生草如能与养牛、养羊等养殖业结合起来，过腹还田或沼气池发酵，提高果园的综合效益更好。

3. 清耕生草法 缺少灌溉条件的果园，为避免草与树争水争肥，在春季干旱季节可实施清耕，在雨季来临之前播种绿豆、田菁等绿肥作物，充分利用雨季充足的光、热、水资源，当绿肥作物开花时进行翻压。此法综合了清耕法和生草法各自优点，又解决了生草法春季与果树争水的矛盾，可以提倡。

4. 覆草法 灌溉困难的果园可在株、行间覆盖杂草、秸秆等，覆草厚度15～20厘米，覆草后在草上面覆一层土，防止火灾。距树干周围20厘米范围内不覆草，防止根茎腐烂。覆草腐烂后再铺新草。覆草可抑制杂草生长，减少土壤蒸发，保持水土，增加土壤肥力，抑制土壤返碱，缩小地温季节性和昼夜变化幅度，有利根系生长。缺点是可引起果树根系上浮，如能和秋季深翻施肥结合起来，引根向纵深生长效果更好。

5. 枣粮（农）间作 枣粮间作是我国劳动人民创造的一种林农结合，充分利用土地、光、热、水、气资源的高效立体种植模式，既能保证粮食生产，又生产出药食两用经济效益很高的红枣。这种模式充分利用了枣树发芽晚落叶早、大量需肥水的生育期在6月以后的特点，此时小麦已经落黄成熟，较好地解决了小麦与枣树共生对水、肥、光、热、气的矛盾，实现了互补共赢。

20世纪70～80年代沧州枣区涌现出很多树下千斤粮、树上千元钱的枣粮间作典型，目前仍不失为枣无公害高效栽培的模式之一。笔者见到，凡是间作小麦的枣园，春季金龟子为害轻，麦子收割后，枣树上的瓢虫数量剧增，可控制害虫的蔓延。间作形式有以下几种：

（1）枣粮间作 前期间作小麦，麦收后间种豆类。这种形式枣、粮兼收，是解决农民花钱和吃粮的好形式。枣粮间作不宜间作玉米、高粱等高秆作物，以免影响枣树的光照。

（2）枣菜间作 间作蔬菜，丰富人民的菜篮子，目前效益比种粮高。但要注意不宜种植收获期晚的秋菜，如萝卜、白菜、胡萝卜、韭菜等，以免后期浮尘子为害枣树。

（3）枣瓜间作 间作瓜类，比间作粮食效益高，有利于土壤肥力的提高。

（4）枣药间作 间作中草药，特别耐阴品种，不仅能收到较高的经济效益，有的品种还有抑制病虫发生的作用。

第六节 枣园旱作技术

我国人均耕地少，在世界7％的耕地上，养活了世界22％的人口，为此保证粮食生产是我国农业的永恒主题，稳定粮食生产是社会稳定、国家富强的保证。2004年我国政府已规定今后一律不准在基本农田栽种果树，上山下滩是我国发展果树的方向，这就决定了我们的大部分果园立地条件差、缺少水源，故旱地果园水分综合利用是生产上需要解决的课题。我们综合现有技术成果和生产经验提出利用自然降水，实现雨养枣园，获得果品优质丰产的技术要点，供读者参考，并希望在生产实践中不断地完善。

1. 增加土壤库容，提高土壤蓄水能力，稳定供应果树生长需水，是实现枣丰产的关键 土壤蓄水能力大小与土壤的结构及土壤中团粒结构的多少有关，一个团粒结构就是一个小水库。土壤中的团粒结构是由土壤有机质形成的，土壤中有机质越多形成的团粒结构就越多，土壤的保水能力就越强，增施有机肥可以增加土壤中的有机质，就可以增加土壤的团粒结构。因此，每年通过深翻增施有机肥，改善土壤结构，增加土壤的水容量。据北京林业大学王斌瑞试验，每一植树穴中施入厩肥 10 千克，可以使土壤团聚体含量提高 9%～29%，春季的土壤含水量提高 15.6%～28.9%。

2. 深翻扩穴（山区有的地方称放树窝子），**充分利用土壤深层水** 俗话说"根深叶茂"，树根扎的越深抗旱抗寒能力越强，吸收营养的面积越广，有利于树木的生长。据报道，每亩的 2 米厚土层蓄水可达 450 米^3，有效水可达 300 米^3，可见结合每年施基肥进行深翻扩穴（穴深 1 米左右），不仅可为根系创造一个疏松肥沃的土壤环境，而且可以引根向下，使树根向纵深发展充分利用深层土壤的水肥资源。

3. 增施土壤保水剂，提高土壤保水能力 随着科学技术的进步，高分子化合物的抗旱保水剂相继问世，目前已用于生产的保水剂一般能蓄存水的重量是本身自重的 300～1 000 倍，结合深翻扩穴施有机肥的同时，每株成龄树施 100 克的保水剂，就可增加土壤蓄水 30 千克左右。

4. 扩大集水面积，增加蓄水量 旱地果园需水主要靠自然降水，植株栽植密度要稀，以增加集水面积。以株行距 3 米×5 米为例，每株树的集水面积可达 15 米^2，树冠的投影面积控制在 8～10 米^2，这样就可以做到积小雨为中雨，满足枣生长的需要。为此要扩大树盘，地面向树干倾斜，扩大集水面积，防止水土流失。

5. 精细修剪，减少水分消耗 对枣树地上部要做好冬、夏季修剪，疏除无效枝叶，适量地坐果，减少营养和水分的无效消耗，使有限的营养和水分发挥最大的生产作用。

6. 抑制叶片表面蒸发，减少水分消耗　春季枣萌芽后到雨季前可喷 2 次高脂膜，既能保护叶片减轻病虫为害，又能抑制叶片表面水分蒸发，减少土壤水分消耗。笔者试验，喷 150 倍羧甲基纤维素液与不喷对照，可减少水分蒸发 16％ 以上。

7. 雨季深翻，增加土壤蓄水　无灌溉条件的旱地果园春季翻耕应推迟到雨季进行，以增加土壤蓄水能力，充分拦蓄雨季降水。

8. 春季顶凌追肥，覆膜保水　春季土壤解冻前，地表层集聚了冬季土壤上升水汽，其含水量相当于一次灌水，要抓住此时土壤含水量高的有利时机，进行顶凌追肥。在土壤表层已解冻 10 厘米左右时，可将萌芽前和开花前两次追肥合并一次挖沟施到土壤里，然后覆土再覆地膜，保持土壤水分，提高地温有利根系活动，进入雨季揭去地膜，深翻蓄水。

9. 基肥提前雨季施，保证基肥如期使用　无蓄水条件，秋施基肥又不能灌水的枣园，可将施基肥时间提前到 8 月下旬雨季结束前进行，利用后期降雨，使土壤与根系接触，发挥肥效。施基肥时应注意不能伤根过多，以免引起落果。

10. 果园覆草　旱地果园覆草是提高土壤蓄水能力，减少土壤水土流失和地面水分蒸发的有效措施。可以用麦秸、铡碎的秸秆、当地的杂草等，覆草厚度在 15～20 厘米，为防止失火可雨季进行，上面压土，待草腐烂后翻入土内，再覆新草。覆草有引树根上浮的弊病，可通过每年深翻施肥，引根向下，并注意草内病虫的防治，消灭在草内越冬的害虫和病菌。

11. 果园种植绿肥作物　旱地果园种植绿肥作物并就地翻压，是增加土壤有机质含量和蓄水，提高抗旱能力的良策。可实行春季覆盖地膜，雨季来临前播种绿肥，可解决绿肥作物与果树争水的矛盾。一年生绿肥作物可选择绿豆或田菁，于雨季来临前播种，待下雨后即可出苗，较雨后播种出苗早，鲜体产量高。为提高草产量，在绿肥作物的生育期内，结合降雨追施氮肥和磷、钾肥，在绿豆或田菁开花时就地翻压。还要注意防止苗期禾本科杂草滋生而影响绿肥作物生长。

12. 采用贮水穴 采用前面介绍的贮水穴技术，能节约灌水量，有效地提高土壤蓄水，为果树根系生长提供良好条件。

13. 创造条件拦蓄降雨 为拦蓄自然降水，截留地面径流和果园排水，山区果园可在山顶建筑蓄水池或窖，山下筑坝建蓄水塘；平原果园可充分利用果园周围的废弃窑地、低洼坑地，修建蓄水坑塘，拦蓄降水，创造条件变旱地果园为水浇果园，哪怕春季能为果树浇上一水，对提高果树产量和品质大有益处。为防止蓄水渗漏，有条件的果园可用石料水泥建造，无条件可在坑底及周围铺塑料膜，上面再覆土，能有效防止水分的渗漏。

总之，通过上述技术措施的综合运用，可以最大限度地利用自然降水，基本满足果树整个生育期对水分的需要。旱地果园水分的综合利用技术适宜年降水量 400～500 毫米的地区应用，无降水条件的地方此技术无效。年降水量低于 300 毫米且无浇水条件的地方不宜建园，故建园选址时应注意。

第五章

金丝小枣安全优质丰产关键技术

金丝小枣是河北、山东的名优特产，享誉海内外市场。在红枣中属于要求立地条件较好、发枝力较弱、树姿开张、树冠较小的类型，形成一套有别于其他类型的管理技术。

第一节　整形修剪

整形修剪的目的是使树体形成牢固合理的结构，以充分利用空间，立体结果；调节养分、水分的分配，改善通风透光条件，增强树势，提高树体抗病虫害的能力，生产安全优质果品，实现持续丰产稳产。

一、优质丰产树的树相指标和树形

（一）优质丰产树的树相指标

1. 群体结构　枣园株行距为 2～3 米×4～5 米，每亩 44～83 株，高度密植每亩 200 株以上，树冠覆盖率 75%～80%；枣粮间作株行距为 3～4 米×10～20 米，每亩 11～27 株，树冠覆盖率为 23%～45%。

2. 树体结构　适宜的树形每株枣头 15～25 个，枣头二次枝 500～800 个，健壮枣股 2 000～3 000 个，每平方米树冠投影面积平均枣股 100～200 个，每立方米树冠体积有效枣股 80～120 个，叶幕层厚度不超过 1 米，叶面积系数 4 左右。

3. 产量指标 单株鲜枣产量 15～25 千克，盛果期纯枣园每亩产鲜枣 1 000～1 400 千克，干枣 500～700 千克；枣粮间作园每亩产鲜枣 600～800 千克，干枣 300～400 千克。

(二) 树形

金丝小枣的树形有自然圆头形、纺锤形、单层半圆形、疏散分层形、开心形等。目前推广的主要是单层半圆形、疏散分层形、开心形、自然圆头形、纺锤形。

1. 单层半圆形 干高 0.8～1 米（枣粮间作干高 1.2～1.4 米），全树结果主枝 6～8 个在主干上 0.6～0.8 米范围内错落排开，每主枝着生侧枝 2～3 个，树顶落头开心；主枝开张角度 40°～80°；树高 3 米左右，冠径 4 米左右（图 5-1）。

图 5-1 单层半圆形

2. 疏散分层形 干高 1 米（枣粮间作干高 1.2～1.4 米），主枝 6～8 个，分 2～3 层；第一层主枝 3～4 个，每主枝着生侧枝 2～3 个；第二层主枝 2～3 个，每主枝着生侧枝 1～2 个；第三层主枝 1～2 个，每主枝着生侧枝 0～1 个；层间距 0.8～1 米；主枝开张角度 60°～80°；第一侧枝距中心干 40～60 厘米，每主枝上相临两侧枝间距 40～50 厘米，同侧两个侧枝距 80 厘米左右；树顶落头开心，冠径 3.5～5 米，全树高 3～3.5 米（图 5-2）。

3. 开心形 干高 0.8～1 米（枣粮间作干高 1.2～1.4 米），树体没有中心干；全树 3～4 个主枝轮生

图 5-2 疏散分层形

或错落着生在主干上，主枝基角
40°～50°，每主枝有侧枝 2～4 个，
相邻两侧枝间距 40～50 厘米，侧枝
在主枝上按一定方向和次序分布，
不互相交叉重叠密挤（图 5 - 3）。

图 5 - 3　开心形

上述 3 种树形的优点：一是树
体通风透光，便于碳水化合物的制
造，果实含糖量高。二是树体矮化，
便于养分的运输。三是节省能量，集中供给有效枝，枣吊长，果
实个大，产量高，品质好。四是便于管理、省工省时、减少农资
投入，效益好。但单层半圆形由于单位枝条负载量大，易造成枝
条下垂现象，结果后需要撑枝。

4. 自然圆头形　干高 0.8～1 米（枣粮间作干高 1.2～1.4
米），全树主枝 6～8 个在主干上错
落排开，主枝间距 20～30 厘米，每
主枝着生侧枝 1～3 个，树冠呈圆头
形，树高 3.5～4.5 米。该树形顺应
枣树的发枝特点，修剪量小，枝条
多，成形快，单株产量高，但盛果
期外围及上部枝条密挤、树体通风
透光差，小枝易枯死，结果部位外移后期产量下降（图 5 - 4）。

图 5 - 4　自然圆头形

5. 纺锤形　主枝 7～9 个，错落排在主干上 1.5～1.8 米范
围内，不分层，主枝间距 20～30 厘
米，主枝上不培养侧枝，直接着生
结果枝组，主枝开张角度 80°～90°，
干高 70～80 厘米（枣粮间作干高
1.2～1.4 米），树高 3 米左右。此
树形树冠小，下面的枝组粗壮，上
面的较细，适于密植（图 5 - 5）。

图 5 - 5　纺锤形

二、修剪

(一)修剪依据

1. 枣树更新容易 枣树的结果枝组是由枣头发育而成的,结果枝组连续结果能力强,容易培养与更新,随着枣头的萌发二次枝同时形成,分布在枣头主轴上,生长势缓和。二次枝只有一次生长,结果枝组的大小容易控制,可根据空间的大小决定二次枝的数目。枣股的结果能力强,可连续结果 20 年以上,粗壮枣头形成的结果枝组健壮,结果能力强,衰老结果枝组更新容易。主芽极易萌发枝条,当结果枝下垂后其背上主芽自然萌生新的枝条;枣树的潜伏芽寿命很长,当回缩衰老枝时,后部的潜伏芽很快萌发出新的枝条,可多次更新,所以枣树寿命长(图 5-6、图 5-7)。

图 5-6 金丝小枣枣头　　　　图 5-7 自然更新枝

2. 枣树结果早 营养生长向生殖生长转化快。枣树结果极其容易,不论树龄大小,开甲就能结果。结果多的枣树骨干枝生长缓慢,枣头萌发数量少且生长量减少,大部分营养物质用于结果,生长和结果的矛盾不突出。

3. 枣树成花容易 花芽当年多次分化,无花量不足之忧。金丝小枣是多花植物,分化的花芽大大超过其坐果需要。花芽具有当年分化、多次分化、多次结果的特点,在修剪时不需要考虑花芽留量问题。在正常的管理水平下产量的波动较小,因此修剪

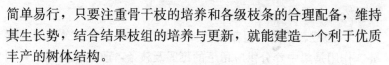

简单易行，只要注重骨干枝的培养和各级枝条的合理配备，维持其生长势，结合结果枝组的培养与更新，就能建造一个利于优质丰产的树体结构。

4. 枣树双截刺激营养生长　枣树修剪具有"一剪子堵、两剪子生"的特点，对一年生的枝条短截不像其他的果树一样短截后发出理想的枝条，只有再次剪除剪口下二次枝的情况下才能发出健壮的枝条。

（二）修剪的时期

枣树修剪分冬季修剪和夏季修剪两种。

1. 冬季修剪　即枣树休眠期修剪。在落叶后至第二年春季枣树发芽前均可进行，但最适宜的修剪时期是早春 2～3 月份，此期枝条柔软，修剪容易，剪口不易抽干，愈合快，枝条生长旺。冬季修剪主要采用疏枝、短截、回缩、缓放等技术手段，培养树形及结果枝组，均衡树势，建立牢固的树体骨架，改善光照条件，集中营养供应，促进树体健壮生长，稳产丰产。

2. 夏季修剪　即在生长季修剪。主要内容包括刻芽、抹芽、拉枝（别枝）、摘心、疏枝、回缩、开甲（环状剥皮）、环割等精细管理。夏季修剪的目的是调节营养生长和结果的矛盾，减少养分的消耗，改善树体通风透光条件，尽快培养树形，提高坐果率和果实品质。

（三）修剪原则

采用冬剪和夏剪相结合的形式，以冬剪为主、夏剪为辅，冬剪主要调整大枝，培养树形及结果枝组。夏剪主要调整小枝，均衡营养。夏剪要及时、要精细。

（四）修剪方法

枣树修剪的方法有短截、疏枝、回缩、摘心、缓放、拉枝、抹芽除萌、开甲等。

1. 短截、双截 短截指剪掉一年生的枣头或二次枝的一部分。作用是集中养分供应留下的枣股及枝条，改善膛内光照，刺激生长，使主芽萌发形成新枣头。双截指在枣头上的二次枝上方截去部分枣头并将二次枝从基部疏除，作用是刺激主芽萌发生长，形成新的枣头，扩大树冠或培养结果主枝。

2. 疏枝 指疏去膛内的枣头、二次枝、枣股。疏枝可以减少营养消耗，改善树冠光照条件。

3. 回缩 指对多年生枝进行短截。其作用是改善膛内光照，集中养分供应，促进生长。此方法一般用于复壮和更新枝条。

4. 摘心 包括枣头摘心、二次枝摘心和枣吊摘心。当前，主要是对新生枣头进行摘心。枣头摘心是指剪去新生枣头的部分嫩梢，其作用一是抑制枣头生长，减少养分消耗，提高坐果率。二是培养结果枝组。

5. 缓放 指对留做主枝、侧枝、延长枝用的当年生枣头不加剪截，放任生长。其作用是使枝条继续生长，扩大树冠；缓和枝条长势，平衡树势，有利于开花结果。

6. 拉枝 指根据树冠各类枝条构成角度的要求，将枝条拉成或别成适宜的角度。其作用是平衡各类枝条的生长势，填补枝条空缺部位，构成良好的树体结构。

7. 抹芽、除萌 指及时抹去各级枝上萌生的无用芽及嫩枝，对萌生的根蘖也要及时刨除，以减少养分消耗，维持健壮的树势。

8. 开甲 是在主干上或大枝上的环状剥皮，作用是暂时截留上部制造的营养集中用于坐果，提高果实品质和产量。

9. 环割 是在大枝上用剪刀环割 1～3 圈，作用和开甲相似，但作用缓和。

（五）定干

1. 定干 定植后 2～3 年内，在距地面 1～1.2 米处树干直径达 2.5～3 厘米时将上部剪除或锯除，使其下的 30 厘米内培养出主枝及中心延长枝。定干不可过早，否则主干太细时定干，分枝量少，枝条生长细弱，给以后整形带来困难（表 5 - 1）。

表 5 - 1　定干粗度与发枝情况调查

处　理	定干后抽生枝条数（个）	枝条长度（厘米）
干径 1 厘米以下	2.2	43.6
干径 1～2 厘米	3.3	52.3
干径 2～3 厘米	4.7	70.5

定干有两种方法。一种是清干法，即将剪、锯口下所有的二次枝剪掉，促使整形带内萌发 4～6 个头，以培养中心干及第一层主枝。此法定干，发枝力强，新生枣头开张角度小，主枝负载力大，不宜衰老。另一种是留枝法，即将剪、锯口下第一个二次枝剪掉，促使二次枝下主芽萌发，培养中心延长枝，其下选 4～5 个二次枝留 1～2 个枣股短截，促使枣股上的主芽萌发枣头，培养第一层主枝，其下的二次枝，全部从基部剪掉。此法定干，枝条角度开张，不用拉枝，结果早，但大量结果后，主枝弯曲下垂，易早衰（图 5 - 8）。

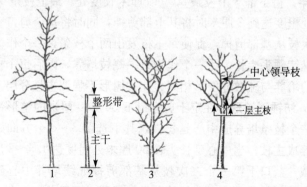

图 5 - 8　幼树定干及第二年枝条选留
1. 定干前　2. 定干　3. 定干多年发枝状　4. 定干第二年枝条选留

（六）整形

1. 疏散分层形整形 定干后 1～2 年内，待中心延长枝高度 1 米处直径达 2 厘米时将上部枝条剪掉。同时，将剪口下第一个二次枝剪掉，其下的 2～3 个二次枝疏除或留 1 个枣股短截，刺激枝条主芽或枣股主芽萌发出第一层主枝；当第一层主枝在距中心干 40～60 厘米处直径达 1.5 厘米时剪除上部，同时将剪口下第一个二次枝从基部去掉，第二至第三个二次枝选留向外同一方向的一个从基部剪掉，培养第一侧枝，在对侧距第一侧枝 20 厘米左右培养第二侧枝；同样的方法在定干后 3～4 年内培养出第二、第三层主枝以及每层的侧枝。培养主侧枝时，枝条不够长度、粗度时，可缓放不动，等达到指标时再培养。

2. 开心形整形 在定干剪锯口下 30～40 厘米的整形带内选留 3～4 个方向好的枝条培养主枝，不留中心延长枝。每主枝上通过短截、疏二次枝的方法，间隔 40～50 厘米培养一个侧枝，共 2～4 个，定干后 3～4 年内培养出树形。侧枝的培养方法与上同。

3. 单层半圆形整形 对于定干后萌发的 3～4 个枝条，缓放 1～2 年，待下部 3 个枝条 30～40 厘米长度处、最上枝条 50～60 厘米处粗度达到 2 厘米时将其上部剪掉，同时将每个剪口下的两个二次枝从基部剪掉，促使每主枝发出两个枝条，一个作为延长枝头继续领头生长，另一个作为第一侧枝培养，以后每个枝条上侧枝的培养与疏散分层形相同。此种树形不强调主枝分层。

4. 纺锤形整形 在定干剪锯口下 30～40 厘米的整形带内最上的一个枝条培养成中心延长枝，其下选留 3～4 个方向好的枝条培养成主枝。当中心延长头长 60 厘米处粗度达 1.5～2 厘米时再短截，截口下第一个二次枝从基部剪掉继续培养中心延长枝头，在其下选留两个方向好的二次枝保留一枣股剪掉，刺激主芽萌发培养第五、六主枝，如此操作，定干后 3 年内培养成螺旋上升的主枝7～9个,当所留各主枝培养成型后,中心枝在最后一个主枝上面培养一辅养枝,可将延长枝头剪去落头开心。结果枝组的培养可采用枣头摘心、拉枝等措施。对直立枝、斜生枝在不影响光照的情况下,轻剪缓放利用,培养成结果枝组;反之,从基部疏除。当结果能力下降时,可于枝组基部6～10厘米处重短截,刺激萌发新的结果枝。

(七) 不同年龄时期枣树的整形修剪

1. 幼树的整形修剪 通过定干和短截,促生分枝,培养主侧枝,扩大树冠,加快幼树成形,形成牢固的树体结构。除此之外,要充分利用不作为骨干枝的枣头,将其培养成健壮的结果枝组,尽量多留枝,从而实现幼树的速生及早丰产,对于没有发展空间的枣头要及时疏除。

培养结果枝组的方法是:夏季对枣头摘心和冬季修剪时短截1～2年生枣头。夏季枣头摘心可促进留下的二次枝发育,因此,形成的结果枝组比较强壮,结果能力强。但枣头夏季摘心只能培养小型的结果枝组,如果枣头的生长空间较大,就不能急于摘心,要促进枣头进一步生长,以培养成中型或大型的结果枝组。

2. 生长结果期树的修剪 此期树体骨架已基本形成,树冠继续扩大,仍以营养生长为主,但产量逐年增加。此期修剪任务是调节生长与结果关系,使生长和结果兼顾,并逐渐转向以结果为主。

此期要继续培养各类结果枝组。对无生长空间的结果枝组,花期环割或环剥,促其结果,使长树、结果两不误。在树冠直径没有达到最大之前,通过对骨干枝枝条短截,疏除剪口下二次枝的方法,促发新枝,来继续扩大树冠。当树冠已经达到要求时,对骨干枝的延长枝进行摘心,控制其延长生长,并适时开甲,实现全树结果。

3. 盛果期树的修剪 此期树冠已经形成，生长势减弱，树冠大小基本稳定，结果能力强。后期骨干枝先端逐渐弯曲下垂，交叉枝生长，内膛枝条逐渐枯死，结果部位外移。因此，在修剪上主要注意调节营养生长和生殖生长的关系，维持树势，采用疏除、回缩相结合的办法，打开光路，引光入膛，培养内膛枝，防止内部枝条枯死和结果部位外移。修剪时注意结果枝组的培养和更新，以延长盛果期年限。调节营养生长和生殖生长的关系。进入盛果期后，保持树势中庸是高产稳产的基础。对于结果少、生长过旺的树，要采用主干和主枝环剥、开张角度等方法，提高产量，以果压冠。对于结果较多、枝条下垂、树势偏弱的树，要通过回缩、疏剪等手段，集中养分，刺激萌发枣头，增加营养生长，复壮树势。对于已经郁闭的枣园，必要时可间伐株或间伐行，不间伐的在完成膛内修剪的同时，通过回缩，在行间强行打开宽1米的空间，以改善枣园内的通风透光条件。

培养与更新结果枝组。对于骨干枝上自然萌生的枣头，要根据其空间大小，培养成中、小型结果枝组。也可运用修剪手段在有空间的位置刺激萌发枣头，培养结果枝组。枣树的结果枝组寿命长，但结果数年后结实率下降，必须进行更新复壮。一般可利用结果枝组中下部萌生的健壮枣头，通过回缩、短截等手段，使中下部萌生枣头，培养1～2年后，从该枣头处剪掉老枝组。

疏除无用枝。枣树的隐芽，处于背上极性位置时，易萌发形成徒长枝，从而扰乱树形，影响通风透光。因此对没有利用价值的徒长枝要疏除。另外，对交叉枝、重叠枝、并生枝、轮生枝、病虫枯死枝进行疏除。层间辅养枝要根据情况逐年疏掉，以打开层间距，引光入膛，改善树体光照条件。

4. 结果更新期树的修剪 此期生长势明显转弱，老枝多，新生枣头少，产量呈逐年下降的趋势。此期修剪主要任务是更新结果枝组，回缩骨干枝前端下垂部分，对于衰老枝重回缩，促发新枣头，抬高枝条角度，恢复树势。此期抽生枣头能力减弱，因此要特别重视对新生枣头的利用，以便更新老的结果枝组。

5. 放任树的修剪　枣树放任树是指管理粗放，从来不修剪或很少修剪而自然生长的树。其总的特点是：树体通风透光不良，骨干枝主次不分明，枝条紊乱，密挤，先端下垂，内部光秃，结果部位外移，花多果少，果实品质差；或者树冠残缺，枝条稀少，产量低。对于放任树的修剪要掌握"随树整形、因树修剪"的原则，做到"有形不死、无形不乱"，不强求树形。

（1）枝条过多的放任树　在修剪时先疏除上部直立的大枝，降低树高，使树体开心，引光入膛；再剪除多数结果主枝上的直立枝，疏除过密的小枝、无结果能力的枝、病虫枝、重叠枝、平行枝，使主侧枝主从分明；再回缩交叉枝、下垂枝，培养牢固的结果枝组；最后剪除多数枣股上萌发的新枣头，有空间的枣头留2～6个二次枝短截，对于过长过细枝轻打头，培养成健壮的结果枝组。经过上述修剪，使树体通风透光、主从分明，呈现大枝亮堂堂、小枝闹泱泱、互不交叉、互不密集、互不重叠、各在预定的空间结果的丰产稳产树形。

处于盛果期的树进行树体改造时应注意：①当年全树修剪量不超过总枝量的1/5。②树体落头开心时，依中心干的强弱，锯口下一定要有1～2个粗度为主干粗度的1/5～1/2较开张的跟枝，否则落头、开心效果不好或起不到落头、开心效果。③回缩下垂枝、多年生长放枝，以剪口直径不超过1厘米为好，此标准修剪既能起到培养稳定的结果枝轴、防止结果部位外移的效果，又不会使结果枝冒条。④对于背上直立枝，除用作准备更新之外，一般从基部疏除，不要短截。⑤剪除多数枣股上萌发的枣头时，不要伤及枣股。

（2）枝条过少的放任树　在修剪时先回缩光秃大枝，培养侧枝，再短截细弱枝，复壮枝组，再剪除病虫枝、干枯枝、无利用价值的细弱枝，使树体健康结果。对于外围用于骨干延长枝的枣头，尽量保留，如果方向不好可通过拉枝、别枝、撑枝的方法改变方向及角度。对于内膛的枣头，可通过短截、摘心的方法培养结果枝组，填补空间。

6. 密植枣树的整形修剪　密植枣树由于单位面积株数多，单株产量与稀植及中密度栽植树不同，所以要求树体矮小，结果早。修剪时不能过分强调单株枝量，要以整行或整块地为一修剪单位，只要是亩枝量达到要求，就促其结果。

（1）整形扩冠期的修剪　修剪原则是"以轻剪为主，促控结合，多留枝，留壮枝"。修剪措施是"一拉、二刻、三短截、四回缩"。

一拉：对于方向及角度不好的枝，不要疏除，采用拉枝的方法使其枝条变向，改变角度，填补空间。

二刻：对于缺枝方向的芽，于芽体萌发前，在芽上1厘米处刻伤，深达木质部，促使主芽萌发抽生枣头，增加枝叶量。

三短截：对于主干上枝量少，空间大的部分，可将中心枝短截，并对其下的二次枝选留方向好的从基部剪掉，促使枝条上主芽萌发枝条，增加枝量。上年萌发的枝条须增加侧枝、扩展延长枝，留5～7个二次枝短截，并将剪口下2个二次枝疏除。

四回缩：当树体高度超过行距时，顶端回缩，控制其高度，增强中下部长势；对于交叉，直立没有利用空间的枣头，留2～4个二次枝回缩，培养小型结果枝组（图5-9）。

图5-9　刻伤发枝状

（2）密植枣树盛果期的修剪　修剪任务是打开光路，培养更新结果枝组。

7. 衰老期树的修剪及更新　此期骨干枝逐渐回缩干枯，树冠变小，枣头数量极少，内膛空虚，枣头生长量小，枣吊短，树体生长势明显变弱，结果能力显著下降，产量低下。衰老期树的修剪任务主要是根据其衰老部位及衰老程度进行树冠更新、树干更新、根际更新。

（1）树冠更新 只是树冠残缺不全时进行树冠更新。树冠更新有轻、中、重3种不同程度的更新修剪。

①轻更新。进入衰老期不久，生长势逐渐变弱，萌发新枣头能力下降，二次枝开始死亡，骨干枝有光秃现象，产量呈下降趋势。当全树枣股1 000～1 500个、株产7.5～10千克时进行。方法是采用轻度回缩的手段，将主侧枝总长的1/5～1/3锯掉，刺激下部抽生新生枣头，培养新的结果枝组，增加结果能力。如果回缩部位有良好的分枝，也可以用分枝带头。进行轻更新以后，可继续开甲，维持一定的产量（图5-10）。

图5-10 轻更新当年发枝状

②中更新。当树体明显变弱，二次枝死亡，骨干枝大部光秃，产量急剧下降，枣股在500～1 000个之间，株产5～7.5千克时进行。方法是将骨干枝总长的1/2锯除，同时将光秃的结果枝重截，以促生新枝。中更新的同时停止开甲并养树2年。

③重更新。当树体极度衰老，各级枝条死亡，骨干枝回缩干枯严重，有效枣股在500个以下，株产5千克以下时进行重更新。方法是将各级骨干枝的2/3锯除，刺激萌生新枝，重新形成树冠，并停止开甲养树3年（图5-11）。

图5-11 重更新当年发枝状

（2）树干更新 在树冠严重残缺不全、树干没空心时进行。

更新方法是在树干健壮处，锯除整个树冠，促使锯口下萌发新枝，培养新的树冠。

（3）根际更新　在树干全部腐朽时采用根际更新。方法是于根际处锯除树体，利用根际发生的根蘖苗，嫁接经省级审定的优良品种，培养成新的植株。

第二节　土肥水管理

一、土壤管理

土壤管理的内容主要有：深翻除蘖、中耕除草、松土保墒、施肥浇水、间作绿肥、地面覆盖等。

（一）深翻除蘖

1. 深翻　可与施有机肥同时进行，以增强土壤中的有机质和无机养分。

（1）深翻时间

①秋翻：9月下旬至10月上旬。

②春翻：宜在枣树发芽前20天进行。河北省大概在3月底至4月中旬左右。

（2）耕翻方法　可人工深翻或机器耕翻。耕翻深度为15～30厘米，近树周围宜浅，以不伤大根为宜，遇到大根要加以保护，特别不要损伤直径0.5厘米以上的粗根。

2. 除蘖　除蘖就是铲除根蘖苗。有育苗任务的，每株大树可保留根蘖苗2～3株，其余铲除；没有育苗任务的，应当随出土随铲除，越早越好。

（二）中耕除草，松土保墒

1. 中耕除草与松土保墒时间　在枣树管理中要及时进行中

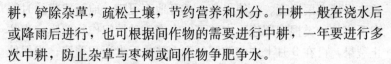

耕，铲除杂草，疏松土壤，节约营养和水分。中耕一般在浇水后或降雨后进行，也可根据间作物的需要进行中耕，一年要进行多次中耕，防止杂草与枣树或间作物争肥争水。

2. 中耕除草与松土深度　深度10～15厘米。

（三）间作农作物及绿肥

1. 适宜间作的绿肥种类　北方一般间作一季麦子，后期间作辣椒、升麻、花生、黑豆、黄豆、绿豆、红小豆等作物，适宜间作的绿肥种类有黑豆、绿豆、豇豆、红小豆、草木樨、田菁、苕子、毛叶苕子、紫穗槐、沙打旺等；长江以南适宜的冬季绿肥以紫云英为好。

2. 不适宜间作的作物种类　在绿盲蝽发生地区，不适宜间作的绿肥种类有苜蓿、棉花及高秆作物。

3. 间作方法　因地制宜。北方间作绿肥可于小麦收获后种一茬绿肥，如黑豆、绿豆、豇豆、红小豆、升麻等，在盛花期翻压，作为冬小麦的基肥；在南方枣粮间作区可于上年秋季间作苕子、紫云英，春压青作为花生、豆类等春作物的基肥；在集约化经营的枣园可秋播毛叶苕子、草木樨，下年枣树花期翻压后继续间作豆类及升麻，9月份再翻压，做到一年翻压两次绿肥；在坡地、房前屋后等行间土地不曾利用的枣园，可种植多年生的紫穗槐、沙打旺等，为枣树提供有机肥料。

（四）地面覆盖

地面覆盖分有机物覆盖和地膜覆盖两种。

1. 有机物覆盖　一般是用绿肥、作物秸秆、杂草、锯末等进行覆盖，覆盖厚度一般为10～15厘米，覆盖后要压上一层薄土，以防风、防火。当有机物腐烂后翻压到土壤中，培肥地力，增加土壤通透性及团粒结构。

2. 地膜覆盖　为提高地温、延长根系生长期、抑制杂草生长、保持土壤湿度、促使果实上色可地面覆膜。地面覆膜的时间和覆膜的种类根据用途而定。可结合春季种植间作物覆膜；为防止裂果，可在8月上中旬施肥、浇白熟水后大面积覆膜；为促使果实上色、早熟，为缓解冻害、抑制杂草生长可于春季浇水后，覆黑地膜（图5-12）。

图5-12　枣粮间作地面覆膜

二、枣树施肥

（一）允许使用的肥料种类

按照国家农业部颁发的《绿色食品肥料使用准则》，生产无公害枣果，可以施用的肥料有：

1. 农家肥　如经高温沤制的堆肥、厩肥、沤肥、饼肥、绿肥和作物秸秆等。

2. 腐殖酸类肥料　如泥炭等。

3. 微生物肥料　如根瘤菌、固氮菌、磷细菌、硅酸盐细菌和复合菌肥等。

4. 无机矿质肥料　如矿物钾肥（硫酸钾）、矿物磷肥（磷矿粉）、钙镁磷肥、石灰石（酸性土壤使用）和粉状磷肥（碱性土壤使用）等。

5. 叶面肥　如微量元素肥料和植物生长辅助物质的叶面肥料。

6. 其他有机肥料　以杀灭病菌、虫卵和杂草种子，去除有害气体和有机酸，并充分腐熟后方可施用。

特别指出的是：为防止土壤和水系污染，硝态氮肥和氯化肥料都限制土壤使用。

（二）施肥必须重视以有机肥为主的基肥使用

基肥必须以有机肥为主。追肥对于基肥而言，是对基肥的不足而采用补充的施肥方式，因此基肥是土壤施肥的基础。土壤施肥的目的除了补充植物每年从土壤中带走的矿质元素外，重要的是通过施肥提高土壤的肥力，为植物生长创造一个良好的生态环境。肥力是土壤最根本的特征，是土壤可供矿质营养、保水保肥能力，土壤空气的通透性、土壤热容量状况，土壤有益微生物的多少等的综合能力，而有机肥正是提高土壤肥力最好的最全面的肥料品种，它不仅能补充植物所需要的各种矿质元素，而且能增加土壤中腐殖质的含量。腐殖质可使土壤形成大量的团粒结构，一个团粒结构就是一个小的肥水贮藏库，土壤的团粒结构越多，土壤的保水保肥能力越高。腐殖质中的腐殖酸可中和土壤中的碱，变不溶矿质营养为可溶性的矿质营养利于根系吸收，可改善土壤的理化性能，有利于有益微生物的繁殖，提高土壤的供肥能力，由此可见有机肥是不可替代的优质肥料。我国耕地有机质含量普遍偏低，一般群众认为的好地，土壤有机质的含量仅在1％左右，而发达国家土壤有机质含量在3％以上，土壤有机质含量低是限制果品产量和质量的重要因素。有机肥是人畜粪便和动植物死亡残体在微生物的作用下经发酵而成的富含有机质的优质肥料，含有植物生长所必需的各种营养元素、维生素、生物活性物质及各种有益微生物，是营养全面，生产有机食品最好的天然肥料。生产无公害的优质果品在施肥上必须以经无害化处理的有机肥为主，尽量减少化肥的施用，不施或少施化肥。目前农村随着机械化程度的提高，农户养牲畜的减少，有机肥源不足是普遍存在的问题，为保证有充足的有机肥源，要大力提倡发展畜牧业，实现农、林、牧互相结合，综合发展，使资源优化配置，合理利用，形成以牧养农林，以林促农、牧，以农养林、牧的良性循环。为做到物尽其用，帮助农民千方百计增收，应提倡建设生态家园，即通过沼气池的发酵将人畜粪便、秸秆转化为沼气，用作做饭、照明的燃料，节省下的柴草供牲畜饲料，余下的沼液、沼渣是生产无公害果品的上等有机肥料。沼气池的建设使资源得到更进一步的充分利用，环境净化，农村生态环境得到改善，"生态家园建设"是我国广大农村的发展方向。

（三）施肥注意事项

①凡是堆肥，均需经 50℃以上高温发酵使肥料腐熟，杀灭有害病菌、害虫卵、杂草籽等有害物质，未发酵好或未经发酵的肥料不得进入金丝小枣生产基地，以防污染空气，诱使病、虫、草害蔓延伤害树体。

②城市或生活垃圾肥料不得进入金丝小枣生产基地。

③不得使用硝态氮肥和氯化肥料，防治污染空气和土壤中毒。

④施尿素或复合肥时不要在地表撒施，尿素必须埋 10 厘米深；施复合肥及磷钾肥时一定要施在深 20～25 厘米的吸收根附近，且与土壤拌匀。

（四）施肥时期

枣树与其他果树不同，枣树花芽分化是伴随营养生长同时进行的，在枣树开花前较短的时间内，需要建造上万个结果枝，几十万张叶片和数以万计的花蕾，养分消耗过度集中。因此要根据枣树的生育期来确定施肥时期，以满足各器官对养分的需要。施肥时期应在枣树需肥时期和最佳吸收期之前进行。

1. 施基肥时期 一般在枣果采收后至第二年春季枣树发芽前进行。金丝小枣落叶终期根系开始休眠，所以金丝小枣秋季施基肥应在叶子落完前进行，以采果后的 9 月下旬至落叶前的 10 月上旬为佳；金丝小枣根系生长比萌芽早 20 天，所以春季施基肥也应早施，一般在土壤解冻后即可进行；鉴于金丝小枣生长物候期相对集中的特点，提倡秋季早施基肥。因为秋季施入有机肥后，枣树根系还处于活动期，随着有机肥的腐熟分解，释放出大量的营养物质被根系吸收，这些营养物质经过转化，贮存在树体当中，可减慢叶片老化的速度，提高秋季叶片的光合效能，制造大量的有机物质贮存在树体当中，为第二年枣树萌芽、枣吊生长、花芽分化和开花坐果打下基础。

2. 追肥的时期 根据枣树物候期不同，可分 3～4 次进行：第一次在枣树发芽前进行，以有机肥混合施入速效性无机肥为好。此次追肥是对上年秋季树体贮藏营养的补充，以满足枣树萌芽、花芽分化、开花坐果对养分的需要，为全年的丰产丰收打基础。第二次追肥是在枣树开花前进行，此次追肥根据树势而定，若树势强可不追肥；若树势弱，要以速效氮肥为主，配合施入适量磷肥。第三次追肥在幼果期进行，以磷、钾肥为主，配合施入少量氮肥。此次施肥不可单一施用氮肥，防止发生第二次营养生长而加重生理落果。第四次追肥在果实接近白熟期进行，以钾肥为主，配合施入少量氮肥、磷肥。此次追肥对提高果实品质，增加果肉厚度，增加含糖量非常重要，配合施肥后浇水可在一定程度上减轻裂果。

3. 叶面喷肥 又叫根外追肥。叶面喷肥不受时间限制，从枣树展叶至落叶前均可进行。叶面施肥用量少，效率高，不受土壤条件的限制，避免了肥料在土壤表面的流失和在土壤中被固定；肥料利用率高，发挥作用快，可直接满足叶片、果实、新梢的需要；叶面施肥能显著地提高叶片光合效率，增产显著。叶面喷肥的喷施时间宜在无风天的上午 9 时以前或下午的 4 时以后进行。早晨有露水时，须待露水干后喷施。叶面喷肥在幼果膨大末期以前以氮肥为主（河北省正常年份在 7 月 20 日前），幼果膨大期（河北省 6 月下旬至 7 月中旬）以磷钾肥为主掺加钙肥，膨大末期至采收前以钾肥为主，果实采摘后至落叶期以氮肥为主。注意：叶面喷肥一定要严格按说明使用，不可超量；叶面喷肥，肥量有限，只是一种辅助性措施，不能代替土壤施肥。叶面喷肥浓度参考第四章相关内容。

（五）施肥方法

1. 施基肥的方法

（1）**环状沟施法** 沿树冠投影下方挖深、宽各 40 厘米的环状沟，把与表土混合好的肥料施入沟内，然后用土填平，环状沟位置随树冠扩大可逐年外移。

（2）**放射状沟施法** 从距树干 30 厘米处，至树冠外围挖6～8 条宽 20～40 厘米，深 10～40 厘米的放射状沟，距树干近处开沟浅些，外围深些，施肥后填平。

（3）**转换沟施法** 在枣树冠下两侧挖深、宽各 30～40 厘米，沟长要等于或略少于树冠投影直径的施肥沟，把混合好的肥料施入沟内，填平即可。第二年施肥时，再轮换到另外两侧挖沟。如此交替，逐年向外移动沟的位置。

（4）**全园撒施** 把肥料混合好后，在全枣园内撒布均匀，然后耕翻土壤，深度为 20 厘米左右，把肥料翻入土中即可。

编者提示：在环状和放射状沟施一遍全园普遍深翻后采用全园撒施 1～2 年再采用深沟施肥，只有这样才能使枣园土壤土层深厚肥力均匀，有利于枣树健壮生长经济寿命长，切不可长期依赖地面撒施方法施基肥，以免根系上浮，减少根的吸收范围，降

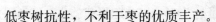

低枣树抗性，不利于枣的优质丰产。

2. 土壤追肥方法　可采取施基肥的几种方法，也可采取开宽 10 厘米左右的浅沟施入或在树冠下挖 8～10 个穴施入，然后覆土浇水。

编者提示：穴施追肥，每穴施肥量不能超过 50 克，穴越多施肥面积越广，越利于根系吸收，如每穴施肥过量不仅不能发挥肥效，还能引起烧根，伤害根系，适得其反，应引起重视。

（六）施肥量

1. 施肥依据

①枣树生长结果的需要量。

②土壤中含有的营养元素数量。

③土壤自然损耗。

④上年施肥情况等。

⑤枣树的生长势。

2. 施肥量

（1）施肥量计算方法

$$施肥量=\frac{枣树吸收肥料的量-土壤的供给量}{肥料利用率}$$

枣树吸收肥料的量是指枣树地上部各器官吸收养分的总量（可通过农业化学方法化验取得）；土壤供应养分量是指土壤供给枣树各器官当年生长发育的养分含量（可通过化学分析和田间试验推算而得）；肥料利用率是指施入土壤中的肥料，除去流失和挥发的量以后，果树所吸收利用的肥料元素数量占整个施肥总量的百分数（可从有关农业化学书籍中查得）。只要知道了上述 3 个主要的因素，就可以非常方便计算出正确的施肥数量来。

（2）施肥量　综合各地施肥情况，一般按每产 100 千克鲜枣施纯氮 1.4～1.6 千克，磷（P_2O_5）0.8～1.2 千克，钾（K_2O）1.3～1.6 千克，按此量施肥，既能保持树势健壮，又可连年丰产、优质。施肥原则是全年施肥量的 70%，以基肥形式施入，30% 用于追肥。根据各种肥料的养分含量，一般每产 100 千克鲜枣需施入 100～150 千克优质有机肥加 3 千克磷酸二铵、1 千克尿素于采果后施入，其余的 3 千克尿素于发芽前、8 月上中旬各施入 1/2；余下的 1.5 千克磷酸二铵于 7 月上旬、8 月中旬各施入 1/2；2.5 千克硫酸钾肥于 7 月上旬、8 月中旬各施入 1/3、2/3。

常用有机肥料、化肥养分含量参见表 5-2、表 5-3。

表 5-2　常用有机肥料的养分含量

名称	状态	氮 (%)	磷 (P_2O_5) (%)	钾 (K_2O) (%)	名称	状态	氮 (%)	磷 (P_2O_5) (%)	钾 (K_2O) (%)
人粪尿	鲜	0.45	0.28	0.25	芝麻	干	1.94	0.23	2.2～5
牛厩肥	鲜	0.34	0.16	0.4	玉米秸	鲜	0.48	0.38	0.64
马粪	鲜	0.45	0.33	0.24	稻草	鲜	0.63	0.11	0.85
羊厩肥	鲜	0.5	0.23	0.67	紫穗槐	干	3.02	0.68	1.81
猪厩肥	鲜	0.83	0.19	0.6	苜宿	鲜	0.79	0.11	0.40
鸡粪	鲜	0.45	1.54	0.85	田菁	鲜	0.52	0.07	0.15
鸭粪	鲜	1.03	1.4	0.62	沙打旺	鲜	0.49	0.16	0.20
圈肥	鲜	1	0.25	0.6	苕子	鲜	0.56	0.63	0.43
鹅粪	鲜	0.55	0.54	0.95	紫云英	鲜	0.48	0.09	0.37
鸽粪	鲜	1.76	1.78	1.00	绿豆	鲜	2.08	0.52	3.90
棉子饼	鲜	5.6	2.5	0.85	豌豆	鲜	0.51	0.15	0.52
菜子饼	鲜	4.6	2.5	1.4	草木樨		0.58	0.09	0.27

表 5-3　常用化肥养分含量

肥料种类	主要成分	平均含量 (%)	利用率 (%)	备注
硫酸铵	氮	20～21	30.3～42.7	
碳酸氢铵	氮	17.5		

（续）

肥料种类	主要成分	平均含量（%）	利用率（%）	备　注
尿素	氮	46	30～35	
普通过磷酸钙	磷（P_2O_5）	14～20	12.5～30	不能和铵态氮肥混合
颗粒过磷酸钙	磷（P_2O_5）	20	12.5～30	盐碱地不宜
钙镁磷肥	磷（P_2O_5）	12～18	12.5～30	适宜一切土壤
硫酸钾	钾（K_2O）	50	30～50	
钾镁肥	钾（K_2O）	33	30～50	
磷酸二铵	氮、磷（P_2O_5）	18、46		
磷酸一铵	氮、磷（P_2O_5）	13、39		
磷酸二氢钾	磷（P_2O_5）、钾（K_2O）	24、27		
三元复合肥	氮、磷（P_2O_5）、钾（K_2O）	12、12、12		
三元复合肥	氮、磷（P_2O_5）、钾（K_2O）	20、20、20		

三、施肥新技术

1. 树干强力注射施肥技术　靠机具持续的压力，把枣树所需要的肥液，从树干上强行注入树体内，运送到根、枝和叶片，为枣树所吸收和利用。目前常用的机械有：气动式强力树干注射机和手动式树干强力注射机。

2. 管道施肥技术　结合喷灌或滴灌，把肥料施于树体根系或叶片。

3. 根系饲喂施肥技术　于早春枣树萌芽前，从土壤中挖出粗度约 0.5 厘米的吸收根剪断，放进肥液瓶或袋中，埋好即可。

4. 肥料滴注施肥技术　用钻头在树干上打眼，角度与树干成 45°角，斜向下，用快刀把钻孔削去毛茬，然后把装有肥液的瓶或袋挂在树上，用专用树干输液器对树体进行肥料的滴注。此法可用于缺素症或其他病害的治疗与康复。

编者提示：上述 4 项新技术，除管道施肥技术外均可结合枣树缺素病害或枣疯病防治采用，可取得良好的防治效果。

5. 穴贮肥水增产技术　穴贮肥水技术是一项省水省肥的肥水管理方法，穴贮肥水的方法是：在春季枣树发芽前在树冠投影下方挖直径 40 厘米，穴深 50 厘米，均匀分布的营养穴 6～8 个，将玉米秸或麦秸捆扎成直径 30 厘米的草把垂直地面放入穴的中央。将按氮、磷、钾 2：1.2：1.6 的比例配得的复混肥与农家肥混合均匀后，施入营养穴的草把周围，表层覆土，踏实。余下的土要均匀地撒在树干周围，使树干周围覆土略高于施肥穴，以备雨水流入贮肥穴中，然后浇水（可以在贮肥穴草把周围覆草或覆盖地膜）。生长期追肥时要先把肥料用水溶解后沿草把浇入，其他管理方法相同。据献县林业局红枣技术站试验，穴贮肥水较常规管理每吊坐果个数、百果重、含糖量、产量均有所增加，可以推广应用。

6. 平衡施肥　平衡施肥也叫配方施肥，就是根据枣树需肥规律，土壤供肥性能与肥料增产效应，在有机肥为基础的前提下，提出氮、磷、钾和微量元素肥的适宜用量和比例，以及相应的施肥技术。应该指出的是：枣果优质生产配方施肥，必须在有机肥的基础上，有机肥料与化学肥料配合施用，纯氮比 1：1，并要根据各元素的需要量、土壤的供给量和目标产量计算出肥料的施用量。若土壤中缺乏某种微量元素或枣树对某种微量元素反应敏感，在配方中应针对性地适量施用该种微量元素肥料，只有这样才能充分发挥肥料的肥效，达到高产、稳产、优质、无害的目标。

7. 沼肥沼液应用技术　最近几年，不少农民采取多种模式兴建沼气池，优化环境，方便家庭使用。沼液、沼渣可以作为肥料用于种植和养殖，创建"无公害"农产品，建立生态农业，增

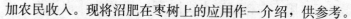

加农民收入。现将沼肥在枣树上的应用作一介绍，供参考。

一般沼肥浓度为 10.8% 左右（干物质占沼肥液态重）。沼渣含有机质 36%～49.9%，腐殖酸 10.1%～24.06%，粗蛋白5%～9%，全氮 0.8%～1.5%，全磷 0.4%～1.2%，全钾0.6%～1.2%。沼液含全氮 0.042%，全磷 0.036%，全钾0.083% 左右，同时还含有对农作物生长起重要作用的硼、铜、铁、锰、钙、锌等微量元素，以及多种氨基酸、维生素和生长素等多种活性物质。施用沼肥，不仅能显著地改良土壤，确保枣树生长所需的良好微生态环境，提高坐果率 5% 以上，增产 10%～30%，果实甜度提高 0.5～1 度，果形美观，商品价值高，还有利于增强其抗冻、抗旱能力，减少病虫害，降低成本，经济效益显著。完全用沼肥生产的果品，是安全的绿色食品。

使用技术要点：

（1）沼渣施肥技术 沼渣可用作基肥，为增加有机肥用量也可与秸秆、麸饼、土混合堆沤腐熟后施用。

施用时间：果实采收后的 9 月下旬至 10 月中旬。

施用方法：成年树采用放射状沟施施肥方法，沟深 30～40 厘米；幼树采用环状沟施施肥方法，沟深 20～30 厘米。将肥料分层埋入树冠滴水线施肥沟内，之后再埋土。

使用量：应结合枣树长势确定施肥量。原则上长势差的应多施，长势好的少施；衰老的树多施，幼壮树少施；坐果多的多施，坐果少的少施。一般用量为幼树每株 4～8 千克，结果树每株 50 千克，另加 0.5 千克磷酸二氢钾、1.5 千克过磷酸钙。

（2）沼液施肥技术 沼液具有易被作物吸收及营养全面等特点，主要用作根部追肥和叶面追肥，并可起到杀虫抑菌作用。

在枣园施用沼液时，一定要用清水稀释 2～3 倍后使用，以防浓度过高而烧伤根系。幼树施肥可在生长期（3～8 月）之间施沼液。

①根部追肥。在树冠滴水线挖 10～15 厘米浅沟浇施。依树长势用量为稀释 2～3 倍后的沼液每次每株 2～5 千克。施肥时间为枣树发芽前、现蕾期、开花前、幼果膨大期、近白熟期。

②沼液叶面追肥。在枣树整个生长期都可用沼液作叶面追肥。

具体方法是：从沼气池水压间或储粪池取出的沼液停放过滤后（取自正常产气 1 个月以上的沼液），加 1～2 份清水喷施叶面（即根据沼液浓度、生长季节、气温而定，总体原则是：幼苗、嫩叶期、1 份沼液；夏季高温，1 份沼液加 1 份清水，气温较低，又是老叶时，可不必加水）。每隔 7～10 天喷施 1 次，可多次喷施。

施用时间：在气温低于 25℃时可在 10 点至 16 点喷施。在气温高于 25℃时以早晨露水干后 10 点以前、下午 4 点以后或阴天喷施。喷施沼液时要侧重喷背面。根据树体营养需要可加入 0.05%～0.1% 的尿素或 0.2%～0.5% 的磷钾肥喷施，以喷至叶面布满水珠而不滴水程度为宜。沼液对蚜虫、红蜘蛛、绿盲椿象等害虫有很好的防治作用。在施用时可根据害虫严重程度适量添加农药进行喷施。

喷施的时期一是在春梢叶片转绿前，用氨基酸 500 倍加 50% 沼液结合杀虫防病喷 2～3 次，能明显起到控梢、壮梢、防虫、防病的作用；二是在显蕾至开花前，叶面喷施 2 次，促进保花保果；三是在果实膨大末期至着色前，用 50% 沼液加 0.3% 磷酸二氢钾喷施 2～3 次，可有效地增加果实含糖量，促进果实着色，提早成熟；四是在果实采收后，用 70% 沼液加 0.5%～1% 尿素液喷施 1 次，可以延缓叶片衰老，增加养分积累。

（3）使用注意事项

①沼肥出池后不能立即使用。刚出池的沼肥还原性强，它

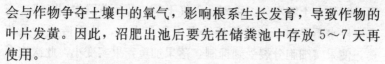

会与作物争夺土壤中的氧气，影响根系生长发育，导致作物的叶片发黄。因此，沼肥出池后要先在储粪池中存放5～7天再使用。

②使用沼肥不能过量。一般施用量比普通猪粪肥少，若盲目大量施用会导致徒长。

③不能与草木灰、石灰等碱性肥料、农药混合使用，否则会造成沼肥中氮肥的损失，降低肥效。

四、枣园灌溉与排涝

我国北方枣区春季干旱，夏季雨季来的又迟，为保证枣树生长发育对水分的要求，在枣树发芽前，开花和幼果期都应及时灌溉。

1. 灌溉水要求　枣园用水可用无空气污染的雨水、深井水、干净的河流水；含盐量高的浅井水及含氟量超标的井水不得使用；有工矿企业及医院污染的河流水不得进入生产安全枣果生产基地。

2. 灌水时期

（1）催芽水　在4月上旬萌芽前进行，此时正值北方干旱少雨，应通过灌溉及时对枣树补充水分。此次灌水结合追肥灌透水1次，满足萌芽、长吊、孕蕾的需要。

（2）助花水　枣树花期对水分相当敏感，红枣开花坐果的最适气温为22～26℃，最适湿度55%～70%，而这一时期北方枣区极易出现高温、干旱，造成"焦花"。因此，务必在枣树初花期浇水1次。此次灌水主要为提高花期空气湿度，创造花粉发芽、受精条件和增加坐果，且不可灌大水，以免降低坐果率，灌水量以渗透10厘米左右为好。

（3）促果水　7月上旬，枣树正值幼果迅速生长阶段，需水量很大。有的年份北方雨季尚未到来，土壤仍较干旱，应通过灌溉及时补充土壤水分。否则，天气干旱，叶片蒸腾作用旺盛，当土壤供水不足时，叶片便从幼果中争夺水分，从而造成幼果萎蔫，使果实细胞分裂受到抑制，落果加重，果实变小，此次应灌透水。

（4）白熟水　在果实接近白熟期（8月上中旬），结合降雨情况适量浇水，增加土壤湿度，提高树体储水量，满足着色期果实糖分转化对溶解水的需要，可提高果实品质，增加产量减少裂果现象。

（5）封冻水　在秋施基肥后、土壤结冻前灌足上冻水，不仅可以提高枣树的抗寒抗病能力，而且对第二年枣树的生长发育和枣果优质丰产也大有好处。

灌水方法：因地制宜。有灌溉条件的可采用畦灌、灌施肥沟、滴灌、渗灌方式；水资源缺乏的地区可采用穴灌、穴贮肥水、应用保水剂、应用土壤改良剂、土施增墒剂等措施，提高水的利用率。灌水大都在施肥完成后进行。具体方法参照第四章相关内容。

第三节　枣园花果期的管理

一、开花前至开花后管理

枣树是自然坐果率较低的果树，一般坐果率仅为开花数的0.4%～1.6%，由于开花坐果期间，营养生长和生殖生长对营养物质争夺激烈，各器官之间矛盾突出，所以，除加强土、肥、水管理外，还要通过修剪、开甲等技术措施对树体养分进行分配调整，改善授粉、受精条件，以提高坐果率。

（一）确定合理的负载量

近几年来，有的枣农盲目追求产量，多次施用激素，造成前

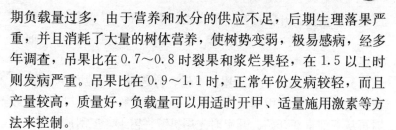

期负载量过多，由于营养和水分的供应不足，后期生理落果严重，并且消耗了大量的树体营养，使树势变弱，极易感病，经多年调查，吊果比在 0.7～0.8 时裂果和浆烂果轻，在 1.5 以上时则发病严重。吊果比在 0.9～1.1 时，正常年份发病较轻，而且产量较高，质量好，负载量可以用适时开甲、适量施用激素等方法来控制。

（二）夏剪

1. 夏剪的作用　提高叶片的光合能力，控制营养生长，促生殖生长，减少养分的消耗，提高坐果率，减少落果，生产优质果。

2. 夏剪的时期　盛果期树夏剪一般分两次，第一次在 5 月底 6 月初开甲前进行，此次夏剪主要为提高坐果率；第二次在 6 月下旬坐果后进行，此次夏剪主要是防止落果。

3. 夏剪的方法　剪除上部挡光的新生枝条及结果枝背上的直立旺枝，疏除内膛的无用枝，剪除多数枣股上萌发的新枣头，对外围有发展空间的新生枣头留 2～6 个二次枝摘心。

（三）开甲

1. 开甲机理　开甲即环状剥皮（环剥），基本机理是开甲切断了甲口以上部分光合作用产物向下运输的通道，叶片光合作用合成的碳水化合物大量积累在甲口以上部分，促使有机营养集中供给枣花和幼果。此外，环剥后乙烯发生明显增高，脱落酸得到积累，细胞分裂素也增加，而赤霉素减少，这些内在营养物质和内源激素所发生的变化，很好地促进了枣树坐果率的提高。

2. 开甲时期　应看花开甲，一般开花量占全株总花蕾量的 30%～50% 时开甲较为适宜，也就是群众所说的半花半蕾期。开甲过早，果实个大，糖分含量高，但坐果率低，采收前遇雨裂果严重，产量低。开甲过晚，果实生长期较短，果实个小、肉少、味淡，制干率低，产量也低。沧州枣区一般在"芒种"前后开甲。

3. 开甲方法 初次开甲的枣树，应选树干距地面 30 厘米平滑处进行，以后开甲部位可间隔 5 厘米向上移，当甲口到达主枝时再从下部重新开始。开甲时先用扒镰将树干老皮刮掉一圈，宽约 1 厘米，扒至露出粉红色活树皮（即韧皮部）为止，然后用开甲刀或菜刀从扒皮部位的上部刀面与树干垂直切入，深达木质部，绕树干一周，切断韧皮部，但不损伤木质部。整个甲口要求宽窄一致，不出毛茬。最后将甲口内的一圈韧皮组织剔除干净，不留一丝残组织，以免影响坐果。

甲口宽度视树体情况而定。一般应掌握：初甲小树 0.6 厘米，老树 0.4 厘米，壮树 0.5～0.8 厘米，弱树 0.3 厘米，过于衰弱树要停甲养树，待树势复壮后再开甲。开甲期雨水多或水浇地盛果期的偏旺枣树，甲口宽度可适当加宽到 0.9 厘米左右，一般甲口宽度不宜超过 0.7 厘米，否则影响甲口在正常时间内愈合，造成树势衰弱，对树体生长极为不利。

4. 甲口保护及检查 开甲后 2～3 天，要对甲口涂药保护，防止甲口虫为害。方法一：在甲口上涂抹 50 倍的乙酰甲胺磷或 50 倍辛硫磷等药液，以后每隔 5～7 天涂药 1 次，一般需要涂抹 4～5 次。方法二：在甲口涂抹"果树伤口愈合保护剂"。"果树伤口愈合保护剂"的使用方法及效果：将本药剂调匀后，即可用毛刷、板笔等对甲口涂抹，涂抹本药剂要均匀细致，不可遗漏，否则将影响本药剂的使用效果。本剂施药一次一般可保持药效 30 天左右。

金丝小枣甲口愈合时间，初甲树及壮树为 30 天，弱树为 25 天，愈合早会出现幼果脱落现象；愈合晚会造成树势衰弱；不愈合的会出现死树现象。因此要检查甲口。一般开甲后 15 天开始检查，发现有完全愈合的，将愈伤组织再次切掉一部分。20 天检查时，没有产生愈伤组织的树先用九二〇水刷甲口（1 克九二〇用酒精溶解后对水 20 千克），再用潮土糊严甲口后用塑料布包裹，包裹 7 天后检查，没完全愈合的再次操作，一般 1～2 次可愈合。由于甲口过宽或因甲口虫为害而不能愈合的枣树，可利用甲口下萌生的枣头或采集 0.5 厘米粗的枣头进行乔接，树干圆周需接 4～5 根枝条即可。

（四）花期喷激素和微量元素

喷布植物生长调节剂和微量元素，可提高枣树坐果率。目前，常用的植物生长调节剂和微量元素为 10～15 毫克/千克（1 克九二〇对水 67～100 千克）的九二〇＋0.2%～0.3%的硼砂或者硼酸（0.5%～1%）。为满足开甲期树体对养分的需要，可加入 0.3%的尿素。

喷激素和微量元素应选择晴朗无风的天气喷 1～2 次，间隔时间 3～5 天。不可过多使用激素，否则坐果率过高，养分供应不足会使幼果大量脱落，白白消耗养分，即使坐果多，果实品质也不高。以平均坐果 0.9～1.1 为准，如果条件适宜，达到坐果标准，可不喷激素和微量元素。

九二〇使用注意事项：

①赤霉素结晶粉不能直接溶于水，使用前先用少量酒精或高度的白酒溶解后，再对水稀释到需用浓度。

②赤霉素遇碱性物质及高湿时易分解，应在低温干燥条件下保存。不能与碱性药物混合使用，其水溶液不能长时间保存，应现配现用。

（五）花期喷水

在我国北方枣区，枣树花期多为干旱无雨，焦花严重，影响枣树的开花坐果，为了改善田间小气候，增加空气湿度，除对枣园进行浇水外，也可于每天傍晚喷清水一次，连喷 3～4 天，可提高坐果率 50%以上。

（六）枣园放蜂

枣树为典型的虫媒花，异花授粉坐果率较高，枣园放蜂可提高异花授粉率。据河北省石家庄果树研究所调查，枣园放蜂坐果率提高 68%～238%。枣林距蜂箱越近，效果越好。

（七）坐果少的补救措施

在沧州地区，金丝小枣一般 5 月下旬至 6 月上中旬进入开花、坐果期，是枣树管理的关键时期。但生产中部分枣园由于肥水管理差、防治绿盲蝽不及时等原因，往往出现花蕾少、花蕾质量差，甚至无花蕾现象。抓住枣吊在停长前这一关键时期采取补救措施，能使无花蕾枣吊重新现花序 1～2 个，每个枣吊坐住 1～2 个果，保证当年不减产。

补救措施如下：

①5 月下旬至 6 月初，每株施枣树专用肥 1 千克＋碳酸氢铵 1 千克或含氮、磷、钾及微量元素的复混肥 1 千克＋碳酸氢铵 1 千克，施肥后浇水。

②疏除多数剪锯口处萌发的无用枣头及多数枣股上的萌发枣头，对外围有空间的枣头留 2～6 个二次枝短截，以节省养分集中供给有效枣枝，促使枣吊延伸、现蕾、坐果。修剪时要尽量留下有花蕾的枣吊。

③5 月下旬至 6 月初，枣吊没封顶时喷 2 000 倍的复硝钾溶液或 40 毫克/千克的九二〇＋0.3%的尿素＋0.5%的磷酸二氢钾 1～2 次，促使枣吊延长、现蕾。

④保蕾、保花、坐果。

a. 喷药。重点防治绿盲蝽、红蜘蛛。现蕾后至开花前，可选颗粒分散剂或水乳剂农药配方，70%的吡虫啉 12 000 倍＋三氟氯氰菊酯 1 500 倍＋爱福丁 1 号 5 000 倍液喷透喷匀树体及地面间作物、地面杂草。注意，不可在树上喷乳油制剂农药，以防止烧花现象发生；坐果后可用颗粒分散剂、水乳剂或低浓度的乳油制剂树上防治。花期尽量不喷杀虫剂，防止烧花。如果不得已防治害虫一定要用低浓度、对天敌和蜜蜂无毒或低毒的农药，等害虫落地后，再用高浓度的乳油剂农药地下防治。

b. 促使坐果。包括开甲、喷激素、喷水等措施，与前面相同。

二、枣树中、后期管理

枣树中后期从时间上划分，大体上从 8 月份开始到采收前，这段时间的工作主要是以促进果实增大，减少采前落果，减轻裂果，提高果品质量为主。

1. 防止采前落果　主要通过选用优良抗落抗病虫品种，控制树体、枣头旺长，增施磷钾肥控制氮肥等措施防止落果，以前用萘乙酸、防落素防止落果，为保证食品安全现已禁止使用。

2. 中、后期控施氮肥，增施磷、钾肥，提高果品质量　氮是最基本的生命物质原料。枣树从萌芽到新梢旺长期为大量需氮期。旺长高峰过后到果实采收，叶片与根系含氮量处于稍低水平，为需氮稳定期，若此期氮含量高，则影响磷钾元素的吸收，不仅会明显地降低果实品质，如着色差，含糖量降低等，而且会引起采前落果。

磷也是植物的重要组成成分。磷能提高根的活力与寿命，缺磷时会使果肉细胞数减少，影响果实的增长；磷还能改善果实品质。

钾在植物生长代谢过程中起催化剂作用。钾能提高果实原生质活性，促进了糖的运转流入。钾充足时枣果个大，含糖量高，风味浓，色泽艳丽。

由此可知，在矿质营养中，氮素过多，枝叶疯长，果实糖分积累少，酸多；缺磷，果实个小，含酸多；磷适量，果实糖多酸少；钾能增加果实糖分含量。因此，枣树中后期施肥要控制氮肥的用量，有目的地增加磷钾肥的施用量。

3. 保持土壤湿度，减轻裂果 枣树裂果现象在沧州枣区较为普遍，一般年份裂果比例占产量的 8% 左右，如果枣着色后赶上降雨，特别是连续阴雨，枣裂果率可达到 70%～80%，这极大地影响了枣的商品价值。

造成裂果的主要内在和外在原因是：在果实生长期天气干旱，土壤含水量低，枣果吸收的水分不足，再加上光照充足，果实暴露在阳光下暴晒，果实表皮细胞与下表皮细胞老化，细胞壁加厚，失去弹性，一旦遇阴雨天气，果实细胞迅速吸水，造成细胞壁破裂，而出现裂果现象。裂果都是由表皮开始，逐渐向纵深发展。在枣果白熟期至脆熟期，若遇雨，虽雨量不大，空气湿度很大，也会造成不同程度的裂果，内因是细胞遗传基因和钙元素缺乏所致。因此，可采取以下措施降低裂果率：

①选择抗裂品种，进行高接换头。在沧州枣区，献王枣、金丝新 4 号、雨帅等品种均有优良的抗裂性状。

②若伏天干旱，要及时对枣园进行浇水，使土壤含水量保持在 16%～20% 范围内。

③合理修剪，保证树冠通风透光良好。

④合理施肥，增施有机肥，基肥采用深施，改善土壤理化性能，引根向下，扩大营养物质与水分吸收范围，提高枣树的抗旱能力，增强树势，提高抗裂果能力。

⑤叶面喷施钙肥（如氨基酸钙等肥料），可降低裂果率 20%～30%。

⑥喷植物液体保护膜可阻挡雨水进入果实，可降低裂果率 20%～30%。

4. 撑枝 金丝小枣由于坐果多，枝条较软，加上修剪不当，下部结果枝后期极易下垂接地，感染病虫，影响果实品质，所以要撑枝（图 5 - 13）。

撑枝方法：用竹竿或木棍将结果枝撑离地面 0.5 米以上。

5. 平整、清扫枣园　在采收前的 15～20 天，将枣园内的间作物、杂草、落叶清理掉，平整树盘，镇压地面，准备采收（图 5 - 14）。

图 5 - 13　枣树撑枝状

图 5 - 14　枣园清扫状

6. 适期采收 根据枣的用途，天气情况，市场需求分期采收，如：加工蜜枣，以果实白熟期采收为宜；鲜食或加工乌枣、南枣、醉枣，在脆熟期采收；制干的完熟期采收。

第四节 果实采收、自然晾晒与烘干

一、枣果采收

（一）枣果的成熟

枣果的成熟期按皮色和肉质变化情况可分为以下 3 个时期：即白熟期、脆熟期和完熟期。

1. 白熟期 基本特征是：果实基本上达到了品种固有的形状和大小；果皮薄而软，细胞叶绿素大量减少，由绿色转呈绿白色或乳白色；果肉绿白色，质地比较疏松，果汁少，含糖量低。

2. 脆熟期 基本特征是：果皮增厚，稍硬，煮熟后易与果肉分离，自梗洼、果肩开始逐渐着色直至全红；果肉呈绿白或乳白色，质地变脆，汁液增多，淀粉逐渐转化为糖，含糖量剧增，具备了品种的特有风味（图 5-15）。

图 5-15 脆熟期枣

3. 完熟期 基本特征是：脆熟期过后半月左右，果皮颜色进一步加深，出现微皱；果肉呈乳白色，含糖量继续增大，近果柄端开始转黄，近果核处转成黄褐色，质地从近核处开始逐渐向外变软，含水量减少，含糖量继续增加；果皮出现细小皱纹，果实开始出现自然落地现象。

（二）采收时期

1. 适期采收的重要性　枣果的成熟过程是不同品种枣果特有的形状、色泽、营养和风味迅速定型的关键时期，只有适期采收才能最大限度地发挥出优良品种的优良种性，过分早采（抢青）或晚采都会严重影响枣果的商品质量及产量。对于鲜食品种，过于早采的果实果皮尚未转红，果肉中的淀粉尚未充分转化成糖、维生素 C 含量尚未达到最高，汁少味淡，质地发木，外观和内在品质都会受到明显影响；而晚采又会使果实失去酥脆感，且不易贮放。对于制干品种，早采不仅导致干枣的果肉薄、皮色浅、营养含量低、风味差，严重影响质量，而且制干率低，对产量影响也很大。过分晚采，会出现大量落果，易造成浆烂，对制干也不利。

2. 不同用途枣果的采收适期　不同用途枣果采收适期的标准有很大差异。作鲜食和醉枣用的，以脆熟期为采收适期（沧州地区一般在 9 月 10～15 日），此期枣果色泽鲜红、甘甜微酸、松脆多汁，鲜食品质最好；加工醉枣，能保持良好的风味，还可防止过熟破伤引起的烂枣。制干用的枣果，以完熟期采收最佳（沧州地区一般在 9 月 25 日左右），此期枣果已充分成熟，营养丰富，含水量少，不仅便于干制、制干率高，而且制成的红枣色泽光亮，果形饱满，富有弹性，品质最好。采收适期的确定还应考虑到天气以及贮藏加工和市场的要求等。一般采前落果严重的，可适当早采；为提高耐贮性，鲜食用的可在半红期采收；用于制干的，且不易裂果和采前落果轻的，如果天气允许，可尽量晚采。因为果实着色后不仅是提高果实品质的关键时期，也是果实增重的关键时期，此期一般可增重 20％～30％；对于遇雨易裂果的品种，可根据天气预报情况，适当提前采收。此外，鉴于金丝小枣同一品种的不同树及同树上不同枣的成熟期存在差异（可达 2 周以上），有条件的地方，特别是用于鲜食的枣果，可分期分批采收。

（三）采收方法

1. 手摘　手摘采收主要适用于鲜食和醉枣等枣果的采收。虽然用工多，但可保证鲜枣不受损伤，利于长期贮藏和醉制。

2. 震落　震落采收主要适用于制干和加工去核枣、鸡心枣、酥脆枣、阿胶枣、枣粉等枣果的采收。一般是用竹竿或木棍震荡枣枝，在树下撑（铺）布单接枣，以减少枣果破损和节省捡枣用工。采用此法采收，应注意保护树体。每年的震动部位应相对固定，以尽量减少伤疤，尤其要避免"对口疤"。另外，下竿的方向不能对着大枝延长的方向，以免打断侧枝。

3. 化学采收　主要适用于制干枣果的采收。方法是：在拟采收前的 5～7 天，全树均匀喷洒 0.02%～0.03%的乙烯利水溶液，一般喷后第二天即可见效，第四天进入落果高峰。喷后 5～6 天时，轻轻震动枝干，枣果即可全部落地。此法较人工震落采收可提高工效 10 倍左右，提高制干品质，并可避免损伤树体和枝叶，值得推广。

乙烯利使用注意事项：

①不能与碱性药物混用。

②气温低于 20℃时应用效果不好，应现用现配，喷后 6 小时内遇雨需要补喷。

③严格掌握浓度，超过 0.04%有落叶现象。

④对眼睛和皮肤有刺激作用，应注意保护。

⑤喷施乙烯利后使果柄形成离层而堵塞树体向果实输送水分和养分的通道，导致果实含水量逐渐下降，果肉变软失脆，影响鲜食品质，因而对于鲜食品种不宜采取化学采收。

二、自然晾晒

1. 场地的选择与搭建　一般选择阳光充足通风宽敞的场地，

用砖和竹竿将秫秸箔支离地面15~20厘米。

2. 暴晒　将枣均匀地摊在箔上6~10厘米厚，暴晒3~5天，在暴晒过程中，每隔1小时左右翻动1次，每日翻动8~10次，日落时起垄将其堆放在箔中间，用席或塑料膜覆盖，防止着露返潮。第二天日出后箔面露水干时摊开再晒，空出中间堆枣的潮湿箔面，晒干后再将枣均匀摊在整个箔面上暴晒。暴晒3~5天后，改为晾晒（图5-16）。

图5-16　枣果自然晾晒

编者提示：①暴晒期间，一定要经常翻动枣果，使上下层枣受光均匀，避免上层枣暴晒时间过长而出现油头现象。

②晾晒前要将含水量不一致的枣分级拣出，分箔晾晒。

3. 晾晒　每天早晨将枣摊开晾晒，到12点合拢，封盖。下午2点再摊开，傍晚时再将枣收拢、封盖。这样经过10天左右晾晒后，手握枣果不发软有弹性，果皮纹理细浅，含水量降至28%以下，即可分级贮藏，也可先分级后晾晒。

自然晾晒的方法、设备简单，简便易行，节省能源，符合低碳经济，晒制的红枣成色好，色、香、味佳，且耐贮运。缺点是干制时间长，技术掌握不好，会出现干条、油头现象，降低商品果率，特别是遇连阴雨天气烂果严重，营养成分损耗大，尤其是维生素C的损失，且在晒制过程中易刮入尘土等杂物，影响枣的商品性，不符合无公害果品产后处理要求。采收后如果遇阴雨天气，可先存于冷库，晴天后再取出晾晒，可大大减轻烂果。

编者提示：①暴晒期间，一定要经常翻动枣果，使上下层枣受光均匀，避免上层枣暴晒时间过长而出现油头现象。

②晾晒前要将含水量不一致的枣分级拣出，分箔晾晒。

三、人工制干

人工制干也称烘干法。烘干法干制红枣不受天气影响，干制时间短，制干率高，营养成分损失少，成品保存维生素 C 较多，红枣洁净无杂质，商品率高，在阴雨天时还可有效减少浆烂损失。

（一）烘干房的种类

烘干房分火道式简易烘干房、水暖式烘干房和热循环烘干房 3 种。火道式简易烘干房用燃料（多数是煤）通过火道加温烘烤，目前果农应用最多；水暖式烘干房是蒸汽通过锅炉管道输送，以管道取暖方式加温烘烤，中小企业用的较多；热循环烘干房是将热量以热循环风的形式进入烤房、烘烤果品，目前应用较多的是企业，技术较先进的是旭创力-XCL烤房。

（二）烤房的功能效益

1. 火道式简易烘干房的功能效益

（1）构造　火道式烘干房为砖混结构，用水泥板封顶。长宽一般为 4 米×6 米。顶部设有两个 50 厘米见方的排湿通气孔，两个小烟囱，一个大烟囱。地面为火炕，炕内有火道 4 条。房体正面有 0.9 米×1.8 米的门，在门的两侧距炕面 72 厘米、48 厘米、48 厘米处墙体有 24 厘米宽、高见方的横闸、纵闸及墙体掏灰坑各一个。墙体后面有高为 5.2 米的大烟囱一个，墙体后面地面下有深、宽、长为 1.2 米、1 米、3.41 米的烧火操作坑一个，坑内墙体有炉门，宽、高各为 0.3 米和 0.28 米的炉膛两个，炉膛下有宽高为 0.50 米×0.5 米的掏灰坑两个。墙体两侧各有距炕面 0.12 米，高、宽都为 0.24 米的进气孔 3 个。烘干房内长 6

米、宽 3.4 米、高 2.5 米，中间
为 1 米宽的通道，两侧各放七排
铁架，每个铁架 10 层，每层可
放 3 个装枣用的竹箅子，一个烘
烤房可放 420 个盛枣的竹箅子
（图 5-17、图 5-18、图 5-19）。

此烘干房可单独建设，也可
连体建设。每间建设成本1.3万～

图 5-17　简易烘干房正面

图 5-18　简易烘干房后面

图 5-19　简易烘干房内部

1.5 万元，每昼夜可烘干干枣 1 250 千克左右，烧煤 100 千克。
烘干枣与自然晾晒的金丝小枣相比其优点是：降低烂果率20％～
30％，而且成色好，商品率高，上市早。每烘干 1 250 千克枣可
增收 1 875～2 500 元，且烘干房一次建成多年受益。

（2）取热原理　在炉膛点火，火在地面火道通入前面墙体，
起初插入纵闸，关闭墙体掏灰孔，打开横闸，使烟气从小烟囱冒
出。当火旺、燃烧正常时，关闭横闸，打开纵闸，使烟火进入墙
体火道、烟道，从侧墙斜上入后墙体，再水平进入大烟囱，在大
烟囱内起初是两条烟道，出墙后合为一条烟道，最后出烟囱，完
成整个取热过程。

（3）烘干房烘干枣的工艺流程

工艺流程：采摘→分级→清洗→装盘→加热→排湿→均湿→

包装→成品

①准备阶段。

1）分级。金丝小枣采收后，要根据枣的大小、成熟度进行分级，同时要把其中的浆烂果、伤果、枝、落叶等杂质清除掉。

2）清洗。把经过分级后的金丝小枣放入清水池进行清洗，洗后的枣表面要干净光洁，不要带有泥土，水池里要经常换新水，以提高烘烤后的枣果品质。

3）装盘和入烤房。把清洗后的金丝小枣装入烘烤用的枣箅子，厚度以两个枣厚为宜，最多不超过3个枣的厚度，然后放入烤房中的烤架上。

②点火升温阶段（受热阶段）。当枣装入烤房后，要把门、通风口（天窗和地洞）都要关严，减少能量损失，提高能量利用率。然后点火升温，点火时首先要在炉膛外口处点，这样有利于升温。燃料用一般烟煤即可，为防止金丝小枣出现糖化、炭化、开裂现象，此阶段要缓慢升温。一般在4～6小时内温度升高到45～48℃，并在开始时将枣坯用苫席覆盖保温，至枣果出现凝露后撤去苫席，以加速蒸发。果面凝露消失以后，进入下一阶段。在升温的过程中要经常抖动枣箅子，以利于枣受热均匀，每半小时观察一次温度表和湿度表。

③排湿阶段（蒸发阶段）。此阶段时间大约用时8～10个小时，当枣烤到第一阶段末的时候，手摸枣面有灼烫感，空气湿度达70%时开始通风排湿（人在烤房中感觉身体皮肤湿潮，房内有潮气）。首先要先打开天窗，再打开地洞，每次通风时间为15～20分钟，当空气湿度下降到55%后关上地洞，再关天窗，在整个烘干过程中排湿大约往返7～8次，此过程中要注意把第一层和第五层，第二层和第四层的枣箅子倒换位置，其他的枣箅子不用动，以利于枣受热均匀，避免下层枣由于温度过高影响烘烤质量。

④完成阶段（均湿阶段）。均湿阶段，停火6～8小时，使枣果内水分逐渐外渗，达到内外平衡，避免长时间烘烤，以防果实

表面干燥过度而焦煳。这段时间温度最高可达 55℃，当枣的含水量达到 20%～30%时就可将金丝小枣出烤房。

编者提示：

A. 新建烤房一定要等到烤房完全干了以后才能使用。

B. 升温前期温度不要升得太快，否则会出现糖化和炭化现象，严重的会出现裂枣现象。

C. 注意通风时天窗和地洞打开、关闭的先后顺序不要颠倒。

D. 烤房内装枣箅子时，离烧火最近的地方，第一、二层不要放枣箅子，避免枣被烤坏。

E. 烘烤时间不要太长，否则会出现酸枣现象。

2. 旭创力- XCL 烤房功能效益

（1）构造　主要由供热系统、全自动控制系统和房体三部分构成。烘干房内部长×宽×高约为 6 米×3.8 米×2.3 米。每个烘干房内有烘干车 6 个，每车烘干架 10 层，架上放烘干盘。每烘干室放盘 900 个，每盘盛鲜枣 5～6 千克。此烘干房每 12～15 小时烘干鲜枣 4～5 吨，耗煤 175～200 千克，耗电 20～23 度，平均每千克红枣干制品成本约为 0.07 元。每套设备及房投资 6 万元左右，使用年限 15～20 年。

（2）设备工作原理　供热系统将热量通过循环风供入烤房。热量来源有电加热、燃煤、燃油、天然气；控制系统，采用"旭

图 5-20　旭创力烤房整体外观

图 5-21　旭创力烤房

创力"自主研发的全自动控制系统，自动控制温度、湿度、单位时间供热量、排湿、进风、循环风速等各项参数，温度精度达±0.5℃，湿度精度达±3%。平衡脱水专利技术可控制物料脱水速度和物料内部向外表面渗出水分的速度一致，使物料干燥时内外同步脱水，最大程度保留物料色、味、形、质，烘烤效果自然均匀。

（3）根据枣的成熟程度总结以下烘烤曲线表（以下数据只供参考）参见表5-4至表5-6。

表5-4　枣在20%～40%为红色时的烘烤曲线

	预热阶段			排湿		干燥完成	
阶段	1	2	3	4	5	6	7
温度（℃）	35	40	55	60	65	60	50
时间（小时）	2	2	2	2	2	2	3
湿度（%）	65	65	65	55	55	40	38

表5-5　枣在50%～80%为红色时的烘烤曲线

	预热阶段			排湿		干燥完成	
阶段	1	2	3	4	5	6	7
温度（℃）	35	40	55	60	65	60	50
时间（小时）	1	2	2	2	2	2	2
湿度（%）	65	65	65	55	55	40	38

表5-6　枣在90%～100%为红色时的烘烤曲线

	预热阶段			排湿		干燥完成	
阶段	1	2	3	4	5	6	7
温度（℃）	35	40	55	60	60	60	50
时间（小时）	1	1	2	2	2	2	2
湿度（%）	65	65	65	55	50	40	38

（三）烘干后的处理

出烤房后的枣在遮阴棚或屋内堆放，厚度不超过 1 米，每平方米要放一个草把利于通风，红枣存放 10～15 天后，至果肉里外硬度一致，稍有弹性为止就可装箱进入市场。

编者提示：出烤房的枣，不要在有阳光暴晒的地方存放，否则枣果表面发黑，影响枣果品质。

第五节　枣果的分级、检测、包装、运输、储藏

一、枣果的分级

鲜枣采收后应按表 5-7 质量要求进行分级。

表 5-7　鲜枣等级质量标准

项　　目		特级	一级	二级
基本要求		脆熟期采摘，果实完整良好，新鲜洁净，无异味及不正常外来水分。着色面积 50％以上，无浆果及刺伤。果实内在标准达到品种固有特征。维生素 C 含量≥450 毫克/100 克，可溶性固形物≥36％		
色泽		具有本品成熟时的色泽		
果形		端正	端正	端正
病虫果（％）		＜1	≤3	≤5
单果重（克）	有核果	≥6	≥5＜6	≥4＜5
	无核果	≥4.5	≥3.5＜4.5	≥3＜3.5
	碰压伤	无	允许轻微碰伤不超过 0.1 厘米/处	允许轻微碰伤不超过 0.1 厘米两处

（续）

项　目		特级	一级	二级
	日灼	无	允许轻微日灼，总面积不超过 0.2 厘米^2	允许轻微日灼，总面积不超过 0.5 厘米^2
	裂果	无	无	裂果总长度不超过 1 厘米/果
	损伤率（以上三项）（%）	0	≤5	≤10

干枣晾晒、制干后应按表 5 - 8 质量要求进行分级。

表 5 - 8　干枣等级质量标准

项　目	特级	一级	二级
基本要求	果实饱满，具有本品种应有的特征，个头均匀，肉质肥厚有弹性，干，手握不粘，无霉烂、浆果，含水量不超过 28%，杂质不超过 0.5%		
个头	不超过 300 粒/千克	不超过 370 粒/千克	不超过 400 粒/千克
色泽	具有本品应有色泽	具有本品应有色泽	允许不超过 5%的果实色泽稍浅
损伤和缺点	无干条、浆头，病虫果、破头、油头三项不超过 3%	无干条、浆头，病虫果、破头、油头三项不超过 5%	干条、浆头、病虫果、破头、油头五项不超过 10%（病虫果不超过 5%）

分级方法：可人工分级，也可用选果机分级。

二、检测

按照 100 件抽 5 件样品或 100 亩抽 1 个样品（每样品 1.5～2.5 千克）的要求，抽取代表性样品，送国家规定部门检测达标后，方可上市。

三、包装

（一）包装容器

包装容器必须坚实、牢固、干燥、洁净、无异味，符合包装卫生标准，保证果实受到适当的保护。根据包装要求不同，可分别选用双瓦楞纸板箱和单瓦楞钙塑板箱为包装容器；鲜枣可用塑料箱、泡沫塑料箱为包装容器；干枣可用麻袋为包装容器；1 千克以下的小包装可用单层硬纸盒或透明塑料盒为包装。同一批枣果可采用相同质地的包装容器，且规格统一。

（二）包装方法

各等级枣果必须分装，并且应装紧装满。包装内不得有枝、叶、砂、尘土及其他异物。各包装件的表层果实在大小、色泽和重量上均应代表整个包件的情况。包装完后贴上统一标识。

四、枣的运输、储藏与加工利用途径

（一）运输

鲜枣果实采收后应立即按表 5 - 8 标准规定的品质等级规格分级，尽快装运，交售或冷藏。鲜枣装运时要轻拿轻放。待运枣果，必须批次分明，堆码整齐，环境整洁，通风良好，严禁烈日暴晒和雨淋。注意防冻防热，尽量缩短待运时间。运输工具要洁净卫生，不得与有毒有害物品混存混运。

（二）贮藏

1. 鲜枣的贮藏 鲜枣极易失水失脆，加之易发生无氧呼吸、酒化变软和不耐二氧化碳，因而耐贮性很差，对贮藏技术要求十分严格。贮藏有冰窖贮藏、冷藏、气调贮藏、减压气调贮藏、辐照贮藏、真空贮藏、冻藏等多种方法。

目前多采用塑料薄膜小包装冷库低温贮藏。鲜枣在半红期或更早时采收,入库前采用喷水或浸水等方法迅速降温预冷;用打孔塑料薄膜袋(采用0.04～0.07毫米厚低密聚乙烯或无毒聚氯乙烯薄膜制成)包装,分层堆放库中;库温控制在-1～0℃(或略高于冰点温度),袋内相对湿度90%～95%,二氧化碳浓度在5%以下;经常抽样检查果实变化情况,如此可保鲜100天左右。半红期鲜枣的冰点为-2.4～-3.8℃,全红期鲜枣的冰点为-4.8～-5.9℃。多数研究认为鲜枣贮藏的最佳气体组成为氧气3%～5%,二氧化碳小于2%。采后用2%～5%的$CaCl_2$浸泡处理,会增加耐贮性。

2. 干枣的贮藏 干枣贮藏比较容易,只要保证贮藏环境的干燥并注意防止虫害和鼠害,一般能保存一年以上。其具体方法有:①缸藏:适于少量贮藏。将干枣直接或用60度酒边喷边装入洁净的缸或坛内,密封置于凉爽的室内,可贮藏3年以上。②囤藏和屋藏:适于大量贮藏时采用,将席子卷成囤,将干枣置于囤中,或将干枣置于屋内。在其囤和屋内放置防潮、吸湿和散热物质,此外还可放置酒坛起到防虫防变质的作用。③夏季是干枣贮藏中最关键的时期,因为夏季属高温高湿季节,干枣容易受潮霉烂,虫蛀等造成很大损失。所以在有条件情况下,夏季转入塑料袋密闭抽真空包装贮藏,且品质明显提高,好果率达到90%以上。④采用麻袋等材料非真空包装的干枣可存入温度0℃湿度保持在30%左右的冷库内可周年安全贮藏。

(三) 枣果加工利用途径

金丝小枣除鲜食和制干外,可制作各种传统甜、黏食品,如枣花糕、枣粽子、枣黏糕、枣切糕等,还可加工制成蜜枣、枣茶、枣汁、枣酒、枣香槟、枣酱、枣罐头、醉枣、鸡心枣、阿胶枣、枣粉、枣红色素等 40 多个品种。金丝小枣鲜食脆而甘美，还含有丰富的蛋白质、脂肪、粗纤维、无机盐和维生素，有益心润肺、和脾健胃、益气生津、养颜之功能，我国民间早就流传着这样的谚语："五谷加小枣，赛过灵芝草。"金丝小枣一直被誉为传统的上等滋补佳品，有"日食仨枣，长寿不老"之说。这些用途拓宽了金丝小枣的利用途径，对金丝小枣产业的顺利发展起到了巨大的促进作用。

第六章

冬枣安全优质丰产关键技术

冬枣是河北沧州、山东鲁北的特产，是目前鲜食品种中最优的晚熟品种，可贮藏至春节，为我国传统佳节增添了不可多得的美味、营养、上乘的果品，也是畅销国内外的名优果品。该品种幼树生长旺盛，发枝力强，结果后树势中庸，树姿开张，在红枣中属于树势中间类型，管理有别于树势偏弱的红枣类。

第一节　整形修剪技术

目前，生产中采用的丰产树形主要有：疏散分层形、开心形、自由纺锤形、圆柱形等。这几种树形主枝分布合理，树姿开张，层次分明，通风透光，属优质丰产树形。

一、与整形修剪有关的枝芽发育特性

①冬枣枣头的单轴延伸能力强，处于顶端部位的芽，容易萌发出新的发育枝。进入结果期以后，随主、侧枝角度的扩大，容易萌生新的徒长枝，若不及时修剪，易造成树形紊乱、内膛郁闭等现象。

②冬枣二次枝较小枣相比，萌芽率高、成枝率高，形成的新生枣头基角好，常用来培养主枝或结果枝组；不过，形成的新生

枣头过多，若不及时清理，会影响内膛通风透光。

③从苗木开始，冬枣花芽具有当年分化、多次分化的特点，花量大，花期长，易丰产。

④冬枣树的主芽寿命长，可潜伏多年不萌芽。这些休眠芽对修剪反应也非常敏感，即便枣头短截后，不将剪口部位的二次枝剪掉，通常也会萌发出新的枝条，只不过新生枝条与原枝容易形成夹皮角，担负能力差。所以，生产中一般不使用这种发育枝培养结果骨干枝，这点与一般小枣不同。

二、修剪时期及方法

（一）修剪时期

1. 休眠期修剪　又称冬剪，指在冬枣树落叶后至发芽前进行的修剪，多用于构建树体结构，更新复壮树势、枝条。为防剪口抽干，修剪量不大的枣园，修剪工作一般安排在发芽前 1～2 个月内进行。

2. 生长期修剪　又称夏剪，指在冬枣树发芽后至落叶前进行的修剪。在整个生长期随时进行，包括抹芽、摘心、拉枝等，多用于缓和树势，平衡营养与生殖生长关系。

（二）修剪方法

1. 休眠期修剪的方法　包括短截、回缩、疏枝、拉枝、缓放、落头等。

（1）短截　短截通常指剪掉一年生枣头或二次枝的一部分，作用是集中营养，改善光照，刺激或抑制生长。一般小枣树常有"一剪子封，两剪子生"的修剪特点，而冬枣不同，对枣头短截后，无论去掉不去掉剪口下二次枝，剪口下一般都能萌生出一个新生枣头，只有结合夏季抹芽，才能实现"一剪子封"的目的。而"两剪子生"在冬枣树修剪上表现尤其明显，其方法是剪留一年生枣头的同时，将剪口下第一个二次枝从基部疏去，通过刺激主芽萌发，形成新生枣头。所以，枣农们常说：冬枣树修剪，"一剪子未必封，两剪子肯定生"。总之，要明确短截目的，并结合夏季管理，才能达到集中营养、改善光照的效果。

（2）回缩　截去多年生枝条的一部分，作用是集中营养，改善膛内光照，促进生长，一般用于复壮和更新枝条或控制生长范围。

（3）疏枝　指将交叉枝、竞争枝、重叠枝、病虫枝以及挡风挡光没有发展空间的各种枝从基部剪掉的一种方法。

（4）拉枝　指对角度过小，方位不适当的枝条，用绳子拉至适合位置并固定。

（5）落头　指对中央领导干在适当高度截去顶端若干长度，控制树高，打开光路的剪法。其作用是控制树体高生长，加强主、侧枝侧生长。

（6）分枝处换头　指对着生方位或角度不理想的主枝或大枝组在合适的分枝处截除，由分枝做延长头，以调整枝量及空间分布的剪法。

2. 夏季修剪的方法　包括抹芽、摘心、拉枝、疏枝、除萌蘗、环割、开甲等。

（1）抹芽　从冬枣树萌芽开始（北方从 4 月上、中旬开始），整个生长季节都可进行，根据预留枝位置进行抹芽，以防止消耗养分和扰乱树形。7～8 月份着重抹除因开甲刺激使甲口下萌发的枝芽。

（2）摘心　开花前（北方在 5 月下旬至 6 月上中旬）为集中营养，保证开花坐果效果，必须根据枝组类型、空间大小、枝势强弱进行不同程度的摘心。包括枣头摘心、二次枝摘心和枣吊摘心。摘心指标：①大型枝组：枣头长出 7～9 个二次枝时摘心，同时对二次枝留 5～7 个枣股摘心；②中小型枝组：枣头长出 4～6 个二次枝时摘顶心，同时对二次枝留 5～7 个枣股摘心；③枣

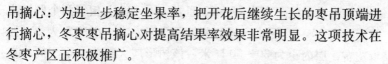

吊摘心：为进一步稳定坐果率，把开花后继续生长的枣吊顶端进行摘心，冬枣枣吊摘心对提高结果率效果非常明显。这项技术在冬枣产区正积极推广。

（3）拉枝　整个生长季节都可进行，对生长角度不合理的枝条，将其拉到合理位置，包括下拉、上拉、水平拉。下拉一般指对基角小，通风透光差的树枝进行扩角，达到通风透光、合理负载的目的。上拉多指对结果后下垂的树枝上吊，确保冬枣果实丰产、丰收。水平拉指水平改变树枝的位置，形成更合理的树体结构。

（4）疏枝　对春季抹芽时漏掉而没有发展空间或利用价值的新生枝疏除。

（5）除萌蘖　冬枣树的砧木，极易萌发根蘖，应及时清除，才能避免大量消耗营养。

（6）环割　即在树干或枝上用刀割韧皮部深达木质部一圈或多圈。一是针对连续摘心，致使前部光秃的枝条进行多分段环割，促发新枝；二是针对基部较细，不适宜开甲的结果枝，以环割代开甲；三是开甲后坐果率没达预期效果的一种补救方法，针对坐果不好的干、枝进行一刀或多刀环割。

（7）开甲　类似于其他果树的环剥技术，在"保花保果"内容中详述。

（三）主要树形及结构

因为冬枣属鲜食枣品种，主要依靠人工采摘，这就决定了树形的培养目标是低干矮冠，低干矮冠的树形，既便于采摘，也便于生产管理，发挥低干矮冠树形早果早丰的特点。

1. 疏散分层形　树高 250～300 厘米，干高 40～60 厘米，全树分 2 层，着生 5～6 个主枝，第一层主枝 3～4 个，第二层主枝 2 个；主枝与中心主干的基部夹角约 70°，每主枝一般着生 2～3 个侧枝，侧枝在主枝上要按一定的方向和次序分布排列，第一侧枝与中心干的距离为 40～60 厘米；同一枝上相邻两个侧枝之间距离为 30～50 厘米，同侧侧枝距 1 米左右；层间距为 100 厘米左右，层内距为 30～50 厘米，该树形属大冠类，适于间作或中低密度栽植。

2. 自然圆头形　树高 250～300 厘米，干高 40～60 厘米，全树着生 5～7 个主枝，错落排列在中心主干上，主枝之间的距离为 40～60 厘米，主枝与中心主干的夹角 60°～70°；每个主枝上着生 2～3 个侧枝，侧枝在主枝上要按一定的方向和次序分布排列，第一侧枝与中心主干的距离为 40～50 厘米，同一主枝上相邻的两个侧枝之间的距离为 40 厘米左右，同侧侧枝距 1 米左右。骨干枝不交叉，不重叠。该树形适合间作及中、低密度栽培。

3. 开心形　干高 40～60 厘米，树体没有中心主干；全树有 3～4 个主枝轮生或错落着生在主干上，主枝基角为 60°～70°；每个主枝上着生 2～4 个侧枝，同一主枝上相邻的两个侧枝之间的距离为 40～50 厘米，同侧侧枝距 1 米左右，侧枝在主枝上要按一定的方向和次序分布排列，不相互重叠。该树形适于中密度栽植。

4. 自由纺锤形　在直立的中心主干上，均匀地着生 7～10 个主枝。树高 250～300 厘米，干高 40～50 厘米；相邻两主枝之间的距离 30 厘米左右，如有两个相互重叠的主枝间距要在 1 米以上；主枝的基角 70°～80°，主枝上不着生侧枝，直接着生结果枝组；主枝在中心主干上要求在上下和方位角两个方面分布均匀。树高 3 米左右落头开心，适于中、高密度栽植。

5. 扇形　干高 40～60 厘米，由主干、主枝和结果枝组构成树形。全树共有主枝 5～7 个，反方向对生，着生于主干之上，各主枝间距为 20 厘米左右，其余结果枝组填补生长结果空间，着生于主干或主枝上，主枝与行向夹角为 30°～60°，主枝基角一般为 80°左右，适于高密度栽培。

另有圆柱形与自由纺锤形，改良扇形、篱壁形与扇形结构相近，可酌情采用。

（四）整形修剪技术要点

定干：按照定干高度要求，通过短截、摘心等方式，把前端枝条去除，促使下部枝芽萌发，有目的地培养树形的一种修剪措施。定干是栽培管理中的一项重要内容，定干的好坏直接关系到树体结构和丰产性能。冬枣幼树定干遵循"随栽随定"的原则，为防止定干处剪口失水抽干，定干后应及时对剪口进行保护，常用的方法：对剪口处涂一层油漆，或用塑料条包扎剪口。冬枣树提倡春栽，以便随栽植，随定干，随发芽抽生新枝。

以下就疏散分层形、自然圆头形、开心形、自由纺锤形和扇形修剪要点分述如下：

1. 疏散分层形

（1）定干　此类树形的定干高度一般为 80～90 厘米，栽植密度增大时，定干高度相应提高。定干高度下 20～40 厘米称作整形带，其区域内要求着生 4～5 个生长健壮的二次枝，在定干部位剪除其上部的枝条后，将剪口下面第一个二次枝从基部剪去，强化刺激抽生枣头，在整形带范围内选 3～5 个方向好、生长健壮的二次枝，剪留 1～3 个枣股促生枣头，并将之培养成第一层主枝。用枣股培养主枝的好处，是二次枝抽生的枣头角度适宜不形成夹皮角，担负产量能力强，易形成合理的树体结构。整形带以下的二次枝酌情留 1～2 个做辅养枝，地面以上 30 厘米范围内的所有枝条全部疏除。见于冬枣萌芽率高、成枝力强的特点，必须冬夏剪结合，才能实现成型快、结果早、见效快。

（2）中心干及主枝的培养　定干后第二年，当中心干延长枝 1 米剪口处粗达到 1.5 厘米以上时，根据层间距，剪留延长枝的同时，将剪口下面第一个二次枝从基部剪去，其他二次枝选 2～3 个方向合适的（与上一年主枝的位置方向错开）剪留 1～3 个枣股，培养成第二层主枝，同法培养其他主枝。若第一年中心干延长枝的长度不能达到培养第二层主枝的要求，应该采用缓放不剪的方法，翌年等顶端主芽萌发继续延伸生长，达到中心干延长枝的粗度、长度及芽体的饱满程度时，再培养第二层主枝。

（3）侧枝的培养　当第一层主枝长度达到80厘米、基部粗度达到1厘米以上时，在距中心干50～60厘米处剪留，同时将剪口下1～3个二次枝从基部疏除，促使主芽萌发成枣头，第一个枣头继续作主枝延长枝生长，第二、三个枣头培养成侧枝。各主枝的第一侧枝应留在主枝的同一侧。此后2～3年内根据主枝延长枝的长度和粗度培养其他侧枝。第二侧枝应在第一侧枝的另一侧。第三侧枝与第一侧枝在同侧。其余主枝上的侧枝培养方法与此相同。

2. 自然圆头形

①定干。冬枣栽植后1～2年，当苗木主干1米处粗度达到1.5～2厘米，即可进行定干。定干时将主干在1米左右高度剪除，要求剪口下40～60厘米整形带内主芽饱满，二次枝健壮。将主干剪口下3～4个二次枝从基部剪掉，促生枣头培养主枝。

②定干后第二年选留一直立生长的枣头作为中心干，其余枣头作主枝培养。枣树定干2～3年时，当第一层主枝距中心干50～60厘米处，粗度超过1.5厘米时进行短截，同时将剪口下3～4个二次枝从基部疏除，促使剪口芽萌发枣头作主枝延长枝，其下主芽萌发的枣头作侧枝培养（培养方法参照疏散分层形似侧枝培养方法）。

③主干延长枝的一般不做短截处理，靠二次枝顶端枣股萌发形成枣头延长生长，形成新的主枝。除基部1～4主枝外其他主枝一般不选留侧枝。

3. 开心形

（1）定干　第一、二年要加强肥水及病虫防治等综合管理，促使冬枣树旺盛生长。栽植后第二年，当树干距地面1米左右处粗度达到 1.5 厘米时，在春季萌芽前进行双截定干，树干上的二次枝全部从基部剪除，促二次枝基部隐芽萌发形成为主枝。定干后第一年冬剪自树干距地面 40～60 厘米处选择 3～4 个长势好，与树干夹角 60°～70°，向周围 4 个方位伸展的发育枝作为主枝，各主枝间隔 20 厘米左右，定干处第一发育枝仍作中心延长枝头继续保留直立生长，在主枝和中心枝的延长枝头上，选择主芽壮的部位进行双截，促进枝头健壮生长和继续延伸。树干主枝以下可培养 1～2 个辅养枝，30 厘米以下的发育枝全部从基部剪除，枝条一律不动，但要加大角度，减弱生长势，不影响主枝和中心枝延长枝生长。夏剪要通过拉枝、拿枝软化、摘心等技术调整各类枝条的角度和生长势，培养成结果基枝。

（2）培养侧枝 定干后第二年冬剪，通过对主枝继续在壮芽处进行双截延伸生长，继续培养主枝，当主枝 50～60 厘米，粗 1.5 厘米以上时进行双截培养侧枝，方法参照疏散分层形部分。其余枝条针对在树冠内着生位置和空间大小，培养成大小不等的结果基枝。夏剪要继续调整各类枝条的角度和生长势，保证骨干枝的旺盛生长，对培养的各类结果基枝，在冬枣花开 40%～50% 时在其基部实施环割技术，使之结果，以果压冠。

（3）中心枝落头 冬剪时，当主枝、侧枝已经配齐，两树株间基本相接，树冠大小定型，此时在主枝上留一辅养枝落头开心，成为开心形。对主枝顶芽和其他枝条一律不动，夏剪时继续调整各类枝条的角度和生长势保证骨干枝旺盛长势，减缓其生长，继续培养各种类型的结果枝组不断扩大结果部位。

4. 自由纺锤形

（1）定干 在定干剪锯口下 30～40 厘米的整形带内最上的一个枝条培养成中心延长枝，其下选留 3～4 个方向好的二次枝保留 1～3 个枣股剪掉，刺激萌发枣头培养成主枝。

（2）当中心延长枝长 60 厘米处，粗度达 1.5 厘米左右时再短截，截口下第一个二次枝从基部剪掉继续培养中心延长枝头，在其下选留两个方向好的二次枝保留 1～2 个枣股剪掉，刺激主芽萌发培养第五、六主枝，如此操作，定干后 3 年内培养成螺旋上升的主枝 8～10 个，当所留各主枝培养成型后，中心延长枝头可落头开心。结果枝组的培养可采用枣头摘心、拉枝等措施。对直立枝、斜生枝在不影响光照的情况下，轻剪缓放利用，培养成结果枝组；反之，从基部疏除。当结果能力下降时，可于枝组基部 6～10 厘米处重短截，刺激萌发新的结果枝。

5. 扇形

（1）定干　在苗木 90～100 厘米处短剪，将剪口下面第一个二次枝从基部剪去，长出的枣头培育成中心干。

（2）主枝培养　在中心干整形带内选 2～3 个方向适宜的二次枝，剪留 1～3 个枣股作主枝培养，第二年在中心干延长枝50～60 厘米处剪留，再选择位置适合的 2～3 个枣股剪留作主枝培养。所有主枝的基角为 80°左右。各主枝应保持相反方向交互生长状态，与行向的夹角视栽培密度决定，一般 30°左右，呈南偏西，北偏东方向排列。

（五）不同年龄时期冬枣树的修剪要点

1. 幼树修剪　通过定干和各种不同程度的短截促进枣头萌发而产生分枝，培养中心干、主枝和侧枝，迅速扩大树冠，加快幼树成形。利用不作为骨干枝的其他枣头，将其培养成辅养枝或健壮的结果枝组。培养结果枝组采用夏季枣头摘心和冬剪短截相结合的方法。

2. 初果期修剪　当冠径基本达到整形要求时，对各级骨干枝的延长枝进行缓放或摘心，进一步控制营养生长向生殖生长的转化。继续培养大、中、小各类枝组，结果枝组在树冠内的配置要合理。由于冬枣树初结果期营养生长旺盛，要实现适龄结果，夏季管理尤其重要，夏季管理技术应用得体与否，直接关系到坐果多少、产量高低、品质优劣。

3. 盛果期修剪 此期在修剪上要采用疏缩结合的方法，打开光路，引光入膛，培养扶持基部和中部枝组，防止或减少主枝基部枝条枯死和结果部位外移，维持稳定的树势。进入盛果期的冬枣树，应加强预备枝的培养，可以借鉴其他果树中常用的"双枝更新，轮替结果"技术，确保丰产、稳产（双枝更新，轮替结果技术：对枣头或二次枝短截萌生出两个枣头或二次枝，前面的枝条用作结果，后面枝条作预备枝，当前面枝条衰老后回缩疏去，利用预备枝结果）。

4. 衰老期修剪 对于寿命长的冬枣来说，如果科学管理、合理负载、轮替更新，盛果期能维持相当长的时间，一旦过于强化坐果，尤其产量超负荷，再加上不注重培养预备枝，有些枣园六七年就需要更新 1 次，造成一定程度的树体损伤和经济损失。

对于衰老期的冬枣树，骨干枝应根据树上有效枣股（活枣股）的多少来确定更新强度。轻更新在冬枣树刚进入衰老期，骨干枝出现光秃，一般有效枣股不足 1 500 个，株产低于 10 千克以下时进行。方法是轻度回缩，一般剪除各主、侧枝总长的 1/3 左右，应减少坐果，加强肥水管理，恢复树势。中、重更新应在二次枝大量死亡，骨干枝大部光秃，一般有效枣股不足 1 000 个，株产低于 7.5 千克以下时进行。方法是锯掉骨干枝总长的 1/2～2/3，刺激骨干枝中下部的隐芽萌发新枣头，重新培养树冠。中更新和重更新后都要停止开甲，加强肥水管理，养树 2～3 年，恢复树势。枣树骨干枝的更新要一次完成，不可分批轮换进行。更新后剪锯口要用蜡或漆封闭伤口。要及时进行树体更新后的树形培养。

5. 放任冬枣树的修剪 放任树是指管理粗放，从不进行修剪或很少进行修剪的树。修剪时要因枝因树修剪，随树做形，不强求树形。对于放任树生产上采用"上面开天窗，下部去裙枝，中间捅窟窿"的方法。即上面延长枝落头开心，打开光照，下部清理主干 30 厘米以下的辅养枝，中间适当疏除过密枝，达到树体通风透光的目的。具体地讲：主侧枝偏多的，应选择其中角度较大、位置适当、二次枝多、有分枝的留作主枝，其余的疏除或改造成结果枝组。对于中心主干过高，下部光秃、无分枝或分枝少的树体，应回缩落头，使树冠开张，改善通风透光条件。对于徒长枝，应多改造利用，能保留的尽量保留，将其改造成为结果枝组。主枝分布或生长势不均造成树形偏冠可借枝补冠，生长不平衡的要抑强扶弱，逐步调整。

第二节　保花保果技术

　　冬枣与其他多数枣品种一样，花期长，花量大，坐果率低，一般花朵坐果率仅为1‰左右。由于开花期间，正值枣头旺盛生长期，且物候期重叠，营养生长和生殖生长对营养物质的争夺激烈。因此，要保证理想的坐果率，必须在加强土肥水管理的基础上，积极采取相应技术手段，调节树体养分分配，并创造良好的授粉受精条件。

一、加强树体营养

　　冬枣树营养不良是落花落果的主要原因之一。树体营养状况的好坏对当年和来年的生长、结果均有影响。所以加强土、肥、水管理，合理修剪，科学防治病虫害，提高树体营养水平，对提高坐果率至关重要。

　　1. 加强土肥水管理　　土肥水管理只有统筹运用，才能得到健壮的树体树势。土壤管理是一项周年性工作，肥水管理要因土壤肥力、需水程度、树体大小、树势强弱及负载量而异。详见冬枣土肥水管理的有关内容。

　　2. 合理整形修剪　　修剪，尤其是夏季修剪是冬枣树保花保果工作的主要技术措施之一。在相同管理条件下，冬枣树同龄植株产量的构成决定于光合强度。合理修剪可以调解生长和结果的矛盾，改善树冠的通风透光条件，提高叶片的光合强度，提高树体营养，促进花芽分化，提高坐果率。夏季花芽分化、枣头生长及开花结果的物候期重叠，必须及时进行抹芽、疏剪、摘心、拉枝等技术措施，合理分配树体营养，减少养分消耗，集中养分，供应花芽分化及开花坐果的需要。

3. 枣头摘心 枣头摘心是夏剪的主要内容之一，可以有效地集中营养，确保开花坐果需要，是提高坐果的重要措施，必须认真实施。摘心时要考虑空间的大小，合理培养枝组，造就合理的树形结构。

4. 科学防治病虫害

二、调节营养分配，保花保果

（一）花期开甲

枣树开甲，即对枣树进行环状剥皮。在盛花初期，环剥树干或骨干枝，切断韧皮部，阻止光合产物向下部运输，使养分在地上部积累，最大程度保证开花坐果对养分的需要，缓解地上部生长和开花坐果间在养分分配方面的矛盾，从而提高坐果率。枣树开甲当年可增产 30%～50%，果实品质明显提高，好果率约提高 5%。至今，开甲仍然是提高冬枣坐果率必不可少的措施之一。

1. 开甲时间 开甲最适宜的时期在盛花初期，即冬枣树花开 30%～40%时开甲。

开甲时间过早，花朵开放少，前期温度较低，花粉管伸长缓慢，不能满足坐果的客观条件，坐果不理想；开甲时间过晚，头喷花（每个花序的第一朵花）花期已过，其他花的质量参差不齐，再加上冬枣果实的生长发育期相应缩短，会造成果实成熟不充分、个头不匀、风味变淡、品质下降等一系列问题。

个别年份，如果盛花初期的气温过低，达不到坐果需要温度的低限（花粉发芽最适宜温度 24～26℃），应适当推迟开甲时间。

2. 开甲部位及开甲类型　生产上一般分为主干开甲和结果枝开甲两种，主干开甲多应用于树干粗壮的盛果期冬枣树或高接换头的冬枣树。对于主干开甲的冬枣树，第一次开甲甲口距离地面高度 20～30 厘米，以后每年上移 5 厘米，直到接近第一主枝时，再从下而上重复进行，甲口一般不重合。结果枝开甲，多应用在初结果树上，根据不同的枝龄、不同枝干粗度、不同开花程度，采取分枝、分期开甲，开甲处粗度要求在 2 厘米以上。这种方式使营养分配更加具体化，坐果更趋稳定。生产中要求对结果枝开甲必须预留辅养枝，由于初果期冬枣树根系不够发达，一旦甲口愈合期过长，会使根系饥饿，造成部分根死亡，致使树势衰弱，严重的话，导致整树死亡。预留的辅养枝制造的光和产物，在甲口不愈合的情况下，可以及时地供应根系，缓解根系对营养的需要。

为提高坐果率，加速幼果生长，地力条件好、树势健壮的枣园，也可用二次开甲的方法。即针对坐果不理想、甲口愈合过快、树势过旺的部分枝干，进行二次开甲，开甲时间大约在 7 月中下旬，绝对不能与上次开甲重合，与上一次开甲距离至少 20 厘米以上。无论采取哪种开甲方式，必须建立在树势健壮、丰产优质的基础上。

3. 开甲方法　开甲时先用开甲刀在开甲部位刮去老树皮，露出白色的韧皮组织，再用开甲刀按技术要求宽度环切两刀，深达木质部，而后取下环内韧皮组织。要求宽窄一致，平整光滑，不伤木质部，切口内不留一丝韧皮部。甲口宽度一般掌握在 0.5～1.0 厘米之间。幼树、弱树、细结果枝甲口宽度为 0.5～0.6 厘米；成龄树、壮树、粗结果枝甲口宽度为 0.8～1.0 厘米。甲口宽度低于 0.5 厘米容易造成甲口过早愈合，光合产物大量向下运输，坐果不理想；甲口宽度宽于 1.0 厘米，甲口愈合缓慢，易造成树势衰弱或死树、死枝。

4. 甲口保护　开甲后由于甲口处分泌大量的分生组织及黏液，会吸引甲口虫啃食，为防止为害，从开甲后第二天开始，每隔 5～7 天涂药 1 次，共需 3～4 次。药液类型为：50～100 倍 50％辛硫磷乳油或 50％乙酰甲胺磷乳油，用毛刷蘸药液涂湿全部甲口。

甲口最佳愈合期为开甲后第 30～35 天，如果开甲后 40 天内不愈合，根据甲口不愈合程度，应及时采取补救措施。

如果甲口不愈合面积较小，对甲口上下分生组织用利刀各切去一薄层，露出新茬，用 15 毫克/千克的赤霉素液和泥抹平甲口，然后用塑料条包裹保湿，一般甲口在 1～2 周内可以愈合。如果甲口不愈合面积较大，采取以上措施的同时，利用甲口下的萌蘖枝进行桥接，无萌蘖条的树，选生长健壮的 1 年生枣头一次枝作接穗，进行桥接。桥接成活后 2 年，树势即可复壮。

（二）枣头、枣吊摘心

冬枣开甲后根据坐果情况要继续做好枣头摘心及枣吊摘心，以减少落果。枣头摘心时要考虑空间的大小，合理培养枝组，造就合理的树形结构。枣吊摘心要根据所处位置、坐果量进行适时适量地摘心，确保枣果的优质丰产。

三、创造良好的授粉受精条件

1. 花期喷植物生长调节剂和微量元素　在冬枣初花期至盛花期，喷布 10～15 毫克/千克的赤霉素加 0.3％～0.5％的硼砂和 0.2％～3％的尿素液，可显著提高坐果率。一般喷一次效果就很理想，如果由于某些客观因素坐果达不到指标，相隔 5～7 天，再补喷 1 次。这项技术与开甲一样，是提高冬枣坐果率必不可少的措施之一，不过赤霉素在冬枣树上的应用，不能超过2次。

2. 花期喷清水 冬枣花粉发芽需要的相对湿度为70%～80%，适宜气温为24～26℃。而冬枣花期常遇干旱天气，易出现"焦花"现象，影响冬枣树的授粉受精，造成减产。因此，花期喷水不仅能增加空气湿度，而且能降低气温，从而提高坐果率，喷水时间一般在下午4时以后较好。一般年份从初花期到盛花期喷2～3次，严重干旱的年份可喷3～5次，一般每隔1～3天喷水1次，喷水面积越大效果越好。

3. 花期放蜂 冬枣虽然是自花结实品种，但异花授粉可显著提高坐果率。冬枣园花期放蜂，通过蜜蜂传播花粉，使坐果率提高。每50亩冬枣园放1～2箱蜜蜂。开花前2天将蜂箱置于冬枣园中。采用放蜂授粉的果园，花期禁止喷对蜜蜂有害的农药。

四、控制坐果量

生产上在各种保花保果技术措施综合使用下，常常出现坐果量过多的现象，而冬枣作为鲜食品种，果个大小、果实整齐度及品质等因素，直接影响到冬枣的商品价值，因此，疏果是控制坐果量，提高冬枣品质，保证冬枣连年优质丰产的重要措施之一。在20世纪90年代，由于冬枣产量相对较少，长期处于供不应求的状况，因此，生产栽培中很少使用疏果措施。随着冬枣产量的大幅度提高及无公害生产与标准化管理的推行，冬枣疏果工作已经逐渐被枣农接受，并在冬枣主产区大面积推广。

1. 疏果时间 疏果一般在第一次落果后（北方在7月上旬）开始进行，一直到8月下旬都可进行。

2. 疏果方法 留果量因树而宜，冬枣幼果期产量一般控制在500千克/亩左右，盛果期产量一般控制1 000千克/亩左右，最多不超过 1 500 千克。涉及每株留果量按照亩株数分配，枣吊留果量一般掌握在平均每枣吊留果 1 个左右，最多不能超过 1.5 个，然后将其余全部摘除。对于枣吊短弱，叶片光合能力差的枣吊，不留枣果。疏果时，尽量选留头盘果（第一批花开后坐的枣果），疏果越早，幼果生长越快，整齐度就越好，品质和产量也越高。

编者提示：冬枣是鲜食晚熟品种，采果后（北方）随即叶片变黄落叶，基本无单纯营养积累期，树体贮存营养是靠果实生长剩余而逐渐积累的，因此做好幼果期的疏果尤为必要，是保证当年及来年枣果优质丰产的重要措施，应予高度重视。

五、防止落果

幼果膨大后期（北方大约在 7 月份），由于果实因营养供应不足，常伴有落果蔫果现象，为此，可进行二次开甲，这种方法只针对树势强壮的成龄树或粗壮的结果枝组；也可喷施 0.3% 的磷酸二氢钾 1~2 次，减少果实萎蔫和落果。

第三节 土肥水管理技术

土、肥、水管理是冬枣优质丰产的基础保障。其目的是为冬枣树提供良好的生长环境，满足冬枣树对养分、水分、空气和热量的需求，从而保证冬枣树的生长发育，为实现优质丰产奠定基础。

一、土壤管理

土壤是冬枣生长发育的基础。土壤管理的目的在于改善土壤的理化性状，增进地力，扩大根系生长范围，提高吸收功能。

（一）土壤改良

冬枣在定植时虽然经过穴状整地，但只是局部的。随着冬枣逐年生长，要继续进行土壤改良，扩大整地范围，为冬枣健康生长，创造良好的根际环境。土壤改良包括深翻熟化，防盐改碱。

1. 深翻熟化土壤　土壤深翻可以增加活土层的厚度，改善土壤蓄水保肥能力，改善土壤的通透性，促进微生物的活动，提高土壤肥力。深翻结合施肥，使土壤的有机质、氮、磷、钾等营养物质含量有较大提高。土壤活土层增厚，促进根系垂直根和水平根的扩展，增加吸收面积，使树体生长健壮。对于土质盐碱，土层薄，底土黏重，深翻熟化土壤更为重要。

（1）深翻的方法

深翻扩穴：定植穴逐年或隔年向外扩展深翻。

隔行深翻：先在一个行间深翻，留一行不翻，第二年再翻未翻过的一行。

全园深翻：便于机械化施工和平整土地，只是伤根太多，多用于幼龄冬枣园。同时注意距树越近越浅，渐远渐深。

带状深翻：主要用于宽行密植冬枣园，即在行间自树冠外缘向外逐年带状开沟深翻。

（2）深翻时期　一般在栽后2～3年根系伸展超过原栽植穴后开始深翻。一年四季均可进行，但通常以秋季深翻效果最好。春夏季深翻可以促发新根，但伤根多会影响到地上部生长发育。秋季果实采收后深翻，树体生长缓慢，养分开始回流，因而对冬枣树影响不大。而且根系正值生长高峰期，有利于伤根愈合及新根生长。

秋季深翻：一般结合秋施基肥进行。

春季深翻：在土壤解冻后枣树萌芽前进行，以利于新根生成和伤口愈合。

夏季深翻：应在枣头停长和根系生长高峰之后进行。

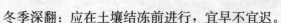

冬季深翻：应在土壤结冻前进行，宜早不宜迟。

（3）深翻深度 土壤翻耕深度为 15～20 厘米，深翻扩穴深度为 40～60 厘米，以不伤粗度 1 厘米以上大树根为宜。

2. 防盐改碱 冬枣虽然对盐碱抗性较强，但降低土壤含盐量，减小碱性有利于冬枣生长发育，防止根系早衰和缺素症的出现，给冬枣创造一个良好的生长环境，以利于早果早丰优质生产。

①定期清挖支、斗、毛渠，保证排水、淋盐畅通。毛渠深一般保持在 1.5 米以上，斗、支渠深 1.8 米以上，毛、斗、支渠相连，排水畅通，每隔 2～3 年要清淤 1 次，保证应有的深度。

②根据水往低处流，盐向高处走的自然规律，冬枣栽植时树盘都比地面低 5～15 厘米，以利躲盐和蓄积雨水压碱。

③多次深锄造坷垃，为了保墒和防止土壤碱化，减少有害盐分上升到耕作层，一年多次深锄造坷垃。冬枣幼树期尤其注意在每年春秋两季多深锄，夏季雨后及时松土保墒。这样一是切断了土壤毛细管，防止深层盐分随水上升到表土，二是改善了土壤通透性，减轻了土壤碱化，有利于根系生长。

④在毛渠、株间、树下种植紫穗槐和田菁，一年在树下压肥 2～3 次。据试验，连续两年在株间、树下种田菁，70～80 厘米高时及时翻压树下或每年捋 3 次紫穗槐叶树下压肥，0～40 厘米土层中，土壤含盐量从 0.35％左右降到 0.12％左右。因为田菁和紫穗槐不仅能增加土壤有机质，改善土壤团粒结构，增加土壤通透性，提高土壤肥力，同时由于根系分泌有机酸能中和碱性，起到了防盐改碱作用。

⑤树盘下覆草，改善土壤理化性状。利用目前柴草充足的有利条件，通过在冬枣树盘下覆草，能有效地起到增温、保湿、防盐、改碱，增加腐殖质，促进微生物活动，改善土壤理化性能，为根系生长创造良好的环境。初果期冬枣树覆草产量可明显增加。覆草方法：将豆秸、杂草、秸秆等在树盘下盖严覆草厚15～20 厘米，可省去中耕除草等作业，连年盖草可以不深翻。

（二）冬枣园土壤管理制度

1. 清耕法 即在冬枣园内除冬枣树外不种植任何其他作物，利用人工除草的方法清除地表的杂草，保持土壤表面疏松和裸露状态的一种土壤管理制度，目前，生产中多用此方法。

优点：可以改善土壤的通气性和透水性，促进土壤有机物分解，增加土壤速效养分的含量；经常切断土壤毛细管，防止土壤水分蒸发；减少杂草对养分和水分的竞争。

缺点：长期清耕，会破坏土壤结构，使土壤有机质迅速分解而含量下降，使土壤理化性状恶化及土壤流失。清耕必须与增施有机肥相结合，才能保持良好的土壤结构和肥力。

2. 生草法 有水浇条件的冬枣园可实施生草法。即在冬枣园内除树盘外，在行间种植禾本科、豆科等绿肥作物的土壤管理方法。适宜冬枣园种植的有三叶草、绿豆、黄豆等。不宜间作苜蓿、油菜，否则会加重绿盲蝽的发生。

优点：可减少土壤流失，省去中耕除草，增加土壤有机质，改善土壤理化性状，保持良好的团粒结构，有利于蓄水保墒；可调节地温和土壤含水量，减少害虫数量，也是农业防治措施之一。

缺点：与树争肥争水；表层土有机质的增加会诱导冬枣树根系上浮。

3. 清耕生草法 对灌溉条件差的冬枣园，春季干旱时清耕，雨季前播种绿豆、田菁等绿肥作物，当绿肥作物开花时进行翻压。此法既结合了清耕与生草法的优点，又解决了春季草与冬枣树争水的矛盾。

4. 覆草法 无灌溉条件的冬枣园，可在冬枣树株间、行间覆盖杂草、碎秸秆等。覆草厚度15厘米左右，其上盖一层土，防火灾。距树干20厘米范围处不覆草，以防根茎腐烂。草腐烂后再覆新草。

优点：抑制杂草生长，减少土壤水分蒸发，培肥地力，抑制

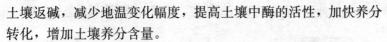

土壤返碱，减少地温变化幅度，提高土壤中酶的活性，加快养分转化，增加土壤养分含量。

缺点：可引起冬枣根系上浮，但可通过在秋季深施基肥加以纠正，给采收冬枣带来不便，可在春季覆盖，雨季翻压。

5. 免耕法　即土壤不进行耕作，主要利用除草剂防治杂草。

优点：保持土壤的自然结构，土壤渗透性、保水力强，通气性较好；利于冬枣园机械化管理，节省劳动力和成本。适用于土层深厚，土质较好的冬枣园。

缺点：土壤有机质逐渐减少，每年要通过深沟增施有机肥来提高土壤肥力。

二、施肥

（一）施肥的必要性

1. 冬枣树寿命很长，几十年、上百年地从同一地点有选择性地吸收大量的营养，常使土壤中某些元素缺乏　冬枣产量高，果实中含有大量的糖分和其他营养物质，冬枣树必须从土壤中吸收大量营养物质来满足生长的需求。只有通过施肥来补充，才能保证冬枣树正常的生长发育。

2. 冬枣树有许多生长发育阶段重叠进行　譬如，冬枣5月份枝叶生长和花芽分化同时进行；6月份开花坐果和幼果生长同时进行；7~8月份果实生长和根系快速生长又同时进行。营养消耗多，如果不能满足各器官对养分的需要，必将导致树势衰弱，产量降低，品质下降。另外，冬枣树生育期长，在北方从4月上旬发芽，到10月下旬落叶，近200天的生育期，在营养需求上是个不间断的过程，如果仅靠采收后，类似其他果树的秋施基肥方式，远远不能满足冬枣树对养分的需要，必须在冬枣的整个生育期，根据各时期的需肥特点，有目的地补充肥料，才能保证枣果产量质量。

鉴于此，为保证冬枣优质生产，必须加强冬枣树的施肥工作。

（二）需肥种类

1. 基肥种类 基肥应以有机肥为主，适当配合施入一些速效肥。常见的有机肥有经过高温发酵，进行无害化处理的圈肥、堆肥、厩肥、粪肥、绿肥、腐殖酸肥等。

2. 追肥种类 追肥主要是一些速效性肥料，包括大量元素肥料，如氮肥、磷肥、钾肥等，微量元素肥料，如铁肥、锌肥、锰肥、硼肥和一些稀土元素肥料等。据测定，冬枣对钾肥的需要量较大，尤其后期需求更多，所以，在冬枣配方施肥时，必须科学地置入足够数量的钾肥。

（三）施肥时期及方法

施肥时期主要为秋施基肥及萌芽前、开花前、幼果期、果实膨大期追肥。

1. 秋施基肥 基肥是供给冬枣树生长发育的基本肥料。施好基肥，可使土壤在冬枣树的整个营养生长期中源源不断地供给各种营养成分。

秋施基肥宜早，一般在冬枣采收后施入，秋季早施基肥，可提高秋末枣树叶片的光合效率，为翌年冬枣树的抽枝展叶、开花、结果打下基础。秋季未来得及施基肥的，翌春应早施，以冬枣树发芽前，接近冬枣树根系开始生长活动时为宜。

施用基肥应该注意的问题：第一防止肥料过于集中，造成吸收不良，或发生烧根现象。第二要深施，以减少氮肥分解时的损失，并引根向下，扩大根系吸收范围，提高抗旱抗寒能力。第三施用有机肥时，要配合施用氮、磷、钾和微量元素。

2. 追肥 是在冬枣树生长期间，根据其各生长时期的需肥特点，利用速效性肥料进行施肥的一种方法。

（1）萌芽前追肥 在冬枣萌芽前进行，目的是保证萌芽时期

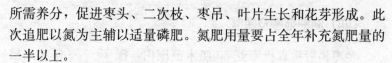

所需养分，促进枣头、二次枝、枣吊、叶片生长和花芽形成。此次追肥以氮为主辅以适量磷肥。氮肥用量要占全年补充氮肥量的一半以上。

（2）花前追肥　一般于5月中旬进行，冬枣树花芽分化、开花、坐果几个时期重叠，花期长，需要养分多且较集中，此次追肥可以促进叶片光合作用补充树体贮备营养的不足，缓解各器官养分竞争矛盾，提高花芽质量和坐果率。此次追肥以磷肥为主，钾肥次之，辅以适量氮肥。

（3）幼果期追肥　一般于6月下旬到7月上旬进行，有助于果实细胞增大，减少落果，促进幼果生长。以氮、磷、钾三元素的复合肥为宜，不能追施单一氮肥，以防枣头、枣吊出现二次生长，加重幼果的脱落。

（4）果实膨大期追肥　于8月中旬进行，氮、磷、钾配合施用，以钾肥为主，可促进果实膨大和糖分积累，提高枣果品质。

3. 叶面喷肥　是一种将肥料溶于水中配成低浓度的肥液，用喷雾器喷到树冠枝叶上的追肥方法。具有肥料利用率高且见效快的特点。7～8月份结合喷药喷0.3％～0.5％的尿素液2～3次。8月份以后可喷0.3％～0.5％磷酸二氢钾3～4次。在冬枣采摘后及时喷0.5％～1％的尿素液，促进叶片后期光合作用，延长落叶期，有利于养分积累贮存。可单独喷肥也可结合喷药（非碱性农药）一起喷施（表6-1）。

表6-1　适宜叶面喷肥的肥料及浓度

肥　料	浓度（％）
尿素	0.3～0.5
磷酸二氢钾	0.3～0.5
过磷酸钙（浸出液）	0.2～0.3
草木灰（浸出液）	0.4
硼砂	0.3～0.5
硫酸亚铁	0.2～0.4

（四）施肥范围及深度

冬枣树冠垂直投影处 20 厘米范围内，深 15～50 厘米土层中，吸收根数量占全树的 50％～60％，因此，施肥应施在树冠垂直投影处宽度为 30 厘米，深度基肥为 40～60 厘米、追肥10～20 厘米的地方，扩大根系分布范围，提高肥料利用率。

（五）施肥方法

1. 基肥的施肥方法 ①环状沟施：沿树冠外围挖深 40～60 厘米、宽 40 厘米的环状沟。先将农家肥撒在沟底，然后将化肥撒在上面，并用表土与之混匀，上边再覆一层土后灌水。②放射沟施。以树干为中心，距主干 30～40 厘米处向外挖 6～7 条放射状沟，长达树冠外围 0.5 米左右。近树一端稍浅。③轮换沟施。第一年南北向沟施，第二年东西向沟施。④全园或树盘内撒施。即在树盘内撒施肥料，近树干处宜少撒肥料，然后刨翻树盘，平整土地即可。以上几种方法应灵活运用，注意保护根系。

2. 追肥方法 追肥因肥料种类不同，方法亦有差异。①穴施或浅沟施。氮素肥料、钾素肥料在土壤中流动性大，施肥时可挖 10 余个坑穴施入，覆土后浇水，也可开 10 厘米左右的浅沟施入。②撒施。将肥料撒于地面，翻入土中，然后浇水即可。

3. 叶面施肥的方法 为避免高温使肥液浓缩发生药害，叶面喷肥时间应选择无风天的上午 9 时以前或下午 4 时以后进行。喷肥液时要均匀喷布，尤其叶背面气孔多，吸收量大，要多喷。不要将酸性和碱性的肥料混在一起喷布，以防降低效果。每次间隔期为 7～10 天。是一种补助性施肥措施，不能代替土壤施肥。

（四）施肥量

施肥量要根据树龄、树势、土壤肥力及坐果情况综合考虑，一般要求，每生产 100 千克鲜枣施肥量折合纯氮 1.8 千克，磷

1.2 千克，钾 1.6 千克。多年生产实践表明，为提高果实品质要增加有机肥的使用量，要求每生产 1 千克鲜枣施有机肥 1.5～2 千克，每生产 100 千克鲜枣补尿素 2 千克，过磷酸钙 2～4 千克，硫酸钾 2 千克即可满足冬枣生长和结果的需要。

三、浇水

水分既是冬枣树进行光合作用及呼吸等生理活动不可缺少的物质，也是树体的重要组成部分。当水分满足不了冬枣树正常生理活动需要时，叶片便呈现萎蔫状态，光合作用受阻，生长停滞。严重时，常引起落花落果乃至造成植株落叶干枯死亡。另外，土、肥、水三者的关系十分密切，有了良好的土壤条件，才能充分发挥肥料的效能。而肥料只有在水的作用下，才能被溶解、运转、吸收和利用。所以，施肥必须与浇水相结合，才能收到良好的效果。浇水是冬枣优质生产的措施之一。

（一）浇水时期

冬枣虽然比较耐旱，但根据冬枣树的生理特点，有 4 个重要的需水时期。

1. 萌芽前浇水　在冬枣树 4 月发芽前进行。发芽后很快进入旺盛的生长发育期，枣叶、枣吊相继生长；花蕾分化、发育；根系生长发育即将进入一年中最旺盛时期，营养生长和生殖生长重叠进行，需要大量水分，此期正值干旱少雨季节，适时浇水十分必要，萌芽前浇水可结合萌芽前追肥进行。

2. 花前浇水　冬枣树开花同枣头、枣吊、叶片生长同时进行，是需水的关键时期。冬枣树花量大，花期如遇干旱，常导致冬枣树花芽分化及花器发育不良，影响坐果。为保证冬枣树开花、授粉、坐果的需要，要浇好花前水，同花前追肥相结合。

3. 果实膨大期浇水　冬枣膨大期从幼果膨大到果实速长需

要大量水分才能保证果实正常生长的需要。此时已是雨季，如降雨适量，就可以不浇水，如长期不降雨，土壤含水量低于田间持水量的60％，就要及时浇水，应与追肥相结合。

4. 封冻水 秋施基肥后浇水，对冬枣树后期的营养积累、安全越冬及翌年春季生长极为有利，要结合施基肥进行浇水，如果秋季降水多，可不浇封冻水。

（二）浇水方法

1. 株浇法 在没有灌溉条件或灌溉条件差的情况下，可采用株浇的方法，每株浇水150升左右。

2. 畦灌法 在有间作物的冬枣园以及水源充足的地方，可顺枣树营养带做畦进行灌水，目前多数果园采用，这种方法工程量小，水量大，效率高但浪费水资源，不提倡使用。

3. 沟灌法 在冬枣树行之间挖灌水沟1～2条，深30厘米，宽50厘米，沟长根据树行长度确定。为防止水分蒸发，当水渗入后，应及时将沟填平。

4. 喷灌法 是新型的灌水技术，耗水量小，效果好，多在集约化程度和管理水平较高的冬枣园采用。

5. 穴贮肥水 在树冠周边挖4个直径40厘米、深50～60厘米的穴，用秸秆、草扎成长40～50厘米、直径30厘米的草把，浸透水后放入各穴中，填土至离地面5厘米，然后灌水，可结合追肥，将化肥撒入穴内再灌水，水渗后用塑料薄膜将穴盖上，膜中间留一灌水孔并用石块或土块盖严，每年根据土壤墒情灌水3～4次。

第四节　冬枣常用的冷藏保鲜技术

冬枣是品质极优的晚熟鲜食品种，由于果实皮薄，果汁多，自然条件下货架期极短，影响了冬枣的发展。为提高冬枣的栽培

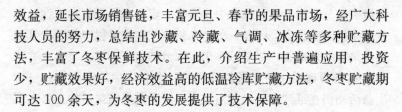

效益，延长市场销售链，丰富元旦、春节的果品市场，经广大科技人员的努力，总结出沙藏、冷藏、气调、冰冻等多种贮藏方法，丰富了冬枣保鲜技术。在此，介绍生产中普遍应用，投资少，贮藏效果好，经济效益高的低温冷库贮藏方法，冬枣贮藏期可达 100 余天，为冬枣的发展提供了技术保障。

一、影响冬枣贮藏保鲜的因素

据研究，影响冬枣贮藏保鲜的主要因素有果实的内在因素和外界环境因素。

（一）果实的内在因素

1. 枣果成熟程度 冬枣果实在成熟过程中，颜色、风味、含水量和营养成分都在不断地发生变化，呈现不同的成熟度。一般成熟度低较成熟度高的枣果耐贮藏，保鲜期随着果实成熟度的提高而缩短。大量的贮藏研究表明。同在 0℃ 条件下贮藏同树的冬枣，初红果贮藏保鲜期最长，半红果次之，全红果最短。采收过早营养积累尚未完成，还不具备冬枣的风味，虽然贮藏期延长，但贮藏后的冬枣品质明显下降，得不到消费者的认可。2003年有的经营者片面追求冬枣的贮藏期，在冬枣的白熟期就采摘入库，尽管贮藏期延长了，出库后的冬枣外观尚好，风味口感极差，在市场上受到消费者的冷落，购买者大呼上当。笔者认为应研究冬枣半红期的贮藏保鲜技术，靠掠青来实现延长贮藏期是不可取的。

2. 植物激素影响 果实内乙烯、脱落酸等内源激素的生成加速了果实的后熟和老化，对果实贮藏保鲜极为不利，应控制其浓度延缓果实的后熟和衰老。合理地使用乙烯和脱落酸的拮抗剂如赤霉素对采后贮藏保鲜有延长作用。

3. 果实水分 果实生长发育离不开水分，也是细胞质的重要组成成分，鲜食品种果实中含水量一定要充足，失水后难以恢复原来的鲜脆状态，因此，冬枣在销售或贮藏过程中都要十分注意并采取有效措施，尽量减少果实水分的丧失。

4. 呼吸作用　冬枣采收后仍是一个有生命的有机体，一切生命活动仍在继续，只是相对减弱。呼吸是果实采后的主要生理活动，将淀粉、糖类、脂肪、蛋白质、纤维素及果胶等复杂有机物经过生化反应，氧化分解为简单的有机物，最终生成二氧化碳和水，产生能量。而能量是维持自身生命活动必需的，一切生命活动都离不开呼吸。有氧气参与的呼吸为有氧呼吸，无氧气参与的呼吸称为缺氧呼吸或无氧呼吸，是在分子内的呼吸，无氧呼吸消耗的物质远高于有氧呼吸，此外无氧呼吸还能产生酒精和乙醛，当果实中酒精浓度达到 0.3%、乙醛达到 0.4%时细胞组织就会受到毒害，阻碍果实正常生理活动进行。因此，在冬枣贮藏中要避免缺氧呼吸，尽量减少有氧呼吸的物质消耗，延缓衰老。

（二）环境因素

1. 贮藏温度　呼吸强度与温度关系密切，在一定的温度范围内，温度越高，果实的呼吸强度越大。据科研单位的测定，温度在 5～35℃ 范围内，每升高 10℃，呼吸强度增加 2～3 倍。近几年贮存冬枣的实践也证明了这一点。冬枣贮藏低温不是越低越好，冬枣忍耐低温的能力有一定限度，超过这一限度的低温果肉细胞的水分将会结冰，影响冬枣贮藏后的品质，这一温度称为冰点。一般冬枣的冰点多在 −5℃ 左右，由于冬枣的栽培条件和管理水平不同，冰点也有差异，在冰点以上，适当低温将有利于延长冬枣贮藏保鲜期。

温度除与果实的呼吸强度有关外，还与空气湿度有关，在库内水汽一定的情况下，温度越低，库内的相对湿度越大。

2. 环境湿度　冬枣是鲜食品种，减少果实水分散失是贮藏保鲜的重要措施，而水分散失的速度与贮藏环境的湿度密切相

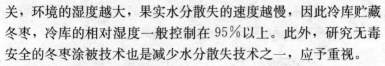

关，环境的湿度越大，果实水分散失的速度越慢，因此冷库贮藏冬枣，冷库的相对湿度一般控制在95％以上。此外，研究无毒安全的冬枣涂被技术也是减少水分散失技术之一，应予重视。

3. 气体成分 呼吸离不开氧气，空气中氧气适当减少和其他气体（主要是氮气）的增多，可以降低呼吸强度，二氧化碳气虽然也能降低呼吸强度，但过多的二氧化碳气会对果实造成伤害。据研究，当贮藏环境中氧气降到8％，二氧化碳气升到5％，可起到抑制果实呼吸作用。但是，当氧气降到8％以下，缺氧呼吸将会出现，不利于果实贮藏；二氧化碳气上升到5％以上时会对果实产生伤害。现代的果品气调贮藏保鲜就是根据这一原理实现的。

4. 微生物作用 有害微生物的存在对果品的贮藏保鲜极为不利，可加速果实腐烂变质，防止有害微生物侵入果实是贮藏保鲜的重要环节。为此，在果实生长期做好病虫害防治，保证采果质量，一般在果品入库前进行灭菌处理，并对库内彻底灭菌非常重要。

二、冬枣的贮藏保鲜

目前生产上应用比较普遍的是机械制冷库，它是通过机械制冷，调节库温，温度稳定，投资较少，管理简便，贮藏保鲜效果好，效益较高。目前投资4万～5万元就可建设一个贮量10～20吨的微型机械制冷库，适合我国国情，近几年各地建设较多，在调节冬枣上市量，延长冬枣市场销售期发挥了很好作用。各地在冬枣贮藏保鲜的实践中都积累了不少经验，应不断总结，为完善冬枣贮藏保鲜技术做出努力。现将冬枣贮藏保鲜的有关技术要求综合如下：

（一）采收前管理

采收前半月内，分2次喷0.5％氯化钙溶液。采收前喷钙，不仅可以明显保持贮藏枣果的硬度，而且可以提高好果率，可作为提高冬枣贮藏保鲜效果的一项辅助措施。

（二）科学采收

1. 适时采收 北方冬枣成熟期在 9 月下旬至 10 月中旬，应分期采收，保证入贮果实有均匀的成熟度，并在脆熟期以前完成。采摘宜在早晨露水干后或傍晚气温低时进行。

枣果的成熟可分为白熟期、脆熟期和完熟期 3 个阶段。白熟期为果面由绿转白、着色之前的阶段；脆熟期的果实果皮由梗洼、果肩开始逐渐着色转红，脆熟期的果实又分为初红果（25％着色）、半红果（50％着色）和全红果（100％着色）；完熟期的果实含糖量达到最高值，果皮渐变为紫红色。冬枣白熟期采摘，在适宜条件下，可贮藏 3 个月以上，初红果可贮藏 3 个月，半红果可贮藏 2 个月，全红果贮藏期一般不超过 1 个月。

2. 采摘方法 采摘技术直接影响贮藏效果。不带果柄果贮藏到 1 个月以后，随成熟度提高，常有少量枣果在梗洼处感病，随着贮藏期延长，感病率逐渐升高；而带果柄的枣果在整个贮藏期内感病率都比较低，3 个月后感病率不足 5％左右。另外，尽量减少冬枣在采收、运输、挑选及商品化处理等各个环节中的机械损伤，避免病原菌侵入。应选择无病虫害、无杂草或杂草少的果园采摘，一手捏住枣吊中部，另一手握住果实，逆着枣吊生长方向轻轻用力将果实连柄一齐摘下。先摘外围果，后摘冠内果；先摘下层果，再摘上层果。

3. 分级和包装 采收后的冬枣首先要剔出残次果、病虫果、成熟过度的枣果。然后按果实大小分级（沧州冬枣等级分类主要指标见表 6-2）。目前，冬枣贮藏包装多用薄塑料袋铺放在 10～20 千克的贮藏筐内，然后装枣，经过田间温度释放、库内降温后封袋，并按照一定顺序分区入库贮藏。

表 6-2　沧州冬枣等级分类主要指标

项　目	特等	一等	二等
基本要求	果实在脆熟期采摘果实完整良好，保留果柄，新鲜洁净，无异味及不正常外来水分，无浆果及枣伤。果实内在品质达到本品种应有特征特性。有毒物质含量符合农产品安全质量无公害要求		
果形	端正	端正	比较端正
病虫果率 a（%）	a≤1	1＜a≤3	3＜a≤5
单果重 b（克）	b≥16	12≤b＜16	8≤b＜12

（三）冷库消毒降温

为杜绝冬枣入库后的病菌侵染机会，在入库前一定要将冷库内进行全面消毒灭菌，方法有：

①二氧化硫熏蒸，每 50 米³ 空间用硫黄 1.5 千克加入适量锯末点燃熏烟灭菌，密闭 48 小时后通风。

②用福尔马林（40%甲醛）1 份加水 40 份喷洒库顶、地面、墙面，密闭 24 小时后通风。

③用漂白粉消毒，取 40 克漂白粉加水 1 千克配成溶液，喷洒库顶、地面、墙面。

④贮藏工具用 0.25% 次氯酸钙溶液消毒。

⑤消毒完毕开机降温，使库内温度降至 0～1℃，准备果实入库。

（四）冬枣入库

1. 冬枣处理　晾干后用厚度为 0.04～0.07 毫米聚乙烯塑料打孔袋装袋（一般每盛 1 千克冬枣打直径 2～3 毫米的孔 1～2 个），袋内可放入适量的乙烯吸收剂和保鲜剂有利于冬枣的贮藏，不同成熟度的枣果要分袋、分箱包装。袋口向上不扎口，放入容量 10～15 千克的周转箱中预冷后入库，要单层摆放在贮藏架子上，不能堆摞。冬枣一次入库不要超过库容量的 1/10，待库温降至 2℃时可将第一批入库果袋口扎紧，果箱码放成垛，再入第二、三批枣果，直至全部入库，方法同上。果箱码放成垛时，垛与墙、垛与垛之间要有空间，利于空气流通、散热并留出人行道，便于入库检查贮藏情况。

2. 温度控制　冬枣经过预冷后开始逐渐降低库温，经过 10 天左右时间使库温降至 -1～0℃（如果冬枣糖量高可降至 -2℃），以后保持此温度直至出库。

3. 湿度控制　为减少冬枣失水在贮藏期库内空气相对湿度应保持在 95% 以上。冷库加湿方法有两种：一是地面洒水。在地面覆盖麻袋等保湿物品，每天早、晚向地面洒水，以覆盖物表面湿润为宜。二是用电动加湿器或高压喷雾。每天早晚各 1 次，每次 5～10 千克水即可，均能起到保湿效果。

4. 通风换气　为保证冬枣贮藏中适宜的氧气和二氧化碳气要进行通风换气，一般每周打开通风口或库门通风换气，换气时间因库容量而定，大贮量冬枣库换气半小时左右，小贮量冬枣库换气 10～20 分钟。

5. 经常检查　冬枣贮藏中如发现病果要及时挑出，当冬枣开始变红应及时出库销售。

6. 根据市场需求可随时出库投放市场销售

第七章

婆枣安全优质丰产关键技术

婆枣别名串干、阜平大枣、新乐大枣。分布较广，为河北西部的主栽品种，太行山中段的阜平、曲阳、唐县、新乐、行唐等浅山丘陵地带为集中产区，河北的衡水、沧州及山东省的夏津、武城、乐陵、庆云、寿光等地也有栽培。

经济学性状：在产地，果实9月下旬成熟采收，果实生育期105天左右。果实长圆或卵圆形，大小较整齐。平均单果重11.5克，最大24.0克。果肩平圆，稍耸起，梗洼与环洼中等深广。果柄较细。果顶广圆，顶点略凹陷。果面平滑，果皮较薄，棕红色，韧性差，遇雨易裂果。果肉乳白色，粗松少汁，含可溶性固形物26%左右，可食率95.4%，干制率53.1%，鲜食风味差。干枣含总可溶性糖73.2%，可滴定酸1.44%，肉质松软，少弹性，味较淡，品质中。果核纺锤形，纵径2.1厘米，横径0.8厘米，核重0.53克，含仁率17%左右。

植物学性状：树体高大，干性强，发枝力弱，树姿直立，树冠圆头形或乱头形。树干灰褐色，裂纹浅，宽条状，皮易片状剥落。枣头多直立延续生长，紫褐色，被覆灰白色粗厚的蜡质浮皮。针刺发达，不易脱落。二次枝粗短，向下弯曲成弓背形。枣股圆柱形，连续结果八九年。枣吊短而细。叶片卵圆形，深绿色，叶尖短，先端圆钝，叶基平或广圆，叶缘平整，锯齿浅圆。坐果稳定，产量甚高。风土适应性很强，耐旱耐瘠，花期能适应较低的气温和空气湿度。栽种应以枣粮间作为主，纯婆枣园栽种，每公顷栽 405～465 株为宜。婆枣从栽培目的上分，以制干和加工为主的品种，不适宜鲜食。从植物学特性上分，代表树体高大，干性强、树姿直立的栽培品种在整形修剪及花果管理上与冬枣、金丝小枣有别，在栽培中应注意。

第一节　婆枣园管理

一、树体管理

（一）婆枣树整形与修剪

整形修剪的目的是使树体形成牢固的骨架，以增强树势，提高树体抗御病虫害的能力，改善树冠的通风透光条件，增加结果部位，实现立体结果，提高枣树产量，增进果实品质，延长结果年限。

1. 婆枣生长结果习性　婆枣树属鼠李科植物，其生长结果习性与其他果树有很大不同。其树体高大，干性强，发枝力弱，树姿直立，自然生长树冠多呈圆头形或分层形。枣头多直立延续生长，紫褐色，被覆灰白色粗厚的蜡质浮皮。二次枝粗短，向下弯曲成弓背形。枣股圆柱形，有效结果 8～9 年。枣吊短而细。叶片卵圆形，深绿色，叶尖短，先端圆钝，叶基平或广圆，叶缘平整，锯齿浅圆。婆枣树幼龄时期生长比较缓慢，1～4 年内，枣头顶芽单轴延伸能力强，除分生二次枝外，极少分生有延续生长能力的发育枝，枝量不多。到 7～8 年生以后，分枝开始增多，树冠逐渐扩展，结果部位增加，进入盛果期。其次，枣树寿命根长。枣树一生中可以连续自然更新数次而保持一定的产量，盛果期年龄约为栽后的 10～100 年之间。一般能活 100～200 年，数百年生的枣树各地均不乏见，至今沧县 200 年以上的老树还有 5 000 多株。

婆枣树芽分主芽和副芽两种，枝条分枣头、枣股、枣吊3种。

（1）**婆枣的主芽和副芽** 婆枣树的主芽为冬芽，外被深褐色鳞片，当年一般不萌发，呈休眠状态。第二年大多数主芽生成枣头、枣股，不萌发的则成为"隐芽"，呈休眠状态，它寿命很长，有的可达百年，在婆枣树更新修剪时，就是刺激这些隐芽萌发重新形成枣头，达到树冠复壮的目的。枣头顶芽也为主芽，次年萌发可形成新枣头，继续延伸生长，生长势弱时，则形成枣股。

婆枣树的副芽为夏芽，位于主芽上方当年萌发的裸芽。副芽依其着生的位置不同而生成不同的枝条，枣头上的副芽，可形成永久性的二次枝或枣吊，枣股上的副芽则形成枣吊。

（2）**枣头、枣股和枣吊** 枣头即发育枝，沧州枣区百姓称之"滑条"，是枣树形成骨干枝和结果枝组的基础，多由顶芽萌发而成，二次枝和枣股上主芽也能萌发成枣头。婆枣枣头萌发时间早晚与气温、树势强弱、土壤肥力水平有关。在河北省沧州地区，枣头一般在4月下旬萌发，5月上旬至下旬为迅速生长期，进入6月份，枣头生长开始减缓，至8月初停止生长（图7-1）。

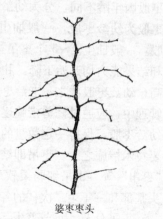

婆枣枣头

图7-1 婆枣枣头

枣头顶芽萌发形成枣头，延长生长的同时，副芽萌发长成二次枝。由于副芽在枣头主轴上着生的位置和出现的时间早晚不同，二次枝的长势也不一致。枣头基部和上部的二次枝较短，中部较长。二次枝一般有5~8节，多者达10节以上。经过重摘心修剪的婆枣二次枝达到22节，长度近1米。二次枝呈"之"字形曲折生长，停止生长后，先端不形成顶芽。二次枝每个拐点上有1个主芽和1个副芽，副芽当年生长1个枣吊，主芽当年不萌发，于第二年形成枣股。

枣树整形主要依赖于枣头，利用枣头扩大树冠及结果面积，增加新枣股，为枣树增产和更新提供条件。枣头顶端的主芽能萌生枣头，但在树体衰弱或营养较差时则转化成枣股。而枣树各部位的主芽受到刺激时，均能够抽生枣头，这种枝芽的相互转化特性就是枣树修剪的主要依据。

枣股是一种短缩性结果枝条，每年生长量仅为2～3毫米，由二次枝、基枝或枣头上的主芽萌发形成。枣股的顶芽是主芽，主芽周围有2～6个副芽，呈螺旋状排列。每年随着主芽的生长，副芽长成枣吊并开花结果。枣股的寿命长，一般可活15～20年。枣股因年龄不同，分为幼龄、壮龄和老龄3个时期。1～3年生枣股为幼龄枣股，一般抽生1～3个枣吊；4～7年生为壮龄枣股，一般抽生3～5个枣吊；8年生以上为老龄枣股，抽吊能力和结果能力均开始下降。壮龄期枣股抽吊能力最强，结果能力最高；幼龄枣股次之，老龄枣股结实能力较差。所以，在枣树生产管理中，应通过修剪措施逐年淘汰一部分衰老枣股，培养一部分幼龄枣股，保持一定数量的壮龄枣股乃是实现枣树高产稳产的重要技术措施之一。枣吊即结果枝，又叫脱落性枝，俗称"枣门"、"枣串"等。枣吊细弱柔软下垂，多数是由枣股副芽形成，在枣头基部和一年生二次枝的各节上也能抽生枣吊。

枣吊分节，每节着生一个叶片，叶腋间着生一个花序，每个花序有花3～15朵不等，以枣吊中部的花序坐果为好。果实个大，品质也好。

2. 婆枣修剪的时期和方法

（1）修剪时期　婆枣树修剪分冬剪和夏剪两种。冬剪即枣树休眠期间修剪，自落叶后至翌春枣树发芽前均可进行。夏剪即生长季节的修剪，沧州地区一般在5月至8月上旬进行。

（2）修剪的方法　枣树修剪的方法有疏枝、短截、回缩、摘

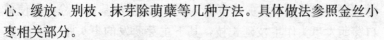

心、缓放、别枝、抹芽除萌蘖等几种方法。具体做法参照金丝小枣相关部分。

3. 婆枣主要树形及整形方法　婆枣树的树形根据栽植方式有所不同，零星栽植和枣粮间作形式下可采用疏散分层形和自然圆头形，密植枣园树形一般采用小冠疏层形、开心形和纺锤形。

（1）**疏散分层形**　栽植密度 3 米×6 米，全树有主枝 7～9 个，分为二层或三层，相间着生在枣树中央干上。第一层有全枝 3～4，第二层、第三层各有主枝 2～3 个，以 50～60 度的开张角度匀称地向四外伸展。一、二层间距 1.2 米左右，二、三层间距 1.0 米左右。各主枝上配备侧枝 3～4 个。原则上是下层主枝、侧枝可适当多留，向上各层则逐渐减少。各层主枝相间排列、插空配置。主枝上的侧枝间距对侧为 60 厘米，同侧两个相邻侧枝为 100 厘米，均匀着生于主枝上。结果枝组多分布于主、侧枝的两侧或背部，各层叶幕厚度不超过 1.5 米。这种树形由于主枝分层、相间排列，膛内光照状况好，枝多不乱，树冠空位较小，易丰产。

具体整形方法如下：①婆枣栽植后 1～2 年，当苗木主干 1.2 米左右处（枣粮间作 1.4 米），粗度达到 1.5～2 厘米，即可进行定干。定干时将主干在 1.2 米左右高度剪除，要求剪口下 20～40 厘米整形带内主芽饱满，二次枝健壮。将主干剪口下 3～4 个二次枝从基部剪掉。如果苗木根系发达，管理得当，定干当年可形成主枝 3～4 个，剪口芽萌发枣头作主枝延长枝头，余者作一层主枝培养。②定干当年主干延长枝的生长如达不到第二层主枝所要求的高度和粗度，缓放不剪，其枝继续加粗和延长生长，2 年后当延长枝在距第一层主枝 100～120 厘米处粗度达 1.5 厘米以上时进行短截，剪除剪口下 2～3 个二次枝，促使主芽萌发，培养第二层主枝，其余枣头作侧枝和辅养枝处理。第三层主枝的培养与第二层基本相同。③侧枝的培养。枣树定干 3～4 年时，当第一层主枝距中心干 50～60 厘米处，粗度超过 1.5 厘米时进行短截，同时将剪口下 3～4 个二次枝从基部疏除，促使剪口芽萌发枣头作主枝延长枝，其下主芽萌发的枣头距主干 60～70 厘米的枣头培养为第一侧枝，在其对侧距第一侧枝 20 厘米左右的枣头选为第二侧枝，2～3 年后当主枝延长枝头粗达到 1.5～2 厘米时进行短截，剪除剪口下 2～3 个二次枝，促使主芽萌发，剪口下枣头作为延长枝头，选后面距第一侧枝 1 米左右同侧枣头作为第三侧枝，如有空间可培养第四侧枝，培养方法同第二侧枝。其余主枝上的侧枝培养方法相同。当骨干枝配齐，树形定型后，中心延长枝头可落头开心，方法是：在中心干延长枝头落头处选择一生长健壮的二次枝或枣头作为跟枝，保留跟枝剪掉原延长枝头。

（2）**自然圆头形**　此种树形多是在定干后放任生长的情况下形成的，生产中较为常见。全树有主枝 6～8 个，不分层，各主枝交错着生于中央干上，每个主枝分生侧枝 3～4 个，结果枝组多着生于主侧枝的两侧或背部。

自然圆头形树形顺应婆枣树的发枝特性，树体常较高大，修剪量小，枝条较多。在生长发育良好的情况下，单株产量较高。编者在沧县、献县等地调查时看到过树高 9 米、冠径 5 米的婆枣树，其单株产鲜枣可达 100 千克以上。

这种树形进入盛果后期时，由于外围枝条密挤、树冠内膛光照状况变劣，常造成内膛小枝枯干，主枝中、下部空裸，结果部位外移，产量下降的后果。为改善内膛光照状况，保持稳定的产量，可将中央领导干落头，改造成开心形树。

具体整形方法如下：①婆枣栽植后 1～2 年，当苗木主干 1.2 米左右处，粗度达到 1.5～2 厘米，即可进行定干。定干时将主干在 1.2 米左右高度剪除，要求剪口下 20～40 厘米整形带内主芽饱满，二次枝健壮。将主干剪口下 3～4 个二次枝从基部剪掉，促生枣头。②定干后第二年选留一直立生长的枣头作为中心干，其余枣头做主枝培养。枣树定干 3～4 年时，当第一层主枝距中心干50~60厘米处,粗度超过1.5厘米时进行短截,同时将剪口下3~4个二次枝从基部疏除,促使剪口芽萌发枣头作主枝延长枝,其下主芽萌发的枣头作侧枝培养(培养方法参照疏散分层形似侧枝培养方法)。③主干延长枝的一般不做短截处理,依靠枣树自然生长特性,靠二次枝顶端枣股萌发形成枣头延长生长,形成新的主枝。除基部1~4主枝外其他主枝一般不选留侧枝。

(3)小冠疏层形 密植婆枣园,株行距2.5~3米×5米,亩栽45~53株,可以采用此种树形。干高60~80厘米,树高3.0~3.5米,冠径3~4米,主枝5~7个,第一层3~4个,第二层2~3个。第一层主枝至第二层主枝距离100厘米左右,第一层主枝上各留2~3个侧枝,第二层主枝各留1~2个侧枝。

整形要点:①中心干及主枝、侧枝的培养。所栽苗木第二年在主干1米左右处,粗度达到1.5~2厘米,即可进行定干。定干时将主干从1米左右高度剪除,要求剪口下20~40厘米整形带内主芽饱满,二次枝健壮。主干剪口下4个二次枝从基部剪掉。如果苗木根系发达,管理得当,定干当年可形成主枝3~4个。定干当年主干延长枝的长度一般达不到第二层主枝所要求的高度和粗度,缓放不剪,使延长枝继续加粗和延长生长,当延长枝在距第一层主枝100厘米左右处,粗度达1.5厘米以上时短截,并剪除剪口下2~3个二次枝,促使主芽萌发,培养第二层主枝,其余枣头作为侧枝和辅养枝处理。夏剪要通过拉枝、拿枝软化、摘心等技术调整各类枝条的角度和生长势,保证骨干枝的旺盛生长。保留下来的其他发育枝培养成结果基枝,当骨干枝配齐,树形定型后,中心延长枝头可落头开心。②侧枝的培养(参照疏散分层形的侧枝培养)。

(4)开心形 密植枣园,株行距2.5~3米×5米,亩栽45~53株,可以采用此种树形。这种树形具主枝3~4个,以30~40度的开张角相邻或邻近生于主干上,主枝不分层。每个主枝有侧枝 2～3 个，结果枝组均匀分布于主、侧枝的上下和四周。树冠中空，阳光可自上部直射入膛，故光照充足，坐果良好，枣果质量也好。这种树形树体较矮，结构简单，易于整形和管理。但需注意主枝开张角度，角度过小，会失去开心形光照良好的特点；角度过大，则主枝的负载能力减小，结果后主枝角度更加开张，造成枝条垂地，给管理带来不便。

开心形的整形方法：①第一、二年要加强肥水及病虫防治等综合管理，促使婆枣树旺盛生长。栽植后第二年，当树干距地面 1 米左右处粗度达到 1.5 厘米时，在春季萌芽前在此高度进行双截定干，树干上的二次枝全部从基部剪除，促二次枝基部隐芽萌发形成为主枝。定干后第一年冬剪自树干距地面 70～100 厘米处选择 3～4 个长势好，与树干夹角 50 度左右，向周围 4 个方位伸展的发育枝作为主枝，各主枝间隔 20 厘米左右，定干处第一发育枝仍作中心延长枝头继续保留直立生长，在主枝和中心枝的延长枝头上，选择主芽壮的都位进行双截，促进枝头健壮生长和继续延伸。树干 70 厘米以下的发育枝全部从基部剪除，主枝和中心枝延长枝上的枝条一律不动，但要加大角度，减弱生长势，不影响主枝和中心枝延长枝生长。夏剪要通过拉枝、拿枝软化、摘心等技术调整各类枝条的角度和生长势，保证骨干枝的旺盛生长。保留下来的其他发育枝培养成结果基枝。②定干后第二年冬剪，通过对主枝继续在壮芽处进行双截延伸生长，其余枝条针对在树冠内着生位置和空间大小，培养成大小不等的结果基枝。夏剪要继续调整各类枝条的角度和生长势，保证骨干枝的旺盛生长，对培养的各类结果基枝，在婆枣花开 40%～50% 左右时在其基部实施环割技术，使之结果，以果压冠。③定干后第三年冬剪，对主枝顶芽和其他枝条一律不动，夏剪时继续调整各类枝条的角度和生长势，保证骨干枝旺盛长势，减缓其生长，不断扩大结果部位。④定干后第四年冬剪，枝条已经或即将搭接，不影响树体平衡生长的枝条可以不动，对影响主枝或永久结果基枝生长的发育枝从基部疏除，对无生长空间的结果基枝进行短截控制生长。夏剪继续上年修剪方法。在中心干延长枝影响主枝生长时进行疏除，最后改造成为开心形，树高3.5米左右，至此时整形完成。侧枝培养方法参照疏散分层形的侧枝培养。

（5）自由纺锤形　密植枣园，株行距2.5～3米×5米，亩栽45～53株，可以采用此种树形。主枝7～9个，轮生排在主干上，不分层，主枝间距20～30厘米，主枝上不培养侧枝，直接着生结果枝组。干高70～80厘米。此树冠小，适于密植栽培。

自由纺锤形的整形方法：①第一、二年要加强肥水及病虫防治等综合管理，促使婆枣树旺盛生长。栽植后第二年在春季萌芽前，当树干距地面1米左右处粗度1.5～2厘米时，疏除主干剪口下第一个二次枝，促使剪口芽萌发枣头成为主干延长枝，同时选整形带内3～5个方向适宜的二次枝留1～2个枣股短截，促枣股萌发枣头，选2～3个作主枝培养。②第二年在主干延长枝上距最近的主枝40～50厘米处短截，并疏除剪口下的2～3个二次枝，促生隐芽萌发形成主枝，剪口芽萌发的枣头继续作为主干延长枝，其余枣头作主枝培养。③第三、四年同法培养其余主枝，所有主枝的角度约为80～90度。在主枝上萌发的枣头，通过摘心培养成各类结果枝组。成形后，树高2.5～3.0米，冠径2.0～2.5厘米。中心干延长枝头要适时落头，并注意调节各主枝之间枝势的平衡，并不能重叠，当主枝粗度超过主干粗度的1/2时，及时疏除，更新主枝。

树形是负载果品的骨架，整形要求不是一成不变的，要因地因树灵活运用，笔者认为没有不结果的树形，只要骨干枝与结果基枝搭配合理，长势均衡，通风透光良好能创造高效益的树形就是好树形。据调查，根据丰产树形树相要求，外围枣头生长量应保持在30厘米左右，各主枝、结果基枝分布合理，长势均衡，叶幕厚度1米左右。行间距保持1米左右通风带，株间交接10厘米左右，树冠投影，光点分布均匀，面积应占投影20%左右。

有效枣股的年龄在 8 年左右，果吊比 1～1.2。

4. 不同年龄时期婆枣的修剪

（1）生长结果期树的修剪　婆枣树栽植 5～6 年，经过定干整形修剪后，此期树体骨架已基本成形，树冠需继续扩大，仍以营养生长为主，但产量逐年增加。此期修剪任务是调节生长和结果的关系，使生长和结果兼顾，并逐渐转向以结果为主。

此期要继续培养各类结果枝组。在冠径没有达到最大之前，通过对骨干枝枝头短截，促发新枝，继续扩大树冠。当树冠已达要求，对骨干枝的延长枝进行摘心，控制其延长生长，并适时开甲，实现全树结果。

（2）盛果期树的修剪　此期树冠已经形成，树冠大小基本稳定，营养生长与生殖生长趋于平衡，结果能力强。后期骨干枝先端逐渐弯曲下垂、交叉生长，内膛枝逐渐枯死，结果部位外移。因此，在修剪上注意调节营养生长和生殖生长的关系，维持树势平衡，采用疏缩结合，打开光路，引光入膛，培养内膛枝，防止内部枝条枯死和结果部位外移，并注意结果枝组的培养和更新，延长结果年限。

①调节营养生长和生殖生长的关系：进入盛果期后，保持树势中庸是高产稳产的基础。对于结果少、生长过旺的树，采取控制营养生长，提高坐果率的措施，以果压树。对于结果较多、枝条下垂、树势偏弱的树，要通过回缩、短截等手段，集中养分，刺激枣头萌发，增加营养生长，恢复树势。

②结果枝组的培养与更新：对于骨干枝上自然萌生的枣头，要根据其空间大小，培养成中、小型结果枝组。也可运用修剪手段在有空间的位置刺激枣头萌发，培养结果枝组。枣树的结果枝组寿命长，但结果数年后结实力下降，必须进行更新复壮。一般可利用结果枝组中下部萌生的健壮枣头或通过回缩、短截等手段，使中下部萌生枣头，培养 1～2 年后成为新枝组。

③疏除无用枝：枣树的隐芽处于背上极性位置时，易萌发形

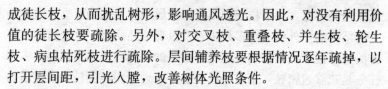

成徒长枝，从而扰乱树形，影响通风透光。因此，对没有利用价值的徒长枝要疏除。另外，对交叉枝、重叠枝、并生枝、轮生枝、病虫枯死枝进行疏除。层间辅养枝要根据情况逐年疏掉，以打开层间距，引光入膛，改善树体光照条件。

（3）结果更新期树的修剪　此期生长势明显转弱，老枝多，新生枣头少，产量呈逐年下降趋势，此期修剪主要任务是更新结果枝组，回缩骨干枝前端下垂部分，促发新枣头，抬高枝角，恢复树势。此期抽生枣头能力减弱，因此要特别重视对新生枣头的利用，以便更新老的结果枝组。

（4）衰老期树的修剪　此期骨干枝逐渐回枯，树冠变小，生长明显变弱。枣头生长量小，枣吊短，结果能力显著下降。衰老期树的主要修剪任务是根据其衰老程度进行轻、中、重不同程度的更新修剪，促使隐芽萌发，使其更新复壮。

①轻更新：进入衰老期不久，生长势逐渐变弱，萌发新枣头少，二次枝开始死亡，骨干枝有光杆现象，产量呈下降趋势，株产量 15～20 千克时进行。更新方法：采取轻度回缩的办法，疏除 1～3 个轮生、交叉的骨干枝，剪除骨干枝总长的 1/5 左右，刺激抽生新枣头，增加结果能力。如果回缩部位有良好分枝，由可以用新枝带头、进行轻更新以后，婆枣树最好停甲一年。

②中更新：树势明显变弱，骨干枝大部光秃，先端回枯，二次枝大量死亡，产量急剧下降，株产 7.5～15 千克。更新方法：锯掉骨干枝总长的 1/3～1/2，刺激枝条下部隐芽萌发，连年开甲的婆枣树，停甲养树 2～3 年。

③重更新：此期树体极度衰老，骨干枝回枯严重，有效枣股少，产量很低，株产 7.5 千克以下。更新方法：锯掉骨干枝总长的 2/3，刺激隐芽萌发，重新形成树冠，停甲养树 3 年以上为好。

（5）婆枣树放任树的修剪　放任树是指管理粗放，从不修剪或很少修剪而自然生长的婆枣树。其总的特点是树冠枝条紊乱，通风透光不良，骨干枝主侧不分，从属不明，先端下垂，内部光秃，结果部位外移，花多果少，产量低、品质差。放任树的修剪方法要掌握"因树修剪，随枝作形"的原则，不强求树形。主要任务是疏除过密枝，培养结果枝组，合理摆布各类枝条，以增加结果部位，提高产量。即仔细选择、慎重决定去留的骨干枝，确定基本树形。疏除适量大枝及过量的无效枝，如中心干或主枝延伸过高、过长，而中下部呈现光秆的应回缩落头缩至下面分枝处，复壮分枝或刺激萌生新枝，对于过多的枣头，要依所处空间大小，选留一部分使之形成结果枝组，疏除没有空间的交叉枝、重叠枝、并生枝、轮生枝及细弱无效枝，改善冠内和园内的光照条件，调整生长与结果关系，形成一个结构基本良好，优质丰产的树形。

5. 婆枣的夏季修剪 夏季修剪指生长季修剪，其主要内容包括抹芽、疏枝、摘心、拿枝、拉枝等。目的是调节生长和结果的矛盾，减少养分消耗，改善树体光照，培养健壮结果枝组，提高坐果率。夏季修剪由于在生长季进行，它的作用比冬剪更直接、更快，修剪后的效益也更明显。过去习惯上不太重视夏季修剪，这是不对的，枣树修剪应以夏剪为主，冬剪为辅，一般夏剪做得好，冬剪修剪量便很小。

（1）**抹芽** 婆枣树生长期间各级枝上，尤其是修剪后的剪锯口处萌发的无用芽及嫩枝应及时抹掉，以减少养分消耗，集中用于树体发育和结果。

（2）**疏枝** 指将当年萌生的无利用价值的新枣头及时疏除，包括外围枣股萌生的新枣头、内膛隐芽萌发的新枣头以及树冠内的密挤、交叉、重叠枝等，均于生长季节枝条尚未木质化前及时疏除，此项措施可改善树冠内的光照状况，减少营养消耗，增加坐果量。

（3）**枣头摘心** 俗称"打枣尖"。枣头萌发以后当年生长很快，在婆枣树始花期，将不做主、侧枝延长枝和大型结果枝组用的枣头和枣头上的二次枝，进行不同程度的摘心，可以有效地控制枣头的营养生长，调节树体的营养分配，减少营养的消耗，把枣头生长消耗结余的营养转向生殖生长，从而促进花芽分化和花芽器官发育，减少落蕾、落花和落果，有效地提高坐果率。摘心程度可依枣头生长强弱及其所处空间大小而定，一般是弱枝轻摘心，强旺极重搞心；空间大时可轻摘心，留5～7个二次枝，空间小时可重摘心，留3～4个二次枝。

（4）拿枝　即将可供利用的内膛枝、徒长枝通过拿枝软化，改变枝条生长方向，培养成结果枝组，以充实空间，增加结果部位。

（5）拉枝　对整形期的幼树骨干枝条及辅养枝角度小的可用木棍支撑或用铅丝、绳子拉等形式，使之达到理想的角度。

（6）刨除根蘖　婆枣树根系易形成不定芽而萌生根蘖，根蘖发生期也正值婆枣树开花坐果期，如果不及时刨除，会消耗母树大量营养而不利开花坐果和维持健壮树势，因此应及早刨除。

二、婆枣园的土壤管理

婆枣树产量高低不仅与地上部分的生长情况有关，同时也与根系的活动强弱有关，而根系活动的强弱则与土壤的水、肥、气、热等条件密切相关。枣园土壤管理的目的在于改善土壤的理化性状，创造适宜根系生长的环境条件，促进根系健壮生长，以充分发挥肥、水在枣树增产中的效能，故土壤管理十分重要。

（一）婆枣园土壤管理制度

目前婆枣园土壤管理制度主要有以下几种：

1. 清耕法　清耕法一般在春夏生长季内多次浅清耕、松土，秋季深翻。一般灌溉后或杂草长到一定高度时即中耕，清除杂草。其优点是能使土壤疏松通气，利于微生物繁殖活动，加速有机物质分解，提高土壤养分和水分含量，有利于婆枣生长。其缺点是在有坡度的种植园，土肥水流失严重，劳动强度大，费时费工，长期清耕，土壤有机质含量降低快，必须与增施有机肥相结合，否则会逐年降低土壤有机质，土壤结构遭到破坏。

2. 生草法 生草法或生草制，即全园种草或只行间带状种草，所种的草是人工播种的多年生牧草及绿肥，如三叶草、黑麦草、田菁等，或利用自然生杂草而只除去个别不适宜种类。多年生草可一年割草数次，覆到果园株、行间。一年生草可在草量最大，有机质含量最高时就地翻压。实施生草法是果园土壤耕作管理的方向，其优点如下：

①有效地保持水土肥不流失，尤其是山坡地、河滩沙荒地，效果更突出。

②增加土壤有机质，改善土壤结构，使土壤肥力提高。据试验，含土壤有机质 0.5%～0.7% 的果园，经 5 年生草，土壤有机质含量可增加到 1.5%～2.0%。

③缓和土壤表层温度的季节变化与昼夜变化，有利于婆枣树根系的生长和吸收活动。夏季炎热的中午，清耕园沙土地表面温度可达 65℃左右，而生草之后地表温度可明显下降；冬季清耕园冻土层（沧州）最厚达 30 厘米，而生草园只有 20 厘米。

④生草园有良性生态条件，害虫天敌的种群多、数量大，可增强天敌控制病虫害发生的能力，减少人工控制病虫害的劳力和物力投入，减少农药对果园环境的污染，创造了生产安全优质枣果的良好条件。

⑤土壤管理在人力物力投入上，生草管理比清耕园、覆盖园低，且省工高效，尤其是夏季，生草园可有较多的劳力投入到树体管理和花果管理。生草后减少土壤中耕锄草，管理省工，能有效防止水土流失。增加土壤有机质，改善土壤理化性状，保持良好的团粒结构，有利蓄水保墒。

⑥缺点是与枣树争水争肥，长期覆草引起树根上浮。因此无水浇条件的枣园不宜采用，根系上浮应通过深沟翻压和施肥解决。

3. 覆盖法 利用各种材料，如作物秸秆、杂草、地衣植物、塑料薄膜、沙砾等覆盖在土壤表面，代替土壤耕作，可有效地防止水土流失和土壤侵蚀，改善土壤结构和物理性质，抑制土壤水分的蒸发，调节地表温度。

笔者在沧州枣园，采用秸秆和塑料薄膜在果树树盘和行间进行覆盖，取得了良好的效果。有机物覆盖利用麦秸、玉米秸等材料，覆盖于枣园地表，厚度 10～15 厘米，可使土壤中有机质含量增加，促进土壤团粒结构的形成，增强保肥、保水能力和通透性；塑料薄膜覆盖除具备有机物覆盖的优点外，特别在提高早春土壤温度、促进果实着色、提高果实含糖量、提早果实成熟期、减轻病虫害、抑制杂草生长等方面具有突出的效果。但是，采用有机物覆盖，需大量作物秸秆，易招致虫害和鼠害，长期使用易导致植物根系上浮，在土壤水分急剧减少时易引起干旱；此外，使用含氮少的作物秸秆和杂草进行覆盖时，早期会使土壤中的速效氮减少。因此有机物覆盖后要注意增加氮素营养，适时灌水、秸秆上压土防火等事项。采用塑料薄膜覆盖需要一两年更换一次，投资较大，土壤肥力下降较快，需大量施肥，且对自然降雨利用率差，通常需要薄膜上打孔，以利渗雨水。

（二）婆枣园耕翻

1. 秋耕 秋季进行耕翻可松土保墒，熟化土壤，改善土壤的物理性状，有利积雪，减少地表径流，能有效地消灭田间杂草，减少养分消耗，增加土壤肥力。同时还可破坏在土壤浅层越冬害虫的越冬场所，减少虫源基数，有利病虫防治，是婆枣安全优质生产的重要措施。如枣步曲的蛹、桃小食心虫和枣瘿蚊的越冬茧、食芽象甲的越冬幼虫等，被翻至地面，可经低温冻死。沧州枣区秋季耕翻时间一般在婆枣采收后，结合秋季施基肥进行。

2. 春耕 即春季播种之前，耕耘土地。立春过后，春耕即将开始。春耕较秋耕浅，北魏贾思勰《齐民要术·耕田》："秋耕欲深，春夏欲浅。"。一般在土壤化冻时进行，耕后耙平，有利蓄水保墒。风大干旱地区不宜进行春耕。盐碱地春耕后可不耙平，有抑制盐碱上升的作用。

（三）婆枣园除草

1. 人工除草 人工除草的优点是枣园除草时将草连根拔掉，除去草根时使枣树根部得到疏松，使枣树根系吸收水肥能力得到加强，有利于新陈代谢，同时还可起到抑制土壤水分蒸发，有蓄水保墒、抑制盐碱、提高土壤肥力的作用。人工除草也有一些缺点，如由于土层的翻动，使土表下层的杂草种子得以萌发，或是除草不彻底留有杂草根茎，反而刺激了杂草的生长，给下次除草带来更大的不便，尤其是雨季除草不净时更易造成杂草旺盛生长。另外，人工除草投工多，劳动强度大，因此除草费用较高。

2. 化学除草 化学除草是近十几年推广的枣树管理实用技术，具有快速杀灭有害杂草，减少养分消耗，增加有机质含量，利于婆枣树生长，省工省时等优点。但在使用时要严格遵守安全枣果生产要求，杜绝一些除草剂成分影响枣果质量。在生产实践中，正确使用除草剂要抓住以下几个要点：

（1）选择最佳施药时间 对于封闭类除草剂，务必在杂草萌芽前使用，一旦杂草长出，抗药性增加，除草效果差。对于茎叶处理类除草剂，应当把握"除早、除小"的原则。杂草株龄越大，抗药性就越强。在正常年份，杂草出苗90％左右时，杂草幼苗组织幼嫩、抗药性弱，易被杀死。在日平均气温10℃以上时，用除草剂的推荐用药量的下限，便能取得95％以上的防除效果。

（2）灵活掌握用药量 婆枣树对除草剂的耐药性是有一定的

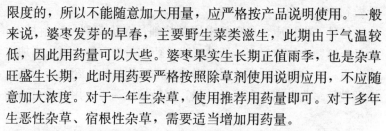

限度的，所以不能随意加大用量，应严格按产品说明使用。一般来说，婆枣发芽的早春，主要野生菜类滋生，此期由于气温较低，因此用药量可以大些。婆枣果实生长期正值雨季，也是杂草旺盛生长期，此时用药要严格按照除草剂使用说明应用，不应随意加大浓度。对于一年生杂草，使用推荐用药量即可。对于多年生恶性杂草、宿根性杂草，需要适当增加用药量。

（3）注意施药时的温度和土壤湿度　温度直接影响除草剂的药效。如 2，4 - D 在 10℃以下施药药效极差，10℃以上时施药药效才好。除草剂快灭灵、巨星的最终效果虽然受温度影响不大，但在低温下 10～20 天后才表现出除草效果。所有除草剂都应在晴天气温较高时施药，才能充分发挥药效。土壤湿度是影响药效高低的重要因素。生长期施药，若土壤潮湿、杂草生长旺盛，利于杂草对除草药剂的吸收和在体内运转，因此药效发挥快，除草效果好。天气久旱，可结合喷灌进行施药。

（4）根据杂草种类选择对路有效的除草剂　除草剂的品种很多，有茎叶处理剂、灭生性除草剂等。有的适用于芽前除草，有的适用于茎叶期除草。因此，要根据枣树不同的生长时期的杂草分别选用。

（5）确定合理的施药方法，提高施药技术　根据除草剂的性质确定正确的使用方法。如使用草甘膦等灭生性除草剂，务必做好定向喷雾，否则就会对距离地面近的枣树枝条造成伤害。施用除草剂一定要施药均匀。如果相邻地块是除草剂的敏感植物，则要采取隔离措施，切记有风时不能喷药，以免危害相邻的敏感作物。喷过药的喷雾器要用漂白粉冲洗几遍后再往其他植物上使用。施用除草剂的喷雾器最好是专用，以免伤害其他作物。

（6）严格掌握除草剂的对水量　每种除草剂都有最佳药效浓度。水量过大，除草剂浓度低，会影响除草效果；水量过小，除草剂浓度高，成本高，且易造成药害；因此，喷施除草剂时一定要严格按照说明书进行对水，可以使用量筒、烧杯协助称量，尽量做到称量准确。

另外，有机质含量高的土壤颗粒细，对除草剂的吸附量大，而且土壤微生物数量多，活动旺盛，药剂量被降解，可适当加大用药量；而砂壤土质颗粒粗，对药剂的吸附量小，药剂分子在土壤颗粒间多为游离状态，活性强，容易发生药害，用药量可适当减少。

（四）婆枣园土壤改良

1. 盐碱地土壤改良 婆枣虽然对盐碱抗性较强，但降低土壤的含盐量和盐碱程度，防止根系早衰和缺素症的出现，有利于婆枣生长和结果。

（1）设置灌排系统 改良盐碱地有效措施之一是引淡洗盐。在枣园行间和周围挖深1米的排水淋碱沟，排水沟与排水主渠相连，能使果园的水排到果园外。排水淋减沟的密度根据当地土壤盐碱程度确定，在能达到淋碱要求的前提下尽量少占土地。

（2）增施有机肥 碱性较轻的盐碱地，可采取增施有机肥料（即农家肥）的方法去改良。如大量投入人粪尿、绿肥、饼肥、畜禽粪便、秸秆、麦草肥以及混合沤制的肥料。有机肥在微生物作用下能分解出作物吸收的营养物质及有机酸，可以中和土壤的碱，改良土壤理化性能，可大大减轻碱害。一般每年秋季结合秋施基肥进行。

（3）地面覆盖 地面铺地膜、覆草、喷土壤蒸发抑制剂，减少壤的蒸发量，可以起到阻止盐碱上升的作用。

（4）增磷解碱法 由于磷肥呈酸性，大量施入碱地后，可达到酸碱中和，减轻碱性。每亩碱地施过磷酸钙90～100千克，与有机农肥堆沤后沟施，然后深耕耙平。另外也可以使用石膏、土壤结构改良剂等化学制剂，均有改善土壤结构，改变土壤理化性状，降低土壤盐碱程度的作用。

（5）整地深翻法 首先削高垫底，通过平整土地减轻盐碱危害，然后深耕晒垡，切断毛细管，提高土壤活性，以及肥力和土壤的通透性能。这样有利于耕作蓄水，但在深翻碱地时，春宜迟，秋宜早。

2. 山地土壤改良　我国北方枣区历来较干旱，大部分枣园缺少灌溉条件，不少丘陵地区枣园水土流失，树势较弱，山地枣园水源更加紧张，上述枣园的产量均不高。所以，设法提高蓄水能力，增加土壤水分含量以满足枣树生长、结果对水分的需要是十分必要的。当前各地已经根据本地区气候、自然条件等特点，采取了多种多样的保水措施，其中以梯田、鱼鳞坑应用较广。

（1）梯田　梯田是在坡地上分段沿等高线建造的阶梯式农田，是治理山地、坡耕地水土流失的有效措施，蓄水、保土、增产作用十分显著。梯田的通风透光条件较好，有利于作物生长和营养物质的积累。按田面坡度不同而有水平梯田、坡式梯田、复式梯田等。在山地种植婆枣树时，一般应在建园前将梯田修好。在山坡上修建梯田，一般沿等高线修成条带状平地，梯田面宽度可随坡度大小而变化，但最窄不应低于 2 米。梯田外侧筑有土埝拦蓄雨水；内侧建有排水沟。修筑梯田时宜保留表土，梯田修成后配合深翻、增施有机肥料，以加速土壤熟化，提高土壤肥力。梯田面外高里低，梯田外壁宜保持一定的坡度，梯田壁上可栽植紫穗槐等绿肥植物，以起护坡、蓄水、减缓径流和防止土壤冲刷的作用。

（2）鱼鳞坑　鱼鳞坑是一种水土保持整地方法，在修筑梯田困难的陡坡上和支离破碎的沟坡上沿等高线自上而下的挖有一定蓄水容量、交错排列、类似鱼鳞状的半圆形或月牙形土坑，呈品字形排列，形如鱼鳞，故称鱼鳞坑。鱼鳞坑具有一定蓄水能力，在坑内栽树，可保土、保水、保肥。婆枣栽植前根据规划的株行距，事先测好栽树坑，按水平线，每个栽树坑修成一个深 1 米左右，宽不小于 1.5 米的圆形鱼鳞坑，挖出的表土与心土分别堆放，坑挖好后，用表土与有机肥混合填坑、踏实，使坑面外高里低。然后在坑的下沿用石块做一个半圆形石堰，形似鱼鳞状，以便拦蓄雨水。枣树栽于当中、雨季可将杂草翻压到坑内，增加土壤的有机养分。

三、婆枣园施肥

（一）施肥的重要性和必要性

1. 肥料是婆枣树生长发育所需要的食粮 婆枣树正常的生长发育，需要从土壤中吸收多种养分，如氮、磷、钾、钙、镁、硫、锌、锰、铁等都是不可缺少的矿质营养元素。由于婆枣树寿命很长，几十年、上百年地从同一地点有选择地吸收营养，常使土壤中某些营养元素缺乏，只有通过施肥来补充，才能保证枣树正常的生长发育、开花结果。婆枣树生长结果过程需要的营养元素主要有氮、磷、钾、钙、镁、硫、锌、锰、铁、硼、铜等，需要通过施肥予以补充。

2. 从枣园的养分分析来看 一般枣园的土壤肥力较低，供肥能力有限，都需要通过施肥来补充。据沧县土肥站对枣区土壤普查结果显示，土壤中氮素供应量约为吸收量的 1/3，磷素约为 1/2，有机质含量为 0.8%～1.2%。

3. 施入的肥料并不能被树体全部吸收 有一大部分溶于水或挥发了，有关资料显示氮肥利用率只有 30%～35%，磷肥利用率大体在 10%～25% 的范围，钾肥利用率一般为 34%～46%。另外，除某些速效化肥能在较短的时间内被根系吸收外，有机肥料施入土壤后，是逐渐被分解、释放、吸收利用的。

（二）施肥时期和种类

由于婆枣树是花芽当年分化、多次分化型的树种，物候期重叠，营养消耗多，器官间养分竞争激烈。如果不能满足各器官对养分的需要，势必影响某些器官的正常生长和发育，最终表现为影响树势、果实产量和品质。为增加婆枣树的贮藏营养，一般可通过早施基肥、适时追肥和叶面喷肥的方法来解决。

1. 基肥 是供给婆枣树生长、发育的基本肥料，一般在枣果采收后施入较好。婆枣作为加工品种使用时，一般在 8 月中旬即可采收上市，到落叶还有 2 个月的时间。此时枝叶已停止生长，果实也已采收，养分消耗少，叶片尚未衰老，正是营养物质积累的时期。此时根系处于生长高峰期吸收能力强，土壤温度高、湿度大、肥料分解快，有利于根系吸收。所以婆枣采收后施入基肥，可大大提高叶片的光和效能，制造大量的有机物质贮藏到树体内，为翌春枣树的抽枝展叶、开花、结果打下基础。一般婆枣采摘后于 9 月上旬施入基肥最佳；作为制干红枣的枣树可在摘果前或摘果后马上施基肥，以争取落叶前营养积累时期。

基肥以圈肥、厩肥、绿肥及人粪尿等有机肥为主，掺入部分氮素、磷素化肥。磷肥应先与有机肥混合堆积经高温沤制，消灭有害菌和虫卵，保证果品安全，提高肥效，减少磷肥与土壤的接触，减少磷被固定的机会。

增施有机肥是生产安全婆枣产品的一个重要环节，因为有机肥是一种完全肥料，它含有丰富的有机质和农作物生长发育所必需的氮、磷、钾三要素，以及钙、镁、硫等植物所需要的微量元素和一些植物激素等。如 1 000 千克猪粪中含有氮素 6 千克、磷（P_2O_5）4 千克、钾（K_2O）4.4 千克、有机质 150 千克，以及各种微量元素、激素和有益的微生物。有机肥肥效稳而长，当年被分解 50%，第二年、第三年被分解 30% 和 20%；有机肥能形成腐殖质，它可以改善土壤的理化性状，促进团粒形成，还可增加土壤的缓冲性、保水、保肥能力，可大大减轻裂果。另外有机肥本身含有大量的微生物，其活动结果是释放大量的二氧化碳和有机酸，能使一些难溶性的矿物转化，为植物提供了丰富的养分。

有机肥有许多优点，但也存在缺点。如肥效慢、养分含量低，不能针对作物各发育时期需要供给足够的养分，因而要秋季早施并与化学肥料配合施用，才能满足婆枣整个生育期的需要。

2. 追肥　是在婆枣树生长期间，根据不同生长阶段的需肥特点，利用速效性肥料进行施肥的一种方法。婆枣花期及果实迅速生长期物候期交叉并存，为了调解满足开花坐果及果实生长对养分的需要，需进行追肥。婆枣树的主要追肥时期为：

（1）花前追肥　沧州枣区一般于 5 月底，纬度高、开花晚的地区一般在 6 月初进行。此时施肥可补充树体贮备营养的不足，提高花芽质量和坐果率。应以速效氮肥为主加适量的磷肥。

（2）幼果期追肥　沧州枣区于 6 月底至 7 月上旬进行，有助于果实细胞增大，促进幼果生长，减少遇到连阴雨天气造成光合作用受到抑制，果实营养不足而萎蔫。此期追肥以氮、磷、钾三元素的复合肥为宜，不能追施单一氮肥。

（3）果实膨大期追肥　于 8 月上旬进行，此期氮、磷、钾配合施用以促进果实膨大和糖分积累，尤其是作为加工枣品的，此期追肥可迅速增加营养，促进枣果膨大，增加枣果产量。

3. 叶面喷肥　又称根外追肥是把肥料溶于水中，配成低浓度的溶液，用喷雾器喷到树冠枝叶上的一种施肥方法。具有省水、肥料利用率高而又见效快的特点。根据试验叶片喷尿素 3 天内即能使叶片变绿，7 月份以前可以结合喷药喷 0.3%～0.5%的尿素液 4～5 次。7 月份以后喷 0.3%磷酸二氢钾 3～4 次，提高果实品质。婆枣摘果后及时喷 0.5%的尿素液促进叶片后期光合作用，有利养分积累储存。根外追肥作为施基肥和追肥的补充手段，保证婆枣树在整个生育期的养分供应，应推广使用，但决不能代替根系施肥。

（三）施肥范围及深度

枣树根系主要起吸收和固定作用，枣树一级根和二级根主要担负固定作用，吸收根（三级根）主要担负吸收作用，因此，了解婆枣树根系的分布状况，对于土肥水的科学管理是很有必要的。一般来说枣树根系的分布与土层厚度、土质结构、土温及地下水等因素密切相关，由于婆枣树体高、树冠大，根系分布范围及深度也较深和远。从沧州中壤质黏潮土上生长的树高 6 米、冠径近 5 米的 100 年多年生的婆枣树的根系分布情况来看，距树干 1.5 米以内的根数占全树总根数的 35%，距树干 3 米以内的根数占全树的 50%。在垂直分布上。以距地表 20～40 厘米的土层内根数最多，占全树根量的 40%，0～40 厘米土层内根数占全部根量的 65%，以后随深度增加，根数逐渐减少。在树体的 4 个方位上各级根分布是不均衡的，根幅大小与枝展成正相关，地下根系的生长对地上部枝条生长有明显的影响，地上部生长旺盛的部位，相应的吸收根的分布就较多，而且垂直分布也较深。

（四）施肥方法

1. 基肥的施用方法

（1）**环状沟施**　按树冠大小，以主干为中心挖环状沟，沟的深度依根系分布深浅而定，一般沿树冠外围挖深、40～60 厘米、宽 40 厘米的环状沟。施入基肥后与表土拌匀，上面覆盖一层土，随后修好树盘。以后每年随着树冠、根系扩展，施肥沟逐年向外移一圈，诱导根系向外扩展，采用此法施肥 2～3 年应间插一次辐射沟施，使根系集中分布的冠下土层保持较多的养分，此法常用于幼树和初结果期的婆枣树施肥。

（2）**辐射沟施**　又叫放射沟施，即以主干为中心，距主干 60 厘米向外挖 4～6 条辐射状的沟，长达树冠外围 1 米左右宽 40 厘米左右，深 20～60 厘米，靠近树的一端稍浅向树冠外围逐渐加深。施入肥料和表上，拌匀后再覆盖底土，下年度施肥时再交换位置。采用此法施肥伤根少，条沟分布均匀，肥料与根系接触面积大。

（3）**轮换沟施**　在肥料不足、劳力紧张的情况下或枣粮间作地内使用。方法是在树冠下的两侧挖沟施肥，沟深 40～60 厘米，宽40厘米左右，长度视树冠大小或肥量而定，可挖成条状沟或半弧状沟，将肥料填入沟内，与表土拌匀，然后覆盖底土，下年施肥时，再于另外两侧挖沟，如此交换并逐次向外移动施肥位置。

（4）全园或树盘内撒施　在密植枣园中当行间枝条已交接时，可采用全园撒施的方法；枣粮间作地内可采用树盘内撒施方法。即把肥料撒布到行间或树盘内，要求撒布均匀，并尽可能远离树干主根多的区域，然后耕翻土壤，深20～30厘米，把肥料翻入土中。

全园撒施时将化肥撒施在地表，虽然经过翻动，但仍有部分肥料遗留在地表，很多养分挥发到空气中或随降水流失，被作物吸收利用的仅30%左右，不仅肥效损失相当严重，造成极大的消费，而且会带来环境污染。另外，多年应用此方法，枣树根系多集中到地表，致使根系吸收范围减少，抗旱性、抗寒性降低，只能作为沟施的补充，不能长期应用，应坚持深沟施肥，起到逐年加深耕作层，扩大根系吸收范围的深翻改土作用，利于枣树生长和结果。

2. 追肥施用方法　追肥因肥料种类不同方法也有差异，氮素肥料、钾素肥料在土壤中流动性大，不会被固定，施肥时可以开10厘米左右的浅沟施入，或在树冠下挖10余个坑穴施入，覆土后浇水。肥料借灌水逐渐溶解下渗，为根系吸收。磷素肥料中可溶性的磷酸流动性差，容易与土壤中的铁质、钙质结合成不溶性的磷化物被固定，而不易为根系吸收。为此，磷肥应混入堆肥、圈肥等有机肥中施用，借有机肥分解产生的有机酸加大磷肥的溶解度，防止被土壤固定。所以施磷肥的深度要深浅兼顾，一般为20厘米左右。

3. 叶面喷肥方法　叶面喷肥简便易行，见效快，由于肥液浓度低，可连续喷布多次，每次间隔10～15天。喷雾要均匀，尤其叶背面要多喷，因为叶背比叶面气孔多，吸收量大。喷肥应选择无风晴朗天气，上午 10 时以前或下午 4 时以后进行，可避免高温使肥液随水分蒸发浓缩而发生药害。尤其是在高温干旱时节叶面喷肥，须错开高温时段。沧州枣区近几年在枣树开花前后气温高、湿度小的时节，出现了多次叶面喷肥发生药害事件，需引起广大枣农足够重视。早晨有露水时，待露水干后喷肥，以减少肥液滴落损失。注意不要把酸性和碱性的肥料、农药混在一起喷布，以防降低效果。

叶面喷肥效果明显，但毕竟肥量有限，只是一种辅助性措施，不能代替土壤施肥。所以给婆枣树施基肥、追肥仍是不可缺的。叶面喷肥常使用的种类和浓度如表 7 - 1。

表 7 - 1　常用叶面喷肥品种及浓度

肥料种类	浓度（％）	肥料种类	浓度（％）
尿素	0.3～0.5	磷酸二氢钾	0.3
硫酸钾	0.3～0.4	氨基酸液肥	0.6
硫酸锌	0.4～0.4	硼砂	0.5～0.7
硫酸亚铁	0.3	草木灰浸出液	4.0

（五）施肥量

施肥量的多少应依树势、树龄、结果情况和土壤肥力等条件综合考虑。一般老树、弱树、病树、结果多的树和地力差的应多施，以提高土壤肥力，复壮树势，维持枣树的高产量；幼树，生长旺盛、结果少的树，可以少施，这样既可缓和树势，利于结果，又可达到经济施肥的目的。

全年施肥以有机肥为主，化肥为辅。在养分总量中，有机肥提供的养分不能低于 60％。目前，生产中推荐的施肥量是通过调查、总结枣树丰产园施肥情况，结合土壤养分测定和叶片营养诊断结果精准确定肥料用量。一般每生产 100 千克鲜婆枣施纯氮 2 千克、纯磷（P_2O_5）1.2 千克、纯钾（K_2O）1.6 千克。每株结果量 50 千克左右的大树施优质腐熟农家肥 50～100 千克，磷酸二铵 2 千克，尿素 0.7 千克，以基肥形式施入，占全年施肥量的 70%。追肥量根据基肥施入情况而定，一般每株结果大树开花前施磷酸二铵 0.7 千克；幼果期追施磷酸二铵 0.5～0.7 千克；果实膨大期追施磷酸二铵 0.5 千克。

四、灌溉与排水

水在婆枣树生命活动中，具有非常重要的作用，水是树体的重要组成成分。如树干含水量在 50% 左右，果实含水量在 30%～90% 不等。树木的光合作用、蒸腾、代谢、物质运输均离不开水的参与。水能调节树温免受强烈阳光照射的为害，调节环境，有利果树生长，正确灌水是果树生育所必需的措施，不合理的灌水则使土壤侵蚀，土壤结构恶化，营养物质流失，土壤盐渍化等，影响果树生长。婆枣安全生产时灌溉水质有严格要求，水中的有害重金属离子不能超过国家标准，如 pH 应在 5.5～8.5 之间，汞的含量要小于等于 0.01 毫克/升。水虽然是婆枣生命活动不可缺少的物质，但水过多也不行。水过量婆枣树吸收不了可造成土壤孔隙度减小而缺氧，使根系窒息死亡，甚至全树死亡。因此在降水过量、造成长时间积水时必须排水，加强土壤管理，为根系创造适生环境。

（一）灌水时间

我国北方大部分地区春季多干旱少雨，夏季降雨集中，结合婆枣生理特点，在以下几个需水关键期进行灌溉是十分必要的。

1. 萌芽前灌水　此期正值萌芽期，枣头生长、枣吊的形成、花芽分化都需要土壤有适宜的水分供应，水分不足将影响婆枣树的生长。北方地区正是干旱少雨季节，适时浇水十分必要。

2. 花前灌水　婆枣开花与枣头、枣吊、叶片同时生长，是

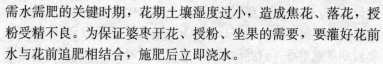

需水需肥的关键时期，花期土壤湿度过小，造成焦花、落花，授粉受精不良。为保证婆枣开花、授粉、坐果的需要，要灌好花前水与花前追肥相结合，施肥后立即浇水。

3. 果实膨大期灌水　果实膨大期，从幼果膨大到果实速长需要大量水分才能保证果实正常生长的需要。此时正值雨季，应根据土壤含水量多少决定是否需要灌水，如降雨适量，土壤含水量适中就可以不灌水，如长时间不降雨，土壤含水量低于田间持水量的 60％以下时，就要及时灌水，此次灌水也应与追肥相结合。

4. 封冻水　婆枣作为加工品种使用时，枣果采收较早。枣果采收后，由于此时降水仍较多，一般施入基肥后不用浇水，浇好封冻水对果树后期的营养积累、果树安全越冬及翌年春天根系生长十分有利，如果秋季降水较多，土壤墒情好，可以不浇封冻水，但要结合秋冬树盘深翻，搞好土壤保墒。

（二）灌水方法

目前多数果园仍采用树盘大水漫灌的方法。大水漫灌前期土壤泥泞，土壤结构被破坏，孔隙度降低，土壤中的空气大量被挤跑，不利于生物活动，不利于根系的呼吸与生长。中期随着土壤水分减少，土壤结构得到恢复，适宜根系的呼吸与生长，后期土壤干旱又不利于根系对养分的吸收与生长。因此，大水漫灌水利用率低，而且浪费，对水资源缺乏的北方地区来说，不应继续采用大水漫灌的方式进行灌溉，而要采用先进的滴灌、喷灌、渗灌等灌水技术。灌水方法参照冬枣相关部分。

第二节　婆枣树花果管理

婆枣树落花落果严重，坐果率低，一般仅为 1‰左右。这与婆枣树本身的生物学特性有关，也与立地条件、管理水平和气候条件有关。婆枣树花芽当年形成、当年分化，随生长随分化，分化量大。枣吊生长、花芽分化、开花坐果及幼果发育同时进行，物候期严重重叠，营养消耗多，各器官对养分竞争激烈，这是造成枣树坐果率低的重要原因。因此，提高婆枣树坐果率的根本措施就是加强土肥水管理和其他栽培技术措施，改善树体的营养状况，并使树体养分得到合理分配。枣花的授粉受精需要适宜的温湿度，温湿度过高或过低都不利于授粉受精。因此，花期如遇低温、干旱、多风、连阴雨等不良天气，都会降低坐果率。所以，加强花期管理，调控营养分配，改善坐果环境，提高异花受粉率等措施，给婆枣树创造良好授粉受精条件，是提高婆枣树坐果率的重要途径。

一、促进坐果措施

(一) 开甲

开甲即环状剥皮，作用是切断韧皮部，阻止光合产物向根部运输，集中营养用于开花坐果，从而提高坐果率。这项技术措施，过去主要是在河北、山东等枣区的金丝小枣树上采用，这些年运用到婆枣树上也同样取得良好的效果。尤其是在密植枣园中应用的更加广泛，已成为婆枣安全优质丰产的重要技术措施。

1. 开甲时间 应在婆枣花开到 40%～50% 时进行，开甲过早坐果率低，影响产量，过晚枣果生长期缩短，枣果单果重和果实品质下降。一般掌握在婆枣树中部的枣吊开花 10～15 朵时开甲较为适宜。另外，近些年婆枣近成熟期遇连续阴雨易造成裂果，给传统婆枣产区制干枣生产带来极大的影响。为此，婆枣作为制干产品生产时，可以适当的延后开甲时期，以延迟成熟，避开枣果脆熟期连续阴雨造成的裂果。

2. 开甲方法 沧州枣区开甲工具用扒镰和菜刀。扒镰可专门锻制，也可用旧镰刀折弯制成。开甲时先用扒镰将婆枣树于老皮扒去一圈，露出宽1厘米左右韧皮，再用菜刀在扒皮部位中上部水平向内横切一圈深至木质部，在下面0.5～0.7厘米处斜向上、向内横切一圈深至木质部，将韧皮部分切断、剔除，形成一上平下斜的梯形槽，即完成开甲。甲口做成上平下斜的梯形槽，目的是不宜存水，有利甲口愈合。甲口宽度为树干直径的1/15～1/10。一般0.5～0.7厘米为宜，大树、旺树适当宽些，小树、弱树窄些。开甲后甲口在30天左右愈合为宜，过早愈合，影响坐果；过晚不利于树体生长引起落叶落果甚至造成死树。甲口要求宽窄一致，不留韧皮组织，否则影响坐果，群众中有"留一丝，歇一枝"的说法，就是这个道理。第一年开甲时开甲处距地面10～20厘米，第二年开甲处上移5厘米，直至树干分支处，然后再由下向上返。由于连年开甲而树势明显转弱的婆枣树应停甲养树。

近几年沧州枣区生产的一种新型开甲器在生产中应用广泛，它由两部分组成，一部分是呈U形弯刀，作用是刮粗皮；另一部分是近似方形的刮刀，一般有两个宽度，作用是刮出韧皮部。由于用刮刀清除韧皮部，因此甲口宽窄一致，易于甲口愈合，并且开甲的劳动强度大大降低，深受群众欢迎。

3. 甲口保护 过去枣区农民对甲口不采取保护措施，容易受甲口虫危害而不能愈合，影响树势和坐果。开甲后应注意甲口保护，以防甲口虫为害，使甲口适时愈合。一般采用涂药、抹泥方法。涂药方法是于开甲后甲口凉1～2天后在甲口涂杀虫剂，常用药剂有乙酰甲胺磷50～100倍液或辛硫磷50～100倍液，隔7天再涂1次，共涂4～5次至甲口愈合。甲口抹泥一般根据坐果状况于开甲后20～25天以后进行，用泥将甲口抹平，既防甲口虫，又增加湿度，有利于甲口愈合。

（二）搞好夏剪，减少营养消耗

1. 摘心 夏季对枣头一次枝进行摘心可明显提高坐果率。

一般来说，摘心程度越重，坐果率越高。摘心提高枣坐果率的原因是由于改变了树体营养物质的分配，使原来用于被摘除部位的枝叶生长、花芽分化、开花及坐果所需的营养物质集中到保留下的结果部位，使养分集中，从而提高了坐果率。

枣头摘心的时间一般在婆枣初花期，枣头的生长达到所需的节数即可进行。一般枣头留 2～6 个二次枝进行摘心。

2. 疏剪　对着生位置不好，影响其他枝条生长，又无生长空间的当年新生枣头从基部疏除，减少营养消耗，改善树冠通风透光条件，提高全树的光合作用，增加营养物质积累。

3. 开张枝条角度　对长势旺、影响其他结果基枝生长的枣头，通过拿枝软化改变方向，减弱生长有利坐果。对有生长空间但着生位置不好的枣头可通过拉枝改变其生长方向，有改善树冠结构，调节枝条的均衡分布，增加坐果的作用。

（三）花期喷水

婆枣花期在 5～6 月份，正值北方干旱少雨、热风较多的时期，空气相对湿度低，对花粉发芽及花器均有不利影响，易产生因高温造成枣花干枯脱落即焦花现象。据笔者调查，2001—2003 年干旱年份，沧州枣区婆枣焦花比率达到 60%，极大地影响了婆枣坐果率。花期喷水可以提高空气湿度，降低花器温度，减少焦花，有利于花粉发芽和授粉，提高坐果率。

喷水时期应选初花期到盛花期，一天之中的喷水时间以下午 4 时后最好，因傍晚温度下降，蒸发量低喷水后空气湿度保持时间长，为婆枣花朵授粉提供了良好的小气候。中午和下午气温高，蒸发量大，叶面喷水后十几分钟即可蒸发干，维持湿度的时间短，故效果不好。花期喷水用量，一般根据婆枣树冠大小而不同，大树每株每次喷水 5～6 千克，中等树每株每次喷水 3.5～4.5 千克，小树每株每次喷水 2.5～3.5 千克。喷水次数视天气而定，干旱年份应多喷几次，反之可以少喷几次，一般坐果期喷

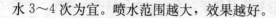

水 3～4 次为宜。喷水范围越大，效果越好。

（四）花期放蜂

婆枣虽然是自花结实品种，但通过蜜蜂在采蜜过程中帮助枣花粉传播，增加了异花授粉的几率，从而能提高婆枣的坐果率。通常花期放蜂能提高坐果率 1 倍，高者达 3～4 倍，而且距蜂箱近的枣树授粉效果最好。因此，果园蜂箱设置距离 100～200 米为宜，过远效果不明显。据统计研究，1 箱具有 2 万只蜜蜂的蜂群，1 天访花总数可达 2 400 万朵。1 箱蜂平均可完成 20 亩枣园的授粉任务。为保护蜂群，在枣园放蜂期间，严禁使用对蜜蜂有毒的药剂。

（五）花期喷植物生长调节剂和微量元素

有些植物生长调节剂和微量元素可刺激婆枣花粉萌发，促进花粉管伸长，或刺激单性结实，促进幼果发育。因此，6 月中上旬盛花期喷施可提高坐果率，常用的植物生长调节剂和微量元素有赤霉素（九二〇）、硼砂溶液等。九二〇是赤霉素的一种，具有促进植物细胞分裂和伸长，使植株健壮、叶片增大的作用，还有单性结实，减少落花落果，提高坐果率的作用。九二〇是植物激素，属于低毒的植物生长调节剂，在生产无公害和 A 级绿色食品中允许使用。在婆枣初花期至盛花期喷 10～15 毫克/千克的九二〇稀释液、0.1％～0.3％硼砂 1～2 次，可显著提高坐果率。

喷施激素和微量元素应选择晴朗无风的天气，将配好的药液均匀地喷洒在婆枣树上，以树叶滴水为度，喷洒次数一般为 2 次，每次相隔 5～7 天。喷施植物生长调节剂和微量元素一定要注意使用浓度，浓度过高或过低都起不到应有的作用。喷施植物生长调节剂或激素对提高坐果率的效果，与树势、肥水管理水平、年份、气候条件等因素有关，树势强壮，肥水充足，喷施后效果好；反之，喷后效果差，即使当时坐果率提高，但到后期由于树体营养亏乏而导致大量落果，为此应在加强肥水管理、强壮树势的基础上应用喷激素促坐果技术效果才好。

二、减少后期裂果

婆枣生长着色期，尤其是正在变色或已红的婆枣，在连续降雨的阴雨天里，容易形成裂果，特别是枣果生长的前期干旱的年份，初着色期突然降雨，往往造成大批裂果，裂果婆枣不但外观不佳，还会导致外源微生物的侵染，使枣果霉烂，严重影响大枣的产量和品质。

1. 裂果的成因　枣的裂果和降雨、成熟度、气压、土壤含水量以及品种等密切相关，其成因主要是阴雨连绵、气压降低、湿度饱和、蒸腾作用减弱，加之土壤水分激增，有足量的水分供给根系吸收，因而导管的内压加强，果肉细胞体积快速增大，导致外果皮裂口，形成裂果。

2. 裂果和成熟度的关系　笔者在沧州枣区调查发现，绝大部分的裂果都出现在外果皮着色 $1/3\sim1/2$ 的枣中，其次是已经全红的枣，至于青枣很难发现裂果。

3. 防止婆枣裂果的措施

①对现有婆枣进行选优，选择果皮较厚、抗裂果的婆枣品种，同时对易裂的婆枣树进行高接换头。

②对易裂的婆枣树，选择在枣果的白熟期采收，加工成蜜枣制品。

③喷施激素的方法提前或推迟大枣成熟期，使枣果成熟期避开多雨集中时期。

④雨季注意排放枣园中的积水。遇天气干旱时，注意给枣园适时灌水，若能进行滴灌或喷灌则更好。在枣果膨大期，要保持土壤湿润，但也要防止土壤过湿或过干。

⑤增施有机肥料，增强土壤透水性和保水性，使土壤供水均

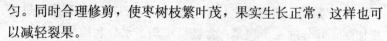

匀。同时合理修剪，使枣树枝繁叶茂，果实生长正常，这样也可以减轻裂果。

⑥枣果白熟期喷 0.2％氯化钙或氨基酸钙，减少裂果。

⑦避雨栽培。

第三节　婆枣采收与制干

一、婆枣的成熟期

我国劳动人民对枣果采收适期已积累了丰富的经验。如《齐民要术》中载有"全赤即收……半赤而收者，肉未充满，干则黄色而皮皱；将赤味也不佳美；久赤不收则皮破，复有鸟啄之患"。但近代随着枣果鲜食和加工目的的不同，采收适期也更加科学。婆枣坐果以后其果实要经过幼果期、果实膨大期、果实变白、点红、片红、全红、糖化、变软、变皱等发育过程。目前生产上多按果皮颜色和果肉的变化情况，把婆枣成熟的发育过程划分为白熟期、脆熟期和完熟期 3 个阶段。

1. 白熟期　从果实充分膨大至果皮全部变白而未着红色，这一阶段果皮细胞中的叶绿素大量消减，果皮退绿变白而呈绿白色或乳白色。婆枣以加工蜜枣为目的，以果实白熟期采收为好，此时果实已充分发育，体积不再增长，肉质松软、少汁，含糖量低，加工蜜枣时可以充分吸糖且果皮薄而柔韧，加工时不易脱皮掉瓣，加工出的成品晶亮、半透明琥珀色，品质好。

2. 脆熟期　白熟期过后果皮自梗洼，果肩开始逐渐着色，果皮向阳面逐渐出现红晕，然后出现点红、片红直至全红。果肉内的淀粉、有机酸等物质转化成糖，含糖量剧增，质地变脆，汁液增多，果肉仍呈绿白色或乳白色，果皮增厚稍硬，内含营养物亦最为丰富。此期婆枣肉质脆嫩、多汁，甜爽而微酸，加工醉枣风味好，还可防止过熟破伤，避免引起浆包烂枣。

3. 完熟期　脆熟期之后果实便进入完熟期，枣果皮色进一步加深，养分进一步积累，含糖量增加，水分和维生素 C 的含量逐步下降，果肉逐渐变软，果皮皱褶。用手易将果瓣开，味甘甜。以制干枣为目的的婆枣，则以完熟期采收为宜。此时果实已充分成熟，物质积累终止，干物质含量达到最高点，加工红枣制干率高，色泽鲜艳，果形饱满，富有弹性，品质最佳。

二、采收方法

1. 手摘法　由于婆枣单株坐果不尽相同，对于成熟期不一致的婆枣，以及特殊加工用的枣（如加工醉枣），应进行挑选，采取手摘的方式，摘取需要的枣果。

2. 震落法　木杆或竹竿打枣采收，在我国历史上应用很久。《诗经·豳风篇》载有"八月剥枣，十月获稻"之说，剥者，击也，即用木杆打震落枣的果实。目前我国很多地区采用杆击震落法。即用木杆敲击大枝，或摇晃树干，将枣果震落，在树下铺布单或塑料布，便于落果拾取。但是这种古老的采收方式也有很大缺点，如对枝干损伤严重，历年采收，木杆重击之处，击伤击落树皮，有的终生不能愈合，造成枝干伤痕累累，影响树体养分运输。每年打枣时还打落大量叶片和部分枣头及二次枝，影响树势。

3. 乙烯利催落法　为了克服木杆打枣的缺点，婆枣用于制干时，可采用乙烯利催落法采收，此法较木杆打枣提高工效 10 倍左右，可大大减轻劳动强度。适时喷布乙烯利后，4～5 天后摇动枝条，枣果即可落下，此法简单易行、节省劳力，不伤树体，能增进果实品质。

具体做法是枣果正常采收前 5～7 天，全树喷布 200～300 毫克/千克的乙烯利，喷后 2 天开始生效，第四至第五天进入落果高峰，只要摇动枝干，即能催熟全部成熟枣果。喷布 400 毫克/

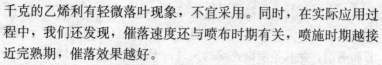

千克的乙烯利有轻微落叶现象，不宜采用。同时，在实际应用过程中，我们还发现，催落速度还与喷布时期有关，喷施时期越接近完熟期，催落效果越好。

气温影响乙烯利释放乙烯的速度，因而对催落枣果的速度有影响。据沧州林科所试验表明，进入脆熟期后，最高日温 32～34℃时喷药，第三天即进入落果高峰，第五天果实基本落尽。最高日温 30℃喷药，第四天才开始进入落果高峰，第七天才落尽。

乙烯利是乙烯的释放剂，被枣树叶片、果实吸收后，经过水解酶的作用释放出乙烯。乙烯能使果实中的脱落酸（ABA）迅速活化，并使浓度增高，引起果柄离层组织解体，促进果柄离层形成而使果实易于沉落。喷布乙烯利后树体向果实运送水分、养分的通道被堵塞，果实含水量下降，肉质变软失脆。果实含水量下降引起枣果重量明显减轻，对于制干枣而言，含水量降低则利于缩短干制时间。

三、婆枣干制

婆枣等大枣具有补中益气，养血安神的作用，作为中药应用已有 2000 多年的历史。但前些年由于裂果、浆烂等原因，主要作为加工品种使用。近年来婆枣干枣的价格逐渐攀升，河北的阜平、沧州一些枣区又开始进行了婆枣的干制，并取得了很好的效益。

婆枣干制是将采后的枣果水分脱去，使枣果含水量达到干枣入库标准，以便入库保存、运输和销售。干制后枣果含水量小于28％，以保证在存放和运输中不发霉、不浆烂。枣果干制的方法有自然干制和人工干制。

（一）自然干制

自然干制是利用太阳辐射热、热风等使果品干燥，又称自然干燥。自然干制设备简单，方法简易，使用面广，处理量大，生产成本低，不需要特殊技术，但受气候和地区的限制，在干制季节如遇雨，尤其是阴雨连绵的天气，干燥过程延长，降低干制品质量，甚至因阴雨时间长引起腐烂，造成很大损失。

选择向阳、平坦、无积水之患的地方作为晒枣场，用砖、竹、杆等物将秫秸箔支离地面 15～20 厘米高作为晾晒铺。成熟度不同的枣含水量不一样，需要晾晒的时间长短也不相同。因此，晾晒前要按枣的成熟度进行分拣，分别晾晒，并拣出虫、烂、伤、病果及杂物。将分拣好的婆枣均匀地摊放在箔上，厚度 5～10 厘米，暴晒 3～5 天。在暴晒过程中，每隔 1 小时左右翻动 1 次，每日翻动 8～10 次，日落时将枣堆集于箔中间成垄状，用席封盖好，防止夜间受露返潮，第二天日出后揭去席，待箔面露水干后，再将枣摊开晾晒，空出中间堆枣的潮湿箔面，晒干后再将枣均匀摊在整个箔面上暴晒。暴晒 3～5 天后，改为每天早晨将枣摊开晾晒，上午 11 点左右将枣堆集起来，下午 2 点以后再将枣摊开晾晒，傍晚时将枣收拢、封盖。这样经过 10 天左右晾晒后（可根据枣的干湿状况可间断地稍加摊晒和翻动），果实含水量降至 28% 以下，果皮纹理细浅，用手握枣时有弹性，即可将枣合箔堆积，用席封盖好。每天揭开席通风 3～4 小时即可。

编者提示：暴晒期间一定要勤加翻动，使上下层的枣受光均匀，避免上层的枣暴晒时间过长而出现油头枣。

在晾晒过程中，要不断地拣出含水量不一致的枣，分箔进行晾晒。

（二）人工干制

由于受传统生产方式的影响，婆枣制干仍以自然晾晒为主。但是近几年，婆枣果成熟期前后降雨较多，鲜枣不能及时晾晒而造成大量浆烂，枣农损失惨重，枣产业发展遇到极大的困难。尤其是 2007 年秋季连续近 20 天的阴雨天气，使大量枣果不能及时采收晾晒而霉变浆烂。利用烘烤设备，将枣果烘干，能大大减少枣果浆烂，达到增产增收的目的。

1. 人工制干的优点

（1）减少浆烂损失，抵御自然灾害　在正常年份，婆枣在制干过程中就有20%～30%的浆烂损失，灾害年份更为惨重。

（2）提高枣果质量　人工制干的枣果光亮、色好，外观质量好，干净、卫生，提高了商品等级。据雷昌贵在"太行山婆枣烘干技术研究"一文介绍，优质新鲜婆枣经烘房干制和自然干制所得的干枣其产出率分别为59.10%和53.70%，经烘房干制者比自然干制者产出率提高5.40%，次等新鲜婆枣经两种干制方式所得干枣分别为58.30%、50.70%，经烘房干制者比自然干制者的产出率提高7.60%。

（3）节省时间、劳力和场地，提高工效　传统的晾晒方法占用场地多，耗时长，分拣次数多。利用烘干房烘干节省了时间、劳力和场地，提高了工效，一般平均24小时可烘制1吨鲜婆枣。

（4）增加了枣的出干率　将下树的婆枣马上在分拣、清洗后进行烘干，减少了枣果的呼吸消耗，提高15%～20%出干率。

2. 烘烤程序　准备阶段→点火升温阶段→排湿阶段→完成阶段。

（1）准备阶段

①分检：婆枣采收后，要根据枣的大小、成熟度进行分级，同时要把其中的浆烂果、伤果、枝、落叶等杂质清除掉。

②清洗：把分级后的婆枣放入清水池进行清洗，洗后的枣表面要干净光洁，水池里要经常换新水，以提高烘烤后的枣果品质。

③装盘和入烤房：把清洗后的婆枣装入烘烤用的枣箅子上，厚度以单个枣厚为宜，最多不超过两个枣的厚度，然后放入烤房中的烤架上。

（2）点火升温阶段　当烘盘送至烘房内装妥后，关闭通风设备及门窗，拉开烟囱底部闸板，以利于加大火力，提高烘房内的温度。温度逐渐上升至 50～55℃ 进行枣果预热。预热时间为 6 小时。在升温的过程中要经常抖动枣箅子，以利于枣受热均匀，每 0.5 小时观察 1 次温度表和湿度表。

（3）排湿阶段　预热后的枣果开始加大火力，在 8～12 小时内，使烘房的温度（指烘房中段的中部温度）升至 60～65℃，不要超过 70℃。此阶段要勤扒火、勤出灰、勤添煤，使炉火旺盛，很快提高室内温度，加速枣的游离水大量蒸发。当枣体温度达到 60℃ 以上，相对湿度达到 70％ 时，立即进行烘房内的通风排湿。一般每个烘干周期进行 8～10 次通风排湿。点火升温阶段和排湿阶段还要注意倒盘和翻枣，一般采用中部和底部枣箅子相互对倒，避免枣果在烘干中局部过度受热影响品质。

（4）完成阶段　此阶段所需时间为 6～8 小时，火力不宜过大，保持烘房内温度不低于 50℃ 即可。相对湿度若高于 60％ 以上时，仍应进行通风排湿，次数比蒸发阶段相应减少，时间也应缩短。一般需要时间 6 小时左右，当婆枣的含水量达到 25％～30％ 时就可取出婆枣。出烤房后的枣要放在遮阴处或房屋内，不要被太阳直晒，否则枣表面发黑，影响枣果品质。堆放的枣厚度不要超过 1 米，每平方米要放一个草把通风，红枣存放 10～15 天后就可装箱进入市场。

去年引进旭创力-XCL 烤房在金丝小枣上应用经济效益很好。此烘干房每 12～15 小时烘干鲜枣 4～5 吨，耗煤 175～200 千克耗电 20～23 度，平均每千克红枣干制品燥成本约为 0.07 元。每套设备及房投资 6 万元左右，使用年限 15～20 年。有条件的地方可在婆枣制干上运用。详见金丝小枣相关部分。

第八章

枣的病虫防治

第一节　病虫防治策略

　　农产品质量安全关系人民的身体健康，关系到社会的和谐和稳定，已引起各级政府的关注和重视，农产品质量安全已日益成为提高市场竞争力及确保消费者安全的关键。生产质量安全的农产品是市场的需求，是保证广大消费者健康的需求，是建社小康社会实现社会和谐和稳定的需求。保证食品质量安全必须从生产的源头抓起，枣的生产也是如此。无公害枣果是符合国家标准的绿色安全食品。影响无公害枣的生产因素很多，其有害物质的残留来自环境、土壤、水、农药、化肥的使用及采后贮运等多种因素，农药污染无疑是果品污染的主要途径。有效途径是不使用或少量使用农药，达到既能控制主要病虫为害，又不造成经济损失，且不对环境造成污染，生产出符合国家标准的质量安全食品。

　　果园是一个生态系统，系统内的各种生物是处在一个此消彼长的动态变化之中，果园管理者的作用是维持物种间的平衡，做到不用药或少用药达到控制病虫危害的目的，减少果园的经济损失。美国自 1945 年至今，杀虫剂用量增加了 10 倍，害虫为害的损失不仅没有减少反而增加了 36%。我国用农药防治病虫也是如此。据统计，1949 年我国农药产量为 0.2 万吨，到 1996 年达到 38 万吨，增加了 190 倍，而病虫发生面积，20 世纪 80 年代是 50 年代的 2.8 倍，这些事实应该引起人们的反思，说明单纯用农药防治病虫害只能适得其反，病虫越治越重，由此可见，采取综合防治，维持果园生态平衡是关键。生产无公害枣的病虫防治应是在维持枣园生态平衡的基础上，采用综合防治方能取得理想效果。重点要从以下几方面入手：

1. 保持枣园生物的多样性　果园是一个生态系统，生态系统内的生物链越长，生态系统越稳定，生物的多样性是实现果园生态平衡的基础条件。人为地造成某物种的消失就会影响其他物种的存在，打破生态平衡。为此，我们在防治病虫害时要有经济阈值的观念。即某种害虫其数量在不喷药防治的条件下，其为害所造成的经济损失与喷药防治所需用的成本相当就可以不喷药防治，依靠天敌来控制此害虫的蔓延。只有当某种害虫其数量所造成的经济损失，远远超过不喷药所造成的经济损失时应采取喷药防治。为此，果园管理者要通过调查分析，正确把握果园病虫发生趋势和主要害虫与次要害虫的分布状况，作为用药的依据（主要害虫是指不采用农药防治会给果园造成经济损失的害虫，次要害虫是在经济阈值范围内的害虫）。尽量减少农药使用，以保证果园的生物多样性。中国农业科学院在云南、贵州进行的生物防治实验研究，就是通过农作物的间作、套种、轮作等形式，充分利用生物多样性及其相互抑制来实现的。枣粮间作的种植模式是古人智慧的结晶，经历了历代的自然灾害而流传至今，有其科学性，它较好地解决了光与植物，植物之间，植物与土壤和间作地内生物之间的关系，实现了生物多样性，对生产无公害枣也不失为良好地种植模式，应继续大力推广。

2. 首先搞好检疫　严禁从疫区引种枣苗、接穗，引进枣苗、接穗经检疫无检疫对象后方可进入枣园。防止有害生物（害虫、病菌、害草）传播。

3. 提高枣树本身的抗逆性　应从育种和选种入手，培养品质好抗病虫的枣新品种。通过科学的肥水管理、修剪、合理负载、适时的病虫防治等措施促进树势健壮，提高自身的抗病虫能力。引起枣树发病的多数病原菌都属于弱寄生菌，树势越弱越容易感染病害。由此可见，提高果树自身的抗病虫能力在病虫防治中的作用是不容忽视的。

4. 保护和利用天敌　生物的多样性是实现生态平衡的基础，天敌（有益生物）是维持生态平衡的重要因素，为此，要千方百计地保护和利用，这不仅能降低生产成本，获得更高的经济效益，能保护环境减少污染，而且有利于病虫防治。

（1）引进和饲养天敌　有条件的果园可以引进和饲养天敌，释放于枣园，达到控制害虫的目的。目前在生产上应用的有赤眼蜂、澳洲螵虫。河北、山东的科研单位还在做这方面的工作，饲养和放飞天敌的种类和数量将会越来越多。

（2）保护和利用天敌　要多采用有利于天敌存在而不利于害虫存在的防治措施。因此，首先要选择对天敌无害的农艺措施。比如春天枣树发芽前，在树干的中下部缠塑料膜裙或黏虫胶带，阻止在根际周围越冬的山楂红蜘蛛和枣步曲等越冬害虫上树产卵繁殖，是行之有效的防治方法，且对天敌无害。要改进过去推广的不利于保护天敌的除虫方法，如8月份树干缠草圈，冬天刮树皮等，应该肯定这些都是有效防治病虫的方法。但是，过去推广的技术是在入冬前解下草圈、刮下树皮运出果园烧毁，这无疑把藏在草圈、树皮内的天敌昆虫也一同烧毁。现在的方法是在春季适当晚解草圈和刮树皮，然后把解下的草圈和刮下的树皮，堆放在温暖的地方，给予一定湿度，上面覆盖湿草，再用细沙网罩起来，等天敌出蛰放飞于枣园后，将剩下的害虫烧毁，这样既保护了天敌，也消灭了害虫及菌类。选用对天敌无害的性诱剂防治害虫，并可用来预报害虫发生期，指导适时喷药，提高防治效果，目前已有桃小、黏虫性诱剂用于生产。也可选用物理方法防治害虫，如对天敌伤害轻微的高压杀虫灯等。

（3）使用农药的防治病虫注意保护天敌　在必须使用农药防

治病虫时，首先要选用对人、畜无毒、低毒，对天敌无害或影响轻微的植物农药如烟碱、若参碱等，矿物性农药如波尔多液、石硫合剂等，生物农药如 Bt 制剂、浏阳霉素、白僵菌等，抗生素类农药如阿维菌素，昆虫抑制剂如农梦特、灭幼脲系列、抑太保等，必要时也可选用我国无公害食品管理中心允许限量使用的高效低毒的有机磷农药如果灭、菊酯类农药等，并尽量改进用药方法，以减少对天敌的伤害。如防治桃小食心虫，可在 5 月的中、下旬桃小食心虫出土前在地面撒药防治。树上喷药可选用挑治的方法，如防治已上树的山楂红蜘蛛，前期为害的主要部位是树冠内的中下部或部分植株，因此，喷药重点是树冠的内膛中下部和园内有山楂红蜘蛛的单株，对无山楂红蜘蛛的树可以不喷，这样可以减少对天敌的伤害，又可以控制山楂红蜘蛛的为害，减少农药的使用，减少对环境污染，又降低了生产成本，符合低碳经济。总之，只有保护和利用好天敌，维持枣园的生态平衡，才能减少有毒农药的使用，控制病虫为害，生产出符合国家标准、质量安全无公害的枣果。

第二节　科学使用农药提高防治病虫效果

1. 了解农药的特性及使用方法以提高防治效果　农药品种很多，剂型、功能、用途不同，有的农药只具备一种功能，如杀虫剂，只能用来防治害虫而不能防治病害。近年来为方便使用和提高防治效果，复配农药品种增多，如有机磷与菊酯类农药复配，扩大了杀虫范围，提高了防治效果，延迟了害虫抗药性的产生。只有了解农药的性能、特点，才能做到农药使用正确、适时、适量。

为有效地控制病虫为害，除了保护天敌，实行生物防治病虫外，必要时采取农药防治病虫仍是目前生产无公害果品可行的应急措施。因此，根据农药的特性和病虫为害特点选择相应的药剂非常重要。如防治红蜘蛛、绿盲蝽等刺吸式口器的害虫，就必须选用有内吸和触杀作用的药剂才能奏效，用有胃毒作用的农药效果不好。相反，防治桃小食心虫、棉铃虫、刺蛾等咀嚼式口器的害虫，就要选用有胃毒作用的药剂来除治。再如，有的农药只杀成虫、若虫，不杀卵，因此，当某种害虫成虫和卵同时存在时，就要选择既杀成虫又杀卵的药剂，才能收到良好防治效果。再如有的农药对温度敏感，如双甲脒防治红蜘蛛，在20℃以上效果好，但超过32℃易产生药害，使用双甲脒时应避免早春使用，夏天使用时应在傍晚时喷药效果才好。

2. 适时用药是防治病虫害的关键 如防治病害要在病菌初侵染期用药，后期可根据天气情况适时喷药保持其防治效果，如发现症状再防治，只能控制不蔓延，已丧失根治时期。防治虫害要抓幼龄期，农药用量少防治效果好，如防治棉铃虫，抓其幼虫1～2龄用药效果最好，到5龄再防治不仅增加用药量，提高了防治成本，加重了环境污染，而且增加了防治难度。此外，还要根据药性决定施药时间。如采用灭幼脲3号防治1～2龄棉铃虫，因其药效慢，必须提前3～4天使用。适时用药还含有选择喷药时间的问题，如防治绿盲蝽，最好在降雨后3～4天开始用药防治，因为雨后促进了绿盲蝽的卵孵化，最好选择在傍晚时间喷药，因为绿盲蝽喜欢傍晚、夜间活动，白天在黑暗处匿藏，傍晚喷药可直接喷到害虫身上，再是夜间蒸发量少，药液保湿时间长，害虫出来活动，黏上药液即可死亡，从而提高了防治效果。

3. 交替使用农药 通过农药的交替使用，可延缓病虫耐药力的产生是提高病虫防治效果的重要原则。如已禁用的一六〇五防治红蜘蛛，在20世纪60年代用2 000倍液防治效果很好，到80年代用800倍液防治基本无效。果农也有同样感觉，多菌灵也不如刚开始使用的效果好，其原因是多年连续使用造成害虫、病原菌耐药性提高的结果。为减少病虫耐药性的产生，每种农药不能连续使用，要与其他类型农药交替使用，同类型的农药交替使用无效。如多菌灵不能与甲基托布津交替使用，因二者属于同类型药物，与波尔多液、代森锰锌交替使用，可以减少其耐药性的产生。

正确地混合使用农药是提高病虫防治效果，减少菌虫耐药力的又一技术。杀菌剂与杀虫剂混合使用既能杀菌又能灭虫，减少喷药次数和用药成本，治虫防病效果不减。杀成虫效果好与杀卵效果好的农药混合使用，可以起到药效互补的作用。如红蜘蛛发生期一般是成螨、若螨、卵同时存在，单用阿维菌素防治就不如和螨死净一起混用的效果好，因为阿维菌素防治成螨和若螨效果好，但不杀卵；而螨死净杀卵和若螨的效果好，二者混用药效互补，提高了防治效果，延缓了害螨抗药性的产生。

4. 根据病虫分布及活动规律科学防治　目前，农药大部分是有触杀和渗透作用的，内吸药较少，只有将农药喷到病斑或虫体上防治效果才好，因此要了解病虫为害部位，如防治山楂红蜘蛛，该虫是以为害叶背面为主，因此喷药重点是叶背面。再如防治会飞的害虫，采用挤压式喷药，对一株树要从树冠的最上面依次向下喷药，直至地面辅作物一起周密喷洒；对一片果园最好从园边缘同时向园内喷药，防止害虫的逃逸，保证防治效果。目前生产上也存在用药的误区。有的果农认为农药混合得越多越好，将5～6种农药混在一起使用，效果并不好。如把辛硫磷与马拉硫磷一起混用其意义不大，因为同属有机磷农药且作用相同，如马拉硫磷与乙酰甲胺磷混用，虽然同是有机磷农药，但一个是胃毒型，一个是内吸型，二者混用能起到药效叠加的作用，扩大了防治范围。还有的果农认为，用药浓度越浓疗效越高，其实不然。农药浓度高引起人、畜中毒，造成植物药害事例屡见不鲜。在该种农药的要求浓度范围内，只要喷药适时均匀周到，完全能达到防治要求，过高的浓度只能加快病虫耐药性的产生和农药更替速度，增加了病虫防治难度。总之，人们在实践中应不断总结经验，科学地使用农药，采用综合防治技术，既要控制病虫为害，又不给环境和果品造成污染，生产出符合国家标准的安全枣果。

5. 农药的类型与使用　了解农药剂型与特点是正确使用农药，提高病虫害防治效果的重要一环，应予以重视。

（1）按农药的原料分类

无机农药：如石硫合剂、波尔多液、硫酸亚铁等，是由无机矿物质制成的农药，一般不易产生抗性。

有机农药：如敌敌畏、辛硫磷、百菌清、多菌灵等，是由人工合成的有机农药。发挥药效快，连续使用病虫易产生抗性。

生物性农药：如苦参碱、烟碱、Bt 制剂、浏阳霉素、阿维菌素等，由植物、抗菌素、微生物等生物制成的农药，对人畜、天敌毒性低，是生产无公害果品首选农药。

（2）按农药的防治对象分类

杀虫剂：如敌百虫、辛硫磷、乐果、敌杀死、苦参碱等。

杀螨剂：如螨克、螨死净、速螨酮等。

杀线虫剂：如灭线丹、丙线磷等。

杀菌剂：如波尔多液、甲基托布津、代森锰锌等。

除草剂：如丁草胺、草甘膦、克芜踪等。

植物生长调节剂：如赤霉素、乙烯利等。

（3）按杀菌作用分类

保护剂：如波尔多液、代森锰锌等，以保护为主，应在枣树发病前应用效果好。

治疗剂：如世高、多菌灵等能杀死病原菌，防止继续蔓延。由于其性质不同又分为表面治疗剂和内部治疗剂。表面治疗剂如粉锈宁防治枣锈病，能杀死植物表面的病原菌；内部治疗剂如多菌灵有内吸作用，药物进入植物组织内，可杀死或抑制病原菌。有的农药如农用链霉素只对细菌病原有效，对真菌病原菌无效，因此，防治真菌病害必须选用杀真菌的药剂。

(4) 按杀虫作用分类

①触杀剂：经害虫的体表渗入体内发挥杀虫作用，一般对咀嚼式口器和刺吸式口器害虫均有效。

②胃毒剂：经过害虫的口器进入体内，肠胃吸收后中毒死亡。对咀嚼式口器害虫防治效果好。

③内吸剂：植物吸收后在体内传导、存留或产生代谢物，使取食植物汁液或组织的害虫中毒死亡，对刺吸式口器害虫防治效果好。

④熏蒸剂：以气体状态通过呼吸道进入虫体发挥药效杀死害虫，如乙酰甲胺磷、敌敌畏等均有一定的熏蒸作用。

(5) 按除草作用分类　有触杀、内吸、选择、灭生性除草剂，不同的作用类型、杀灭时期、不同生长特点的害草。

(6) 按剂型分类　有乳油、水剂、可湿性粉剂、颗粒剂、胶囊、悬浮剂等。作用于不同的杀虫目的，应选用适宜的剂型。如防治桃小食心虫，在 5 月中、下旬桃小食心虫出土前，此时可用辛硫磷胶囊或颗粒剂喷撒地面来防治，在 8 月中旬就需要选用乳、水剂用于树上喷药来防治。

(7) 按酸、碱属性分类　属于酸性的农药可以与酸性、中性农药混用，而不能与碱性农药混用，否则会降低药效、或产生严重药害。如波尔多液属碱性农药，不能与大部分农药混用。在配制药液时也应该注意水的酸、碱性，碱性水不宜配制酸性农药，如采用偏碱性水配制药液，加上适量的醋可以提高药效。另外，有的药剂虽然同属碱性农药，不仅不能混合使用，还必须有一定的间隔时间才能相互使用。如波尔多液与石硫合剂同属碱性农药，但不能混用，而且二者使用间隔期必须在 20 天才行。因此，在使用农药前一定要看清农药使用说明非常重要，弄清农药的特性再正确配制和使用，否则会给生产带来不必要的损失。

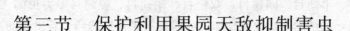

第三节　保护利用果园天敌抑制害虫

害虫天敌是实现果园生态平衡，起到以虫治虫，抑制害虫蔓延，减少农药使用，保证果品优质丰产的重要技术，符合当前提倡低碳经济的要求。因此，了解果园天敌种类非常重要，是实现利用天敌的基础。枣园常见的害虫天敌是一个生物类群，主要有：

1. 捕食性昆虫类

（1）草蛉科　以捕食蚜虫为主，也捕食害螨、枣叶壁虱、叶蝉、介壳虫类及鳞翅目害虫的卵与幼虫，是枣园常见的天敌。主要有大草蛉、中华草蛉、丽草蛉、晋草蛉、多斑草蛉等。

（2）瓢虫科　除植食性瓢虫亚科的瓢虫外，大部分瓢虫为肉食性的益虫，捕食蚜虫类、害螨类、介壳虫类的各种虫态。主要有深点食螨瓢虫、七星瓢虫、黑缘红瓢虫、红点唇瓢虫、红环瓢虫、大红瓢虫、中华显盾瓢虫，是果园常见重要天敌之一。

（3）螳螂科　俗称刀螂，可捕食蚜虫、蛾蝶类、金龟子类、椿象类、叶蝉等多种害虫。对枣树害虫枣步曲、刺蛾类、棉铃虫、桃小食心虫、金龟子类等害虫均有较强的捕杀作用。我国螳螂有50多种，常见的有广腹螳螂、中华大刀螳螂。

（4）蜻蜓类　是最常见的一类益虫，全世界有5 000余种，全部为捕食性益虫，对枣树鳞翅目害虫如枣步曲、桃小食心虫、枣黏虫、枣花心虫等均可捕食，应教育儿童予以保护。

（5）食虫虻类　多数种类为益虫，捕食金龟子、椿象类及鳞翅目害虫的成虫。主要有中华食虫虻、大食虫虻。

2. 蜘蛛类　是常见物种，全世界已知有35 000多种，我国有3 000多种，已定名1 500多种，为捕食性有益生物，其80%分布于农田与林木中，20%分布于人类居住的房舍。适应性广，寿命长，从数月至数年不等，结网性蜘蛛可捕杀鳞翅目、直翅目、半翅目、同翅目、双翅目、鞘翅目、膜翅目等害虫的飞行虫，非结网性爬行类蜘蛛，可捕食上述害虫的卵、若虫或幼虫、地下害虫，应注意保护利用。

3. 野生鸟、兽类和两栖动物类　我国已知有 600 多种鸟类以各种昆虫为食料。捕食叶蝉类、天牛类、金龟子类、介壳虫类、象甲类等硬壳虫及鳞翅目害虫的成虫与幼虫。常见的有喜鹊、麻雀、雨燕、啄木鸟等。食虫兽类以蝙蝠为主，另外还有黄鼠狼，及两栖类食虫动物如青蛙、蟾蜍等，应教育广大群众爱护鸟类、青蛙、黄鼠狼等不捕、不吃，保护人类自己的生态家园。

4. 寄生性天敌昆虫　有寄生蜂和寄生蝇，它们主要寄生于害虫幼虫、卵、蛹期，是鳞翅目、鞘翅目、膜翅目、双翅目、同翅目等害虫的天敌。其杀虫机制多以雌成虫产卵于寄主体内或体外，卵孵化为幼虫，吸食寄主体内的体液作食物，直至吸干害虫体液使害虫死亡。常见的有：

（1）姬蜂科

①枣尺蠖肿跗姬蜂主要寄生于枣尺蠖的卵和蛹。

②刺蛾紫姬蜂主要寄生于刺蛾类幼虫。

③齿腿姬蜂寄生于桃小食心虫的幼虫。

④紫瘦姬蜂寄生于桃天蛾幼虫和蛹。

（2）赤眼蜂科

①松毛虫赤眼蜂寄生枣尺蠖、桃小食心虫、刺蛾类、松毛虫的卵，是目前生产上应用较多的天敌昆虫。

②叶蝉赤眼蜂寄生于大青叶蝉的卵。

③舟蛾赤眼蜂寄生于黄刺蛾、棉铃虫、桃天蛾等的卵。

（3）茧蜂科

①桃小甲腹茧蜂专一寄生于桃小食心虫的幼虫。

②网皱草腹茧蜂寄生于桃小食心虫和苹小食心虫的幼虫。

③天牛茧蜂寄生于天牛幼虫和卵。

（4）金小蜂科　长盾金小蜂寄生于龟甲蜡介壳虫中。

（5）青蜂科 上海青蜂寄生于刺蛾类幼虫。

（6）旋小蜂科 麻皮蝽平腹小蜂寄生于麻皮椿象的卵。

（7）黑卵蜂科 椿象黑卵蜂寄生于茶翅椿象、黄斑椿象、斑须椿象的卵。

（8）土蜂科 金毛长腹土蜂、白毛长腹土蜂、斑土蜂均寄生于金龟子类或象甲类害虫的幼虫。

（9）寄蝇科

①本科昆虫与普通苍蝇相似，有些个体体型稍大，体毛较硬，主要有枣尺蠖寄蝇、家蚕追寄蝇，可寄生于枣尺蠖幼虫。

②伞裙追寄蝇寄生于棉铃虫、大袋蛾幼虫及小地老虎。

5. 对害虫致病致死的微生物类及代谢产物 许多真菌、细菌、病毒及类立克次体、单细胞原生动物类，如白僵菌等可导致害虫染病；有些微生物的代谢产物，如抗生素类，也可杀死害虫及病害的病源微生物。

第四节 我国规定在果树上禁止使用的农药

1. 有机磷类农药 对硫磷（一六○五、乙基一六○五、一扫光）、甲基对硫磷（甲基一六○五）、久效磷（纽瓦克、纽化磷）、甲胺磷（多灭磷、克螨隆）、氧化乐果、甲基异柳磷、甲拌磷（三九一一）、乙拌磷、杀螟硫磷（杀螟松、杀螟磷、速灭虫）。

2. 氨基甲酸酯类 灭多威（灭索威、灭多虫、万灵）、呋喃丹（克百威、虫螨威、卡巴呋喃）等。

3. 有机氯类 六六六、滴滴涕、三氯杀螨醇（开乐散、其中含滴滴涕）、三氯杀螨砜。

4. 有机砷类 福美砷（阿苏妙）及无机砷制剂如砷酸铅等。

5. 二甲基甲脒类 杀虫脒（杀螨脒、克死螨、二甲基单甲胕）。

6. 氟制剂类 氟乙酰胺、氟化钙等。

第五节 枣安全生产可以使用疗效 较高的部分农药

1. 生产无公害枣允许使用的杀虫剂 苦参碱（绿宝清、苦参素、维绿特、绿宇），烟碱（硫酸烟碱、蚜克、果圣），机油乳剂，加德士敌死虫，白僵菌，苏云金杆菌，阿维菌素（齐螨素、爱福丁、海正灭虫灵），甲氨基阿维菌素苯甲酸盐碱（埃玛菌素、抗蛾斯），灭幼脲 3 号，除虫脲（敌灭灵），定虫隆（抑太保、氟啶脲）、农梦特（氟铃脲），吡虫啉（蚜虱净、康福多、大功臣）、抑食肼（虫死净）锐劲特，卡死克（氟虫脲），扑虱灵（优乐得、环烷脲、噻嗪酮），杀虫双（抗虫畏、杀虫丹），甲氰菊酯（灭扫利）、速灭杀丁（氰戊菊酯、中西杀灭菊酯、敌虫菊酯），贝塔氯氰菊酯（歼灭），顺式氯氰菊酯（高效安绿宝、高效灭百可、奋斗呐），敌百虫，乙酰甲胺磷（高灭磷、杀虫灵）、敌敌畏，马拉硫磷（马拉松、防虫磷、马拉赛昂）、辛硫磷（倍腈松、肟硫磷），乐斯本（毒死蜱），三唑磷，喹硫磷（爱卡士、喹恶磷）阿克泰（锐胜）、啶虫脒（莫比朗），桃小食心虫性诱剂，枣黏虫性诱剂。

2. 生产无公害枣允许使用的杀螨剂 浏阳霉素（多活菌素），华光霉素（日光霉素、尼柯霉素）阿维菌素，螨死净（阿波罗、四螨嗪、螨灭净），克螨特（丙炔螨特），双甲脒（螨克），速螨酮（灭螨灵、哒螨酮、哒螨净、牵牛星）霸螨灵（杀螨王）。

3. 生产无公害枣允许使用的杀菌剂 石硫合剂、波尔多液、新星（福星）、易保银果、代森锰锌（喷克、大生 - 45、新万生）、仙生、甲基托布津（甲基硫菌灵）、粉锈宁（三唑酮、百理通）、多菌灵（苯并咪唑 14）、必备、碱式硫酸铜、可杀得、铜

高尚、多氧霉素（宝丽安、多效霉素、保利霉素）、农抗 120
（抗霉菌素）、井冈霉素（有效霉素）、春雷霉素（克死霉、加收
米、春日霉素）、农用链霉素、中生菌素（农抗 751）。

　　编者提示：安全食品生产要求，生产无公害果品允许使用的
有机磷、菊酯类及阿维菌素等中等毒性农药在采果前 30 天停止
用药，其他低毒农药在采果前 20 天停止用药。

第六节　枣树病虫防治

　　枣树病害防治流程：调查危害枣树主要病害、次要病害及同
时存在的害虫→确定防治主要病害用药及兼次要病害用药或兼治
虫害用药→首选农艺防治措施→药物防治在萌芽前用 5 波美度石
硫合剂防治各种病害兼治虫害→病菌初侵染期用合成杀菌剂＋防
治虫害药物→进入雨季可用波尔多液（此期害虫应单独防治）→
后期用大生 M - 45、高尚铜等一类以保护为主且对人无毒的杀菌
剂，全年病害即可控制。

一、枣锈病

　　枣锈病在我国枣区均有发生，多雨的南方发病多于北方，是
枣树上的重要病害。其病源菌为担子菌纲，锈菌目，锈菌科，锈
菌属，枣层锈菌，主要为害枣树叶片，发病初期在叶片背面的叶
脉两侧、叶尖、基部出现淡绿色小白点，之后凸起呈暗黄褐色小
疱为病原菌的夏孢子堆，成熟后，表皮破裂散出黄粉即夏孢子，
叶片正面对应处有褪绿色小斑点，呈花叶状，逐渐变黄色失去光
泽，形成病斑，最后干枯脱落。落叶一般从树冠下部内膛向上向
外蔓延，受害严重地块仅有枣果挂在树上，很难成熟，果柄受害
容易落果。

　　1. 发生规律　病菌在病芽和落叶中越冬，借风雨传播，北

方 6 月中、下旬以后温度、湿度条件适于病菌繁殖并造成多次侵染。沧州地区一般 6 月底至 7 月初如有降雨即可侵染，7 月中、下旬开始发病，8 月下旬、9 月上旬发病严重的树开始大量落叶。枣锈病发生与高温高湿有关，南方发生重于北方，雨水多的年份，树冠、枣园郁闭通风透光不良的枣树发病严重。干旱年份发病轻甚至不发病。

2. 防治方法

（1）农艺措施　及时清扫夏秋落叶、落果并烧毁。对郁闭果园和树冠应通过修剪改善通风透光条件。合理施肥、控制氮肥过量使用。坐果适量增强树势，提高枣树本身的抗病能力，雨季要及时排除果园积水，创造不利于病菌繁衍的条件。冬季长绿的松柏树是锈病菌的中间寄主，枣园应远离松柏树减少感染。

（2）药剂防治　春天枣芽萌动前喷 5 波美度石硫合剂，减少越冬病源菌基数。雨季来临早的年份或地区于 5 月底至 6 月初，树上喷 40% 氟硅唑（福星）乳油 8 000 倍液或用 25% 三唑酮（粉锈宁）可湿性粉剂 1 000 倍液或 80% 代森锰锌（大生 M - 45）可湿性粉剂 600～800 倍液或用 62.25 的仙生 600～700 倍液。如多年没用多菌灵或甲基硫菌灵的枣园还可用 50% 多菌灵可湿性粉剂 600～800 倍液或用 70% 甲基硫菌灵可湿性粉剂 800～1 200 倍液。进入 7 月份以后正是北方雨季，可连续用 2～3 次倍量式波尔多液 180～220 倍（前期用 220 倍，后期可适当提高浓度用 180 倍），雨季后期可用代森锰锌（80% 大生 M - 45）可湿性粉剂 600～800 倍液或用 40% 氟硅唑（福星）乳油 8 000 倍液或用 77% 氢氧化铜（可杀得）可湿性粉剂 500～800 倍液防治。雨季后期应停用波尔多液，以防污染果面影响销售。

二、枣炭疽病

炭疽病菌属于真菌中的半知菌，除了为害枣以外，还为害苹

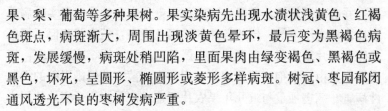

果、梨、葡萄等多种果树。果实染病先出现水渍状浅黄色、红褐色斑点，病斑渐大，周围出现淡黄色晕环，最后变为黑褐色病斑，发展缓慢，病斑处稍凹陷，里面果肉由绿变褐色、黑褐色或黑色，坏死，呈圆形、椭圆形或菱形多样病斑。树冠、枣园郁闭通风透光不良的枣树发病严重。

1. 发生规律 枣炭疽病菌在枣头、枣股、枣吊及僵病果中越冬，可随风雨或昆虫带菌传播。刺槐可染病或带菌，以刺槐为防护林的枣园有加重感染炭疽病的趋势。据资料介绍，该病菌孢子在 5 月中旬前后有降雨时即开始侵染传播，8 月上、中旬可见到果实发病，如后期高温多雨，加速侵染。

2. 防治方法

（1）农艺措施 初冬对树上尚未脱落的枣吊、枣果，树下落叶、枣吊、病果等彻底清除出果园烧毁，如枣园防护林是刺槐的，要做好刺槐的防治工作，有条件的可改种其他树种。其他措施见枣锈病相关部分。

（2）药剂防治 在枣芽萌动前全树喷 5 波美度的石硫合剂，包括作防护林的刺槐。5 月底至 6 月下旬，可用 70% 甲基硫菌灵（甲基托布津）1 000～1 200 倍液或 40% 氟硅唑（福星）乳油 8 000 倍液、或噻菌铜 20% 悬浮剂 500～700 倍或 62.25 的仙生 600～700 倍药液全树喷雾，灭除初染病菌，7 月上旬至 8 月中旬可喷 2～3 次倍量式波尔多液 180～220 倍液（前期用 220 倍），全树喷雾保护幼果，8 月底以后可用 10% 多抗霉素可湿性粉剂 1 000 倍液或 77% 氢氧化铜（可杀得）可湿性粉剂 400～600 倍液或代森锰锌（80% 大生 M-45）可湿性粉剂 600～800 倍液喷雾，一般 9 月中旬后可停止用药。

三、枣黑斑病

据观察和报道，近几年河北、山东各枣产区均有黑斑病的发生，并有加重趋势。枣黑斑病主要浸染果实和叶片。果实染病后表皮出现大小不等、形状各异的黑褐色病斑，稍有凹陷但不侵染果肉，叶片染病后出现黑褐斑，严重时干枯。据李晓军研究，枣黑斑病是由黄单孢杆菌属细菌和假单孢杆菌细菌侵染引起的细菌性病害。病害加重与近几年果农片面追求产量，不适当地使用赤霉素、氮肥以及有机肥施用不足造成树势弱，抗病能力下降有关。

1. 发生规律　黑斑病菌在6月中旬即可侵染，7、8月份是该病高发期，气候高温多湿是病原菌蔓延的条件，9月上旬以后随着雨量减少和气温的下降，其蔓延势头得到抑制，病原菌可在病果和叶片越冬。

2. 防治方法

（1）农艺措施　冬后或早春彻底清除果园中的枯枝落叶、病果、落果及杂草，减少病原菌越冬基数。

（2）药剂防治　在枣树萌芽前喷5波美度的石硫合剂，进行全树全果园灭菌。

6月底至7月初黑斑病初染期可10%农用链霉素可湿性粉剂1 000倍液加40%氟硅唑（福星）乳剂8 000倍液可兼治其他病害。7月上旬至8月中旬用倍量式波尔多液180～220倍液2～3次，8月下旬以后再用77%氢氧化铜（可杀得）可湿性粉剂600～800倍液或用10%农用链霉素可湿性粉剂1 000倍液加62.25%仙生可湿性粉剂600～700倍液。或用80%代森锰锌（大生M-45）400～600倍液防治。

四、枣铁皮病

枣铁皮病为害枣果，发病时病斑黄褐色如铁锈色故称铁皮病。有的枣区称雾焯、干腰子、雾燎头、束腰病，后期枣果失水缩皱，又叫缩果病。河北农大研究其病原菌为细交链孢、毁灭茎点霉、壳梭孢，3 种菌单独浸染或复合浸染的真菌病害。

1. 发生规律 一般在枣果白熟期出现症状，开始在枣的中部至肩部出现不规则黄褐色水渍状病斑，并不断扩大向果肉发展，果肉变黄褐色味苦，病果易落果。该病遇雨可突发性蔓延。病原菌在枣股、枣枝、树皮、落果、落叶、落吊中越冬，最早在枣花期就可侵染，8 月中下旬至 9 月为发病高峰。

2. 防治方法

①农艺措施。清除果园落果落叶落吊等集中销毁。春季刮树皮，集中放飞天敌后销毁。

②刮树皮后，在枣树发芽前喷 5 波美度的石硫合剂。

③从 6 月中旬喷一次枣铁皮净（河北农大研制）农 800～1 000 倍药液，或 62.25％仙生可湿性粉剂 600～700 倍液，7 月至 8 月中旬喷倍量式 180～220 倍波尔多液 2～3 次，然后再根据发病情况喷铁皮净 800～1 000 倍药液 1～2 次或 62.25％仙生可湿性粉剂 600～700 倍液或 77％氢氧化铜（可杀得）可湿性粉剂 600～800 倍液。

五、枣疯病

枣疯病俗称扫帚病、公树病、丛枝病等，全国各枣区均有发生，为毁灭性病害，有的造成全园毁灭，唯河北沧州、山东滨州等地少见枣疯病。20 世纪 70 年代认为病毒为害，80 年代又从病树中发现类菌质体，认为是病毒与类菌质体混合感染。据近些年的研究可基本确定为类菌质体病害。

1. 发生规律

①通过带病苗木、接穗，嫁接或叶蝉类刺吸式口器昆虫传播。

②枣疯病菌在病树的韧皮部，通过筛管体内传布，病原菌在树内分布不均匀，健康枝条中可基本没有病原菌。

③山区管理粗放、病虫防治不力的枣园、树势衰弱、植被丰富的枣园发病严重，而沙地和盐碱地枣区发病轻，可能与植被少、传病昆虫少、盐碱对类菌质体有一定的抑制作用有关。

④不同品种抗枣疯病的能力不同，不同的间作物与周围树木组成不同，均影响枣疯病的发生与蔓延。

2. 防治方法

①严禁从疫区引进苗木、接穗，对引进苗木、接穗，要严格检疫，杜绝传染源。

②新建枣园应选择抗枣疯病品种，采用无毒苗木，改接枣树要采集无毒苗木接穗进行嫁接。

③发现病株包括根系要彻底刨除销毁，消灭传染源。

④及时做好叶蝉类刺吸式口器昆虫的防治，减少昆虫传播机会。

⑤在病树上作业的工具要彻底消毒，减少作业工具的传病。

⑥有资料介绍发病较轻的树可采用彻底锯除病枝，主干环锯，断根及打孔注射药物等手术治疗，治愈率可达 50% 以上。笔者仍建议发现病株要彻底刨除为好，因为尽管 50% 以上的治愈率已有很大的进步，但是 50% 的传染源存在仍有继续蔓延的可能。

⑦要加强枣园的综合管理，增施有机肥，增强树势，提高枣树自身抵抗各种病害能力。

⑧药物防治。采用树干打孔注药方法效果较好。先将病树的病枝从基部去掉，然后在树干用钻打孔 3 个，孔间平面夹角 120度（3 孔均匀分布一圆周）用带输液针头的塑料袋向树干孔内注药，用土霉素、四环素或河北农业大学研制的抗疯 4 号、抗疯 8 号浓度为 1%，病轻的树每株滴药液 500 克、中等病树滴1 000 克、重病树滴 1 500～2 000 克，防治最佳时期为枣树旺长期，北方枣区在 4 月下旬开始最好。中、重度病树应连续治疗 2～3 年。

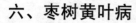

六、枣树黄叶病

枣树黄叶可由多种原因造成，如果是坐果后叶片由绿变黄，可能是由于甲口过宽没有及时愈合，树体养分不足造成；缺铁、缺氮、缺硫、缺锰和缺镁均可使叶片变黄，生产上常见的黄叶病主要是缺铁造成的，特别是盐碱地，土壤中的铁难以被根系吸收而造成缺铁性生理病害。

1. 发生规律 枣树缺铁是从枣头的幼嫩叶片开始发黄，特别是雨季，嫩梢生长过快，叶片黄化表现更为明显，雨季过后，症状可减轻。发病初期叶肉由绿变黄，叶脉仍为绿色，形成黄绿相间的"花叶"，严重时叶脉也可变黄、整个叶片变成黄白色，严重影响光合作用，造成果实品质下降和严重减产。

2. 防治方法

①合理施肥，因偏施磷肥或土壤中钙过多可影响铁、锰、镁等元素的吸收，提倡以施用有机肥为主，配方施肥，不能偏重某种化肥的施用。

②在秋季施基肥时，每株树用0.5千克左右的硫酸亚铁与有机肥拌匀一起使用，这样有利于根系的吸收，减少铁在土壤中被固定的机会。

③生长季节可用尿素铁（0.2%～0.3%的硫酸亚铁加上0.2%～0.3%尿素再加0.2%的柠檬酸配成溶液），10天喷施一次，共喷2～3次可明显改善症状。有沼气池的农户，也可将硫酸亚铁放入沼液中发酵3～5天，然后用此混合液加水2～3倍在树冠投影处挖沟或打孔浇树（每株树产鲜枣50千克，用0.5千克硫酸亚铁）效果也很好。在缺少化验条件的地方要确定植物缺少哪种元素，除观察特有表现症状外，可用实验法确定，如要确定黄叶病是缺哪种元素引起的。可先用300倍的尿素铁，进行叶面施肥，如果症状缓解，叶片变绿，说明此植物黄叶是因缺铁引

起的。如症状没缓解说明不是缺铁，再改用其他能引起黄叶的元素进行实验确定。

七、枣裂果病

枣裂果病是生理病害，主要表现是果实生长后期出现裂果，特点是久旱突然降雨，果实出现大面积裂果。

1. 发病规律　枣裂果，品种间差异很大，果皮厚的枣一般裂果较轻。造成枣裂果主要有以下因素：一是枣果本身遗传基因造成的，品种间差异就是例证，同一品种不同品系间也有类似情况，如同是金丝小枣不同品系间就不同，有一种圆形小果型的金丝小枣就特别容易产生裂果，相反新选育的金丝新4号、献王枣裂果就轻。二是气候原因，果实生长前期干旱，不能适时适量浇水，后期突然降雨，致使果皮和果肉细胞生长不均衡造成裂果。三是栽培原因，有机肥施用不足，土壤板结，根系生长不良；有的果农长期采用地面撒施的施肥方法，造成根系上浮，抗旱耐涝能力下降等，因管理方式不当造成果实裂果。四是缺钙，钙是组成果胶钙和细胞壁的重要元素，果树缺钙，果实裂果的几率就大。

2. 防治方法

①开展品种选优，淘汰那些易裂果的品系，从根本上解决裂果问题。

②根据天气情况做好果实生长期的浇水，雨季要及时排除果园积水。提倡滴灌和果园覆草，使土壤湿度保持在合理和稳定状态，保证果实均衡生长。

③增加有机肥的使用，改进施肥方法，通过深翻改土，改善土壤保水保肥能力，促进根系生长，引根向下，提高枣树的抗旱能力。

④果实生长中、后期适当补充钙肥。可用0.2%的氯化钙、

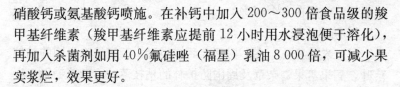

硝酸钙或氨基酸钙喷施。在补钙中加入 200～300 倍食品级的羧甲基纤维素（羧甲基纤维素应提前 12 小时用水浸泡便于溶化），再加入杀菌剂如用 40％氟硅唑（福星）乳油 8 000 倍，可减少果实浆烂，效果更好。

八、枣浆烂病

枣浆烂病严重影响产量和果实品质，各枣区均有发生。近几年在金丝小枣上为害严重，冬枣也有发生，成为枣树重要病害之一。该病主要为害果实，为害症状表现为果实烂把、烂果及果面出现黑斑（黑疔），危及果肉，果肉为黑色硬块，有苦味。

1. 发病规律　据沧州农林科学院的王庆雷、刘春芹等人对金丝小枣浆烂果病的研究，造成果实浆烂的病原菌主要是壳梭孢菌、毁灭性茎点霉菌、细链格孢菌。以壳梭孢菌为主，该菌引起果实浆烂（俗称黄浆），毁灭性茎点霉菌引起果柄处腐烂（烂把），细链格孢菌致使果皮出现黑斑（黑疔），3 种病原菌可混合侵染，也可单独致病，不同品种、地域环境其组成可能有差异。病原菌在枣树枝干外皮层、落叶和病果中过冬，可在枣树生长季节侵染，侵染高峰在 7 月上旬至 9 月中旬，与温度和湿度关系密切，雨后高温可大发生。病原菌有侵染潜伏现象，侵染果实后当时可不发病，当环境条件适宜时可以发病造成果实浆烂。该病原菌寄生广泛，杨、柳、榆、刺槐、苹果、梨等树种均为病原菌寄主。

枣浆烂病发生除与空气湿度和气温有关外，与枣园的管理水平密切相关。凡是施肥以有机肥为主、土壤有机质含量高、修剪到位、枣树的树体结构和群体结构合理、通风透光结构好的果园，坐果适量，树势健壮的枣树浆烂病发生明显轻。在运用同样的防治措施，每年以氮肥为主，坐果过量，通风透光不良的果园，枣浆烂病发生可达 20％以上，而管理水平好的果园枣浆烂病很轻，一般在 3%~5%。

2. 防治方法

（1）农艺措施　在枣树落叶后或早春，彻底清除枣园的枯枝落叶、病果落果、杂草及周围防护林的枯枝落叶、杂草销毁，春天树液流动前刮树皮（刮去老皮不能露出白色韧皮部），减少病原菌越冬基数。

加强肥水管理，增加有机肥的使用量，氮、磷、钾肥应合理配合使用，土壤缺钾，应增加钾肥的使用。枣树生长前期一般降雨偏少应该适时浇水，后期注意果实补钙，防治果实裂果，减少病原菌侵入的机会。合理使用赤霉素（九二〇）等促进坐果的技术措施，做到结果适量，平衡协调生殖生长与营养生长，以增强树势，提高枣树本身的抗病能力。

（2）药物防治　在枣树刮皮后，萌芽前喷 5 波美度的石硫合剂，包括枣园周围的其他树种，杀灭越冬病原菌。

在 6 月中、下旬可用 40%氟硅唑（福星）乳油 8 000 溶液，或噻菌铜 20%悬浮剂 500~700 倍药液或 62.25%仙生可湿性粉剂 600~700 倍液全树喷雾；自 7 月上旬至 8 月中旬可用倍量式波尔多液 180~220 倍液喷 2~3 遍，8 月下旬以后可用 77%氢氧化铜（可杀得）可湿性粉剂 600 倍液或 27.12%的碱式硫酸铜（铜高尚）悬浮剂 500~600 倍液防治，如果没有连续使用多菌灵的果园可以用 50%的多菌灵可湿性粉剂 400~500 倍液，或 80%代森锰锌（大生 M - 45）600~800 倍液防治。

九、枣树枯枝病

近几年枣树枯枝病有上升趋势，各枣园均有发生，笔者调查与有机肥施用不足、过量施用氮肥、坐果过多、树势衰弱有密切关系，也与地势、土质及病虫为害引起感染有关。

1. 发生规律　该病菌主要侵染树皮损伤的枝条，多发生在枣头基部与二次枝交接处的周围，病斑开始水渍状，形状不规则，病原菌由外向里逐渐侵入，树皮坏死干裂变成红褐色斑，影响养分的输导，病斑扩展一圈后造成枝条死亡。一年有两次发病高峰，第一次在萌芽后，第二次在 8 月中下旬，病原菌以半知菌亚门的壳梭孢菌为主，以菌丝和分生孢子在病斑内越冬。

2. 防治方法

（1）农艺措施　该病菌为弱寄生，增强树势是根本，因此应增施有机肥，提高土壤肥力，合理整形修剪及使用促进坐果剂，使枣树结果适量树势健壮，提高抗病能力。

（2）药物防治

①春天刮病斑，在枣树萌芽前喷 5 波美度的石硫合剂。

②生长季节经常检查树体，发现病斑及时刮去坏死病斑，用石硫合剂原液（20 波美度）或用 843 康复剂或 9281 杀菌剂 5 倍液涂抹病斑。

枣树虫害防治流程：调查危害枣树主要虫害、次要虫害及同时存在的病害→确定防治主要害虫用药及兼治病害用药（不能用碱性农药）→首选农艺防治措施→药物防治在萌芽前用 5 波美度石硫合剂防治各种虫害兼治病害→害虫幼龄期选用适宜防治虫害药物进行喷药防治→一般连治两遍（最好使用不同品种的农药），全年虫害即可控制。

十、绿盲蝽

绿盲蝽属半翅目，盲蝽科。江南和华北各地均有分布，是近年来为害红枣生产的重要害虫。除为害枣树外，还为害苹果、梨、木槿等多种果树及棉花、甜菜、茶叶、烟草、蚕豆、苜蓿、各种草类等，寄主极为广泛。以若虫、成虫刺吸植物的幼芽、叶片、花、果、嫩枝的汁液，受害幼芽、叶片先出现枯死小斑点，随着叶片长大，枯死斑点扩大，叶片出现不规则的孔洞，使叶片残缺不全，俗称"叶疯"病；枣吊受害后枣吊弯曲如烫发状；花蕾受害后干枯脱落；幼果受害果面出现凸突、褐点，重则脱落或染病，许多病害由此而传播。

1. 形态特征

（1）成虫 长卵圆或椭圆形，体长5毫米左右，黄绿色；触角4节深绿至褐色，前胸背板密布黑点，深绿色，小盾片上有茧斑1对，前翅革片绿色，膜质部灰白色半透明。

（2）卵 长1毫米左右，瓠状形，黄绿色。

（3）若虫 体淡绿色，着黑色节毛；触角及足深绿色或褐色，翅芽端部深绿色，较成虫小（图8-1）。

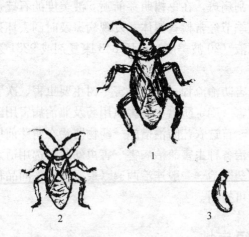

图 8-1 绿盲蝽
1. 成虫 2. 若虫 3. 卵

2. 生活简史

该虫在北方1年发生4～5代，以卵在果园及周围的作物、豆类、杂草叶鞘缝处、枣股、枝皮缝隙内越冬。春天气温平均达到10℃以上时卵开始孵化为若虫，春季雨后湿润条件促进卵孵化。前期在已萌芽的其他作物或杂草上为害，枣树发芽时转移为害枣树。5月上、中旬是为害盛期，为害后的嫩吊生长受阻，花芽分化不良，如防治不及时将造成落蕾、落花、落果而减产。进入6月份，高温干旱不利于该虫活动，虫口密度减少。进入雨季，在高温多湿的条件下，易造成成虫大发生。第一代成虫后，世代重叠，成虫飞翔能力强为防治带来不便，在6月上中旬、7月中旬、8月中下旬有相对集中发生期，可抓住有利时期进行防治。该虫有夜间活动习性，喷药防治应选择傍晚或凌晨太阳出来前进行，防治效果较好。

3. 防治方法

（1）农艺措施 早春对树下以及果园周围的杂草、枯枝落叶、间作物秸秆、枣根蘖小苗及时清除烧毁，减少越冬卵基数，为全年防治奠定基础。在3月中旬刮除树皮及枝干翘皮，然后在树干上缠胶带，胶带上面涂黏虫胶。据笔者6月中旬调查，树干涂黏虫胶带防治绿盲蝽的效果很好，缠上黏虫胶带仅一天，黏绿盲蝽若虫253头，成虫2头。

（2）药物防治 枣树芽萌动前用5波美度的石硫合剂液全树均匀喷雾杀灭越冬卵；并要做好枣园内及周围农作物、草类的第一代若虫防治；在枣树萌芽期和幼芽期，特别是降雨后的3～4天若虫大量出蛰期用30％乙酰甲胺磷800～1 000倍＋5％氟氯氰菊酯（百树得）乳油2 000～3 000倍液或48％毒死蜱（乐斯本）乳油1 000～1 500倍液＋10％吡虫啉可湿性粉剂2 500～3 000倍液或1.8％的阿维菌素4 000～5 000倍液，或甲氨基阿维菌素苯甲酸盐0.5％微乳剂3 000倍液树上均匀喷雾，以保证花蕾的正常分化。以后要抓住各代的若虫期采用上述农药交替或混合使用，把绿盲蝽消灭在卵和若虫期。绿盲蝽有夜间活动白天静伏的特性，为提高防治效果最好在傍晚喷药。绿盲蝽成虫飞翔力很强，给防治带来困难，一家一户的分散喷药也影响防治效果，为提高防治效果一定要抓好第一代若虫期前的防治，并要求全村大面积统一时间用药防治，防止为成虫留下匿藏的死角。

十一、食芽象甲

食芽象甲属鞘翅目，象甲科，又名枣飞象，俗名象鼻虫、土猴、顶门吃等。各地枣区都有发生，除为害枣以外，还为害苹果、梨、桃、杏、杨、泡桐等树木及棉花、豆类、玉米等农作物。枣萌芽时，啃食枣芽，严重时将枣芽啃光造成二次萌芽并大幅度减产。

1. 形态特征

（1）成虫　体长4～6毫米，土黄或灰白色。鞘翅弧形，后翅膜质半透明，善飞翔，腹面灰白色，足3对，灰褐色。

（2）卵　长椭圆形，初产时乳白色，后变棕色。

（3）幼虫　乳白色，体长约5毫米。

（4）蛹　灰白色，纺锤形，长约4毫米（图8-2）。

2. 生活简史　该虫1年1代，以幼虫在土中越冬，翌年3月下旬至4月上旬化蛹，4月中、下旬即羽化成虫，在枣树萌芽时集中枣树嫩芽啃食为害。5月上旬成虫交尾产卵，5月下旬至6月中旬幼虫孵化沿树爬入土内取食枣树细根，9月以后随气温下降潜入深土层越冬，

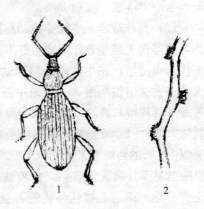

图8-2　食芽象甲
1. 成虫　2. 枣芽为害状

来年春天，气温转暖时再迁升至表土层化蛹。该虫在4月份中午气温高时上树为害最重，5月份以后气温升高后，以早晚上树为害最重。该虫有假死性，可利用此特性除虫。雌成虫产卵于嫩芽、叶片、枣股轮痕处和枣吊裂痕隙内。

3. 防治方法

（1）农艺措施　清除杂草等参照绿盲蝽有关内容。7 月份在幼虫下树前在树干光滑处缠黏虫胶带阻止幼虫下树入土越冬。利用该虫的假死性，在集中上树为害时段，振枝并结合放鸡吃虫。

（2）药物防治　春季幼虫化蛹前用 25％辛硫磷微胶囊水悬浮剂 200～300 倍或用 25％乙酰甲胺磷粉剂 200～300 倍液喷洒地面然后浅锄，如能在树冠下铺地膜，既能提高地温，防止水分蒸发，利于根系生长，又能阻止成虫羽化，事半功倍；在枣树萌芽期用 50％辛硫磷乳油 1 000～1 200 倍液，如加入 5％氟氯氰菊酯（百树得）乳油 2 000～3 000 倍液或 1.8％阿维菌素 4 000～5 000倍液其防治效果更好。以后根据其为害情况做好防治。

十二、枣瘿蚊

枣瘿蚊属双翅目，瘿蚊科，俗名卷叶蛆、枣芽蛆等。各枣区均有分布，以幼虫为害嫩芽、幼叶。被害叶片呈紫红色肿皱卷筒状，叶缘向上向内卷曲不能展开，叶质厚脆，幼虫在卷曲叶内取食，最终叶片变黑干枯脱落。轻则叶片不能进行正常的光合作用，影响枣果质量和产量，重则叶片脱落。

1. 形态特征

（1）成虫　蚊子形状，体长 1.5 毫米左右，虫体橙褐色或灰褐色。

（2）卵　长椭圆形，长约 0.3 毫米，初产时白色半透明，后变淡红色有光泽。

（3）幼虫　蛆状，老熟幼虫长 1.5～2.9 毫米，乳白色，头尖小，褐色，体节明显，无足。

（4）蛹　裸蛹，纺锤形，长 1.1～1.9 毫米，初为乳白色，后为黄褐色（图 8-3）。

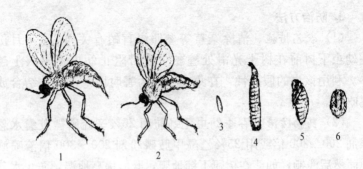

图 8-3 枣瘿蚊

1. 雌成虫 2. 雄成虫 3. 卵 4. 幼虫 5. 蛹 6. 茧

2. 生活简史 该虫在华北地区 1 年发生 5～7 代，以老熟幼虫结茧在树下周围浅土层内越冬，翌年 4 月中旬开始羽化，在刚萌发的枣芽上产卵，5 月上旬为害盛期，叶内可有数条幼虫为害，老熟幼虫堕落入土化蛹，当年的幼虫期和蛹期一般 8～10 天，6 月上旬再次羽化成虫，成虫寿命 2 天左右，之后各代羽化不整齐，世代重叠，8 月底末代老熟幼虫陆续入土做茧越冬。

3. 防治方法

（1）**农艺措施** 春天清除枣园内无用的根蘖苗等参照绿盲蝽相关内容。

（2）**药物防治** 枣萌芽前，越冬代成虫羽化之前，树下地面用 25% 辛硫磷微胶囊剂 200～300 倍液或用 25% 乙酰甲胺磷粉剂 200～300 倍喷洒地面，然后浅锄将药覆盖，防治羽化成虫，树下覆地膜效果更好。幼虫发生期用 30% 乙酰甲胺磷 800～1 000 倍液或用 50% 马拉硫磷 1 000～1 200 倍液＋20% 甲氰菊酯乳油 2 000 倍液或 1.8% 阿维菌素 4 000～5 000 倍液或甲氨基阿维菌素苯甲酸盐 0.5% 微乳剂 3 000 倍液喷雾。喷药时要首先防治树下根蘖小苗，因为枣瘿蚊先为害树下小苗，如小苗漏治将影响全园防治效果。

十三、枣叶壁虱

枣叶壁虱属蜱螨目，瘿螨科，又名枣壁虱、枣瘿螨，俗名灰叶病。北方枣区均有分布，以成螨和若螨刺吸叶、花和幼果的汁液。受害叶片变硬脆，向内卷曲呈灰白色无光泽，进一步发展叶缘焦枯脱落；花蕾、花受害易脱落；果实受害果面出现萎黄锈斑，严重时落果。该虫为害枣、酸枣、杏、李等树种。

1. 形态特征

（1）成螨　胡萝卜形状，长 0.1～0.15 毫米，初产为白色，后呈淡褐色，半透明。

（2）卵　圆球形，乳白色光亮。

（3）若螨　胡萝卜形，乳白色，有附节（肢）两对，小于成螨（图 8-4）。

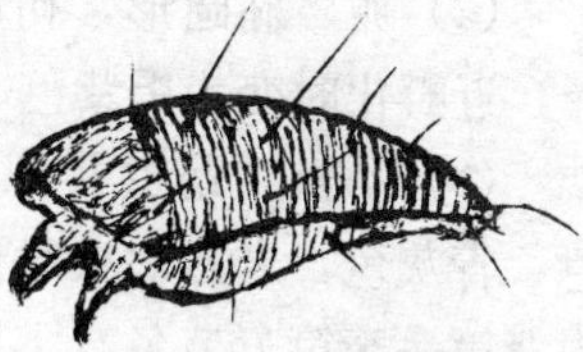

2. 生活简史　枣叶壁虱 1 年多代繁殖，生活史尚不清楚。以成螨

图 8-4　枣叶壁虱若虫

或若螨在枣股、枝条、树干皮缝中越冬，春季枣芽萌发时开始活动，展叶后多聚集在叶柄及叶脉两侧刺吸叶汁为害，可借风力迁移，为害盛期在 5 月下旬至 6 月下旬，7～8 月开始转入芽鳞缝隙度夏越冬。

3. 防治方法

（1）农艺措施　春季刮树皮，减少越冬基数，参照绿盲蝽部分。

（2）药物防治　枣树萌芽前用 5 波美度的石硫合剂喷雾，重点枣股及芽鳞缝隙处。展叶后用 40％乙酰甲胺磷 1 000～1 500 倍液＋阿维菌素 1.8％（爱福丁）乳油 4 000～6 000 倍液或 20％哒螨灵可湿性粉剂 3 000～4 000 倍液或用 20％双甲脒乳油 1 000～2 000 倍液全树喷雾。

十四、枣尺蠖

枣尺蠖属鳞翅目的尺蛾科，俗称枣步曲，弓腰虫，各大枣区均有分布，管理粗放的枣园多见。幼虫为害枣的嫩芽、嫩叶及花蕾，有时也啃食幼果。除此以外还为害苹果、梨等果树。虫口密度大、防治不及时的枣园可将嫩芽幼叶吃光。

1. 形态特征

(1) 成虫 雌雄蛾均为灰褐色，雌蛾较雄蛾体形大，体长12～17毫米，翅已退化，触角丝状，褐色；雄蛾体长10～15毫米，翅展26～35毫米。

(2) 卵 椭圆形，初产时浅绿色，后渐渐变为褐色，有光泽，近孵化时变为黑紫色。

(3) 幼虫 幼虫共5龄，初孵时紫黑色，后逐渐变为淡褐色、青灰色，老熟幼虫时体长约40毫米。1龄幼虫前胸前缘及腹背第一至第五节各有1条白色环带，2龄时体表有7条白色纵条纹，3龄时增至13条白色纵条纹，4龄时纵条纹颜色变为黄色或灰白相间色，5龄时有25条断续灰白色纵条纹。

(4) 蛹 纺锤形，枣红至暗褐色，长13～15毫米，雌蛹稍大（图8-5）。

2. 生活简史 枣尺蠖在多数枣区1年发生1代，个别1年发生2代。以蛹在树冠下10～20厘米深处土中越冬，近树干基部1米范围内蛹较为集中。3月中、下旬开始羽化，4月上、中旬为羽化盛期，羽化期长达50余天。雄蛾多在下午羽化，飞到树干背面或大枝背面潜伏；雌蛾羽化后先潜伏于土表下、杂草内等阴暗处，待日落时向树上爬行，到树上寻找雄蛾交尾次日开始产卵，2～3日后进入产卵高峰。卵产于树干及枝杈的粗皮裂缝处。卵孵化须10～25日，多数20多天。卵孵化与温度和湿度有关，天气干旱且气温低时，卵孵化期较长，一般年份在4月中、

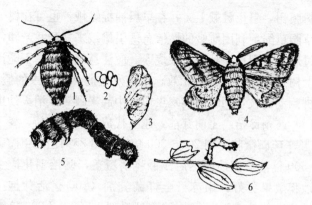

图 8-5　枣尺蠖

1. 雌成虫　2. 卵　3. 蛹　4. 雄成虫　5. 幼虫　6. 叶为害状

下旬开始孵化。初孵幼虫群集在枣股处啃食新发嫩芽，以后分开散居为害。幼虫有假死现象，在爬行中受惊后即吐丝下垂故又称"吊死鬼"。1～2龄幼虫爬过之处留下虫丝，缠绕嫩芽难以生长，3龄以后幼虫食量大增，为害幼嫩叶片严重，4～5龄不仅啃食幼叶，还啃食花蕾、幼果，老熟幼虫食量渐减，活动于背阴处静伏，可在此期人工捕捉，5月下旬至6月下旬老熟幼虫入土化蛹越冬。

3. 防治方法

（1）生物防治　幼虫期的天敌有麻雀、喜鹊等各种鸟类；寄生性昆虫有枣尺蠖肿跗寄蜂、家蚕追寄蝇和枣尺蠖追寄蝇等。有条件的枣园可人工释放赤眼蜂，寄生率可达96.1%，基本可控制其为害。

（2）农艺措施　在早春成虫羽化前，在树干周围1米范围内，将10～20厘米的土翻出筛蛹，然后将蛹集中于盆内用湿土盖好，盆用纱网罩好，待天敌出蜇后放飞枣园，剩下的蛹或羽化成虫喂鸡或烧毁。树冠下覆地膜阻止成虫出土。利用成虫向树上爬行产卵的特性，在成虫羽化前在树干光滑部位缠黏虫胶带阻止成虫上树产卵，如买不到黏虫胶也可在树干光滑处绑喇叭口向下的塑料膜裙，阻止雌蛾上树并在早晨捕捉雌蛾，也可在树干中部缠缚草圈草绳，利用雌蛾的性信息诱引雄蛾来交配并产卵，待产卵期过后将草圈草绳解下集中烧毁。应注意缠的草圈不能让雌蛾越过上树交配产卵，否则无效。幼虫发生期利用幼虫的假死性，用木梆颤动树枝，同时放鸡吃虫或集中起来喂鸡，消灭幼虫。

（3）**药剂防治**　枣萌芽前，越冬代成虫羽化之前，树下地面用 25％辛硫磷微胶囊剂 200～300 倍液或用 25％乙酰甲胺磷粉剂 200～300 倍液喷洒地面然后浅锄将药覆盖，防治羽化成虫，树下覆地膜效果更好。用苏云金杆菌乳剂（100 亿活芽孢/毫升）500～1 000 倍液或用 25％灭幼脲悬浮剂 1 500～2 000 倍液在幼虫的 1～2 龄期全树喷雾防治。也可在幼虫发生盛期用上述药剂再混加入拟除虫菊酯类药剂或 30％乙酰甲胺磷 800～1 000 倍液，50％辛硫磷 1 000～1 500 倍液，50％马拉硫磷 1 000～1 500 倍液防治效果更佳。

十五、木橑尺蛾

木橑尺蛾又叫木橑尺蠖，也是步曲的一种，俗称吊死鬼，属鳞翅目尺蛾总科尺蛾科，食牲很杂，为害 30 多科 170 余种的植物，近些年来枣区后期为害较多。

1. 形态特征

（1）**成虫**　雌雄蛾均为棕黄色，雌蛾触角丝状、雄蛾触角羽状。体长 18～22 毫米，翅展 72 毫米。前翅基部有一个橙色大圆斑，前翅和后翅的外横线上各有一串橙色或深褐色圆斑，颜色的隐显变异很大。

（2）**卵**　扁圆形，长 0.9 毫米，绿色，近孵化时变为黑色。

（3）**幼虫**　体长 70 毫米左右，初孵时幼虫头略褐色，背线及气门上线浅草绿色，后渐变为绿色、浅褐色或棕黑色，常与寄主颜色相近，散生灰白色斑点。前胸背板前端两侧各有一突起。

气门椭圆形，两侧各有一个白色斑点，腹节1～5节较长，其余各节长短相近。

(4) 蛹 雌蛹较大，长30毫米左右，宽8～9毫米，初化蛹翠绿色后变为黑褐色。幼虫共6龄（图8-6）。

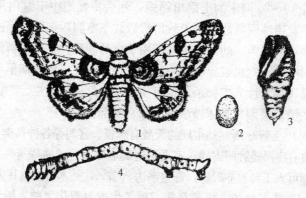

图8-6 木橑尺蛾
1. 成虫　2. 卵　3. 蛹　4. 幼虫

2. 生活简史 在河北、河南、山西太行山一带一年发生一代，以蛹在土中越冬，越冬蛹从5月上旬开始羽化为成虫，到7月中下旬为羽化盛期，8月上旬羽化末期。成虫6月下旬产卵，7月中下旬为产卵盛期，8月中下旬为末期。幼虫7月上旬孵化，7月下旬至8月上旬为孵化盛期，8月下旬为孵化末期。老熟幼虫8月中旬开始化蛹，9月化蛹盛期，10月下旬结束。卵期9～10天，温度26.7度，相对湿度50%～70%孵化率达90%以上。幼虫孵化后迅速分散爬行很快，受惊动吐丝下垂，可借风力转移为害。幼虫期40天左右，老熟幼虫坠地化蛹，也有吐丝下垂或顺树干下爬入地，选择土壤松软、阴暗湿润的地方化蛹。越冬蛹以土壤含水量10%为宜，低于10%不利于越冬，冬季少雪，土壤干旱年份蛹自然死亡率较高。5月份降雨多，成虫羽率高，幼虫发生量大。成虫羽化温度24.5～25℃，以晚8～11时羽化最多，并在夜间活动，羽化后即交配产卵，卵多产于树皮缝、地下石块上，白天静伏在树干、树叶、杂草、作物、梯田壁等处，早晨翅受潮不易飞翔易捕捉。成虫趋光性强。

3. 防治方法

（1）农艺措施　在早春成虫羽化前，在树干周围 1 米范围内，将 10～20 厘米的土翻出筛蛹，然后将蛹集中于盆内用湿土盖好，盆用纱网罩好，待天敌出蛰后放飞枣园，剩下的蛹或羽化成虫喂鸡或烧毁。幼虫发生期利用幼虫的假死性，用木梆颤动树枝，同时放鸡吃虫或集中起来喂鸡，消灭幼虫。成虫期早可利用其不易飞翔特性人工捕杀。也可安装诱虫灯诱捕成虫。枣树萌芽前彻底清洁果园，具体做法参照绿盲蝽部分。

（2）生物防治　幼虫期的天敌有麻雀、喜鹊等各种鸟类；寄生性昆虫有枣尺蠖肿跗寄蜂、家蚕追寄蝇和枣尺蠖追寄蝇等。有条件的枣园可人工释放赤眼蜂，寄生率达 96.1%，基本可控制其为害。

（3）药剂防治　枣萌芽前，越冬代成虫羽化之前，树下地面用 25% 辛硫磷微胶囊剂 200～300 倍液或用 25% 乙酰甲胺磷粉剂 200～300 倍喷洒地面然后浅锄将药覆盖，防治羽化成虫，树下覆地膜效果更好。用苏云金杆菌乳剂（100 亿活芽孢/毫升）500～1 000 倍液或用 25% 灭幼脲悬浮剂 1 500～2 000 倍液在幼虫的 1～2 龄期全树喷雾防治。也可在幼虫发生盛期用上述药剂再混加入拟除虫菊酯类药剂或 30% 乙酰甲胺磷 800～1 000 倍液，50% 辛硫磷 1 000～1 500 倍液，50% 马拉硫磷 1 000～1 500 倍液防治效果更佳。

为害枣树的还有枣银灰尺蠖、刺槐尺蠖等。枣银灰尺蠖雌蛾为有翅型，农艺防治措施中应侧重采用挖蛹破坏越冬场所，其他防治方法参考木橑尺蠖进行。

十六、桃小食心虫

桃小食心虫也叫桃蛀果蛾，属鳞翅目蛀果蛾科，俗称枣蛆、钻心虫等。全国大部分省、直辖市、自治区都有分布，是枣树的重要害虫，此外还为害苹果、梨、桃、杏、李、山楂等多种果树。以幼虫蛀入果内为害，虫粪留在果内，严重影响果实质量和商品果产量。

1. 形态特征

（1）成虫 灰褐色，体长5～8毫米，翅展13～18毫米，前翅灰白色或浅灰色，中央近前缘有一蓝黑色近倒三角形的大斑。雌蛾较雄蛾体型稍大。

（2）卵 椭圆形，长约0.5毫米，橙红至深红色，表面有不规则环状刻纹。

（3）幼虫 体长13～16毫米，幼虫小时为淡黄白色，老熟时桃红色，头、前胸背板及臀板为褐色或黄褐色。

（4）蛹 长6.5～8.6毫米，黄白色，近羽化时灰褐色。

（5）茧 越冬茧扁圆形，长5毫米左右，由幼虫吐丝缀合土粒而成，质地紧密，夏茧纺锤形，长13毫米左右，质地疏松，一端有羽化孔，此种茧称为"蛹化茧"（图8-7）。

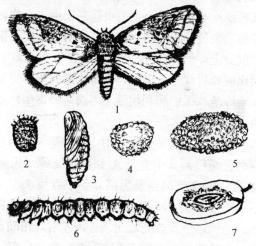

图8-7 桃小食心虫

1.成虫 2.卵 3.蛹 4.冬茧 5.夏茧 6.幼虫 7.枣果为害状

2. 生活简史　河北大部分地区、山东西北地区 1 年 2 代，其他各地区多数 1 年 1～2 代，南部地区最多可达 3 代。以老熟幼虫在树冠下或堆放残次果下的土中做"越冬茧"越冬，虫茧多集中分布在树干周围 1 米范围内 10～15 厘米的土层，以树干北侧最多。越冬幼虫开始出土的日期与温度有关，出土是否整齐与当时的降雨状况或土壤湿度有关。一般在出土前一旬的平均气温稳定在 16.9℃、地温 19.7℃时开始出土。5 月中、下旬，有适当降雨或田间浇水即可连续出土，集中出土期在 6 月上、中旬，此间每次降雨都可形成出土高峰。如长期干旱无雨则推退幼虫大量出土时间。越冬幼虫出土后在背阴处靠近树干的土块下做"蛹化茧"化蛹，蛹期 10 天左右。6 月下旬至 7 月上旬开始羽化，第一代卵盛期在 7 月下旬至 8 月初，第二代卵盛期在 8 月中、下旬，卵期 7～8 天。第一代幼虫蛀果盛期在 7 月底至 8 月上旬，第二代在 8 月中、下旬至 9 月上旬。幼虫不转果在果内蛀食 20 天左右老熟，脱果入土结茧。

3. 防治方法

（1）**农艺措施**　春季桃小食心虫越冬幼虫出土前，在树干下周围 1 米范围挖虫茧，防治羽化成虫，树下覆地膜效果更好，可有效阻止幼虫出土；8～9 月份捡拾虫果放于养虫箱中，待桃小甲腹茧蜂羽化成蜂后放飞于枣园，未寄生的蛹茧再烧毁。

（2）**生物防治**　保护和利用桃小甲腹茧蜂寄生幼虫防治。利用性诱剂诱杀雄成虫。

（3）**药物防治**　在越冬代幼虫出土前和第一代幼虫脱果盛期前，用白僵菌普通粉剂 2 千克加入 48% 毒死蜱（乐斯本）乳油 0.15 千克或用 25% 辛硫磷微胶囊剂 0.5 千克加水 150 千克喷树盘然后覆草，防效可达 90% 以上。根据桃小性诱剂测报结果和田间查卵进行防治，当雄蛾高峰出现 1 周左右，田间卵果率达到 0.5%～1% 时为防治指标，用 1.8% 阿维菌素（爱福丁、海正灭虫灵）乳油 3 000～4 000 倍液或甲氨基阿维菌素苯甲酸盐 0.5%

微乳剂 3 000 倍液，5％氟苯脲（农梦特）乳油 1 000～2 000 倍液，25％灭幼脲胶悬剂 500～1 000 倍液，20％甲氰菊酯（灭扫利）乳油 2 500～3 000 倍液等均可防治，用药间隔 15 天左右，连续防治 2～3 次，并与上述农艺措施和生物措施结合起来防治即可控制桃小食心虫的为害。单纯药剂防治效果不佳。

附桃小食心虫性引诱剂使用方法：商品桃小性诱剂有 A、B 两种组分，对桃小雄蛾都有引诱特性，组分配比以 A：B＝80～90：10～20 诱蛾活性较高，着药部分称为诱芯，通常以橡胶塞或塑料管做载体，含性诱剂 500 微克。商品诱蛾范围为垂直高度 13 米，水平方向 200 米。

使用方法：先用普通水碗一个，在其中放入适量的 800～1 000 倍洗衣粉水。离水面 1 厘米处安放诱芯，被诱雄蛾进入洗衣粉水中不会逃逸，这种装置称为诱捕器。用于测报时每亩挂 1 个，共挂 3～4 个诱捕器，悬挂的高度一般距地面 1.5 米，挂于树的背阴处枝干上。当第一头雄蛾出现时，立即地面用药；诱捕的雄成虫高峰期后 6～7 天为树上第一次用药时期。用于诱捕雄蛾，防止交配产卵，每亩悬挂诱捕器 3～4 个，可减少用药次数 1～2 次，因为诱芯的田间有效寿命可长达 2 个月，只要注意及时取走雄蛾并向碗中补充清水即可，一般在第一次树上用药后采用此法。

十七、枣黏虫

枣黏虫属鳞翅目，小卷叶蛾科，又称枣镰翅小卷蛾、枣小蛾、枣实菜蛾，俗名黏叶虫、贴叶虫、卷叶蛾等。是枣树上重要害虫，各地枣区都有分布。以幼虫为害枣芽、叶、花蕾、花，并啃食幼果，第三代幼虫开始为害幼果，将枣叶与枣果用薄丝相互黏在一起，在其中啃食果柄处的枣皮、枣肉，易造成落果。

1. 形态特征

（1）成虫 长5～7毫米，翅展14毫米左右，黄褐色，触角丝状，复眼暗绿色，雄成虫腹尖尾处有毛束。

（2）卵 扁圆或椭圆形，长0.5毫米左右，初产时乳白色，后变黄色、红黄色、橘红色或紫红色，近孵化时变为黑红色。

（3）幼虫 初孵时头部黑褐色，体长约0.8毫米，腹部浅黄色，取食后变绿色，至羽化时头淡黄褐色，胴部黄白色，前胸背板和臀板均为褐色，体疏生黄白色短毛。

（4）蛹 纺锤形，长7毫米左右，初化蛹时绿色，后渐变为黄褐色，近羽化时变为黑褐色。每腹节背面有2列刺突，尾端有5个较大刺突和12根弯钩状长毛（图8-8）。

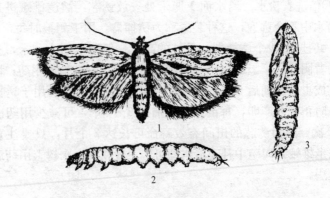

图8-8 枣黏虫
1. 成虫 2. 幼虫 3. 蛹

2. 生活简史 枣黏虫在华北地区1年发生3代，华中、华东地区一般4～5代。以蛹在粗皮裂缝处越冬，越冬蛹一般在3月中、下旬开始羽化产卵，4月上旬越冬代成虫产卵盛期。第一代幼虫出现在4月上、中旬，5月中旬开始化蛹，5月底至6月上、中旬羽化、产卵，可延续到7月上旬。第一代成虫集中出现期为6月上、中旬，第二代成虫集中发生在7月下旬。第一代（越冬代蛹羽化后所产卵的孵化代）、第二代、第三代幼虫盛期分别出现在 5 月上旬、6 月上、中旬（花期前后）、8 月底至 9 月初。9 月上旬老熟幼虫陆续转移至枣树粗皮缝隙处结茧，化蛹越冬。各代成虫寿命 7 天左右，第一代幼虫发生在萌芽期，为害嫩芽和叶；第二代幼虫发生在花期前后，为害叶、花蕾、花和幼果；第三代幼虫正值枣果实膨大期和果实白熟期，为害叶片和果实，造成果实脱落。各代幼虫都吐丝连缀花和叶、叶和枣吊、叶和果，藏在其中为害。成虫有趋光和趋性信息素的特征，可用于灭除成虫和指导防治。枣黏虫的发生与气候关系密切，5～7 月份炎热多雨的条件下，容易大发生。

3. 防治方法

（1）**农艺措施**　早春人工刮除树干、枝杈处的粗皮，并在树下铺塑料布收集刮下的树皮及虫茧，带回放在温暖和适当湿度的地方用纱网罩好，待天敌出蜇放飞果园后将害虫茧和树皮一起销毁。也可用黑光灯诱杀成虫，同时注意趋光性天敌的保护。8 月下旬在树干上绑草把诱虫化蛹，取下放飞天敌后烧毁。

（2）**生物防治**　用性诱剂迷向防治成虫。保护利用天敌，有条件果园可在第二代成虫产卵期（7 月中、下旬）释放松毛虫赤眼蜂，于产卵初期至产卵盛期每 4 天释放 1 次，共放 3 次，卵寄生率可达 85％以上。

（3）**药物防治**　重点抓好第一代幼虫防治，与防治枣尺蠖同步进行，所用药剂也相同。第二代幼虫的防治期正在枣的花期，为减少对有益生物的伤害尽量不喷药，通过天敌控制，在确需用药剂防治时应选择对天敌、蜜蜂伤害轻微的药剂，可用 25％的杀铃脲悬浮剂 1 000～2 000 倍液在枣黏虫 1～2 龄期喷药。也可选用 5％氟虫脲乳油 1 000～1 500 倍液，并兼治害螨类。

附枣黏虫性诱剂使用方法：枣黏虫性诱剂的诱芯含性诱剂 150 微克，田间持效期 30 天以上，有效诱捕距离为 15 米。在使用上，用于测报时，诱捕器距地面高度 1.5 米。每 15 米间距挂一个诱捕器，每碗内的洗衣粉水浓度为 0.1％，距水面 1 厘米处安放诱芯 1 个，共设诱捕器 10 个。每天记录诱蛾量，直到该代成虫发生结束，可准确地计算出成虫发生盛期，一般雄蛾发生高峰期过 13～15 天为卵孵化盛期，是用药防治适宜期。

用于迷向防治时，一般在较为孤立的枣园应用，每树上方悬挂 1～3 个性诱捕器，性诱剂的用量每株 1.3～1.5 毫克，间隔 30 天换 1 次诱芯，可有效地干扰雌雄蛾交配产卵。

十八、枣粉蚧

枣粉蚧属同翅目，粉蚧科，俗名树虱子。河北、山东、河南等枣区常见。以成虫和若虫刺吸枣枝和枣叶中的汁液，致使枝条干枯、叶片黄枯，同时分泌黏稠状物质常招致霉菌发生，使枝叶、果实变黑，光合作用下降，树势衰弱严重影响枣的产量和质量。

1. 形态特征

（1）成虫　扁椭圆形，长 3 毫米左右，背稍隆起，密布白色蜡粉，体缘具有针状蜡质物，尾部有 1 对特别长的蜡质尾毛，雄虫体深黄色，翅半透明，尾部有蜡质刺毛 4 根。

（2）若虫　体偏椭圆形，足发达。

（3）卵　椭圆形长 0.37 毫米左右，卵囊被白色棉絮状蜡质，每卵囊有卵数百粒。

2. 生活简史　北方枣粉蚧 1 年发生 3 代，以若虫在树枝干粗皮缝中越冬，翌年 4 月下旬出蛰。5 月初变为成虫，5 月上旬开始产卵。卵期 10 天左右，第一代发生期在 5 月下旬至 6 月下旬，若虫孵化盛期在 6 月上旬。第二代发生期在 7 月上旬至 8 月上中旬，若虫孵化盛期在 7 月中下旬。第三代在 8 月下旬发生，若虫孵化盛期在 9 月上旬，若虫孵化后为害不久就进入枝干皮缝内越冬，直至 10 月上旬全部休眠越冬。第一代若虫期约 28 天，雌成虫约 22 天，雄成虫约 10 天；第二代若虫期约 27 天，雌成

虫约 12 天，雄成虫约 3 天，第一、二代枣粉蚧是为害枣树严重世代，应注意防治。

3. 防治方法

（1）农艺措施 在早春若虫出蛰之前刮除树干、枝杈处的老粗裂皮，刮下树皮处理方法参照枣黏虫部分。在枣树萌芽前喷 5 波美度的石硫合剂，或用熬制石硫合剂的渣子或原液涂抹树干。在树干及各大骨干缠黏虫胶带，以阻止上树或转移为害，并黏住部分害虫。在 8 月中旬在树干挷草圈，诱使若虫在此越冬，上冻后解草圈放飞天敌后烧毁。

（2）药物防治 为提高防治效果，喷药时间应选在初孵若虫发生盛期，一般在 6 月初、7 月上中旬、9 月上旬，用 25%塞嗪酮（朴虱灵）可湿性粉剂 1 500～2 000 倍液，苦楝原油乳剂 200 倍液，30%乙酰甲胺磷乳油 800～1 000 倍，25%喹硫磷乳油 1 000～1 500 倍药液，如混加 20%甲氰菊酯（灭扫利）乳油 2 000～4 000 倍液或 10%联苯菊酯（天王星）乳油 3 000～4 000 倍液等拟除虫菊酯药效果更好。如树上同时有红蜘蛛可加入 1.8%的阿维菌素（爱福丁）4 000～5 000 倍液喷雾防治。

十九、红蜘蛛

红蜘蛛也叫叶螨，是各种螨类的统称，俗称红砂腻、火龙虫、火珠子等。是为害枣叶的重要害螨类，为害严重可使枣树叶干枯脱落。据观察和资料介绍，为害枣树的害螨是复合群体，因地域、气候、时间及间作物不同，害螨的组成不同，优势种群也不同。属蜱螨目叶螨属的红蜘蛛有 4 种：朱砂叶螨、二斑叶螨（普通叶螨）、截形叶螨、山楂叶螨；苔螨属的苜蓿苔螨，又称勒迪化苔螨。其中朱砂叶螨、二斑叶螨、截形叶螨在棉花上常见，故也俗称棉花红蜘蛛，是枣园常见的红蜘蛛（图 8-9）。

1. 形态特征 红蜘蛛类个体较小，1 年繁殖世代多，从北到

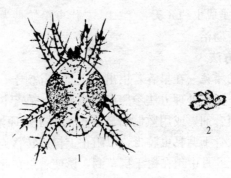

图 8-9　二斑叶螨
1. 成虫　2. 卵

南世代增加，有的多达 20 余代，枣园红蜘蛛是多种红蜘蛛组成的混合种群，不同的年份、不同地域、不同的管理措施会有不同的优势种群，为便于防治，了解红蜘蛛为害部位、越冬场所，以便在关键时期用药，提高防治效果。将枣树上常见的红蜘蛛主要种群列于表 8-1。

2. 防治方法

（1）农艺措施　早春刮树皮，修剪时剪除枯死及病虫为害的枝条，清除枣园内的杂草、落叶、根蘖苗等，破坏红蜘蛛的越冬场所，减少越冬成虫或卵的虫源基数。于 3 月中旬及 6 月中旬在树干的光滑部位缠胶带并在胶带上涂抹黏虫胶，可粘黏上树迁移的红蜘蛛并兼治绿盲蝽、枣步曲等其他害虫。

（2）生物防治　红蜘蛛的天敌很多，据报道果园常见的捕食螨有 10 多种，此外还有草青蛉、螳螂、蜘蛛等多种天敌，应注意保护和利用，有条件的地方可人工饲养释放于枣园控制红蜘蛛的为害。

（3）药物防治　枣树萌芽前全树喷 5 波美度的石硫合剂，杀灭越冬的成虫和卵。6 月上中旬，如红蜘蛛密度较大时可用 20% 四螨嗪悬浮剂 2 000～3 000 倍液加 1.8 阿维菌素（爱福丁）乳油 4 000～6 000 倍液，或 20% 双甲脒乳油 1 000 倍液或 5% 唑螨酯

表 8-1　枣园常见红蜘蛛一览表

类别	成虫	若虫	卵	为害症状	越冬虫态及场所
山楂叶螨 1年3～13代	虫体卵圆形，体背前部稍宽隆起，长0.5毫米左右，暗红色（越冬型）或暗红色（非越冬型）体背有刚毛24根。	前期有4对足，初为淡黄白色，取食后黄绿色，足4对。	球形，初产时黄白色或浅橙黄色，孵化前橙红色。	主要在叶背为害成群活动，有少量在正面活动，吐丝结网为害，叶片受害脱水干枯，造成早期落叶。	10月份以受精雌成螨在树干缝隙、树皮裂、枯枝、落叶土内附近表土内越冬，平均气温达到9～11℃出蛰。
二斑叶螨 1年10～20代	虫体椭圆形，长0.5毫米左右，黄绿色，背面有暗斑或橘红色，雄越冬型成螨体形略尖且小。	体椭圆形黄绿色，足4对。	圆形透明，初产黄，随发育变浅黄，孵化前淡红色加深。	主要为害叶面，初干叶背叶脉两侧或蛛丝网下面，严重时也产于叶表面，叶柄，果柄处。	9月受精雌成螨在树干缝隙、枝干裂缝缝老皮下，树根基部、杂草越冬，4月中旬开始出蛰活动。
截形叶螨	虫体椭圆形雌螨长0.5毫米左右，深红色，足和颚须白色，体侧有黑斑，雄螨长0.36毫米，体型略小。	与成虫相似，体型小，体淡黄色。	椭圆形卵，初产无色，孵化前淡红橙色，长0.13毫米。	以为害叶片为主，受害叶片初期呈白色斑点，后叶片片干枯脱落。	以卵在枣树的皮缝中，杂草根、枣树根周围土缝中越冬，3月上中旬孵化，先发育在枣草上为害，4月下旬向枣树发芽后正移枣树为害。
朱砂叶螨 1年12～20代	虫体椭圆形，深红色，雌成虫长0.5毫米左右，背毛24根。	体椭圆形若螨和后若螨个体虫期，足4对，幼螨体淡黄色或黄绿色。	圆形透明，初产变白，后变淡黄，随发育卵色加深。	多数在叶背为害并产卵于主脉侧或蛛网下面，也有结网习性，叶片受害干枯后叶片前落叶。	10月下旬雌螨在树皮缝隙，草根际、土块下，落叶边、沟边、石块下越冬。
苜蓿苔螨	体椭圆形，腹面隆起，背扁平，长0.6毫米左右，褐绿略带微红色背毛28根。	幼、若螨，体形腹面扁平，背隆起，圆形，后足红色。	圆形，初产卵鲜红色，有光泽，后变暗红色。	多集中在叶面活动，少有群集生活习性，受害叶片失绿变白，很少有叶早期落叶。	7月以后就有陆续产卵越冬，卵多产在2年生以上枝条上、分叉处、枣股、剪口等处，平均气温在7℃以上时越冬卵开始孵化。

（霸螨灵）悬浮剂 2 000～3 000 倍液或 15% 哒螨灵乳油 3 000～4 000 倍液，均有较好地防治效果。

在达到防治指标，但密度尚不大时可用浏阳霉素 10% 乳油 1 000 倍液喷雾防治，对已产生抗性的红蜘蛛可用 0.05～0.1 波美度的石硫合剂喷雾（注意应避开高温时段使用）。

二十、枣龟蜡蚧

枣龟腊蚧属同翅目，蜡蚧科，又名日本龟蜡蚧、枣龟甲蜡，俗名树虱子、枣虱子等。各地枣区均有分布，除为害枣外还为害苹果、梨、柿子、石榴等 30 多科 50 多种植物。以若虫、雌成虫刺吸枝、叶、果的汁液造成树势衰弱，严重者被害枝条死亡。其分泌物能致霉菌发生，枝叶染黑，称其"煤污病"影响光合作用和降低枣果质量。

1. 形态特征

（1）成虫　雌成虫体椭圆形，紫红色，背隆起覆白色蜡质介壳，表面有龟纹，触角鞭状，头、胸、腹不明显，足 3 对。受精雌成虫体长 2～3 毫米，产卵呈半球状。雄成虫体长 1.3 毫米，棕褐色，翅展 2.2 毫米，翅透明，触角丝状。

（2）卵　椭圆形，长 0.3 毫米，初产时橙黄色，近孵化时呈紫红色。

（3）若虫　初孵时为扁平椭圆形，红褐色，在叶片固定 1～2 天后，体背出现两列白色蜡点，7～10 天后体背全部覆蜡，蜡壳周围有 12 个三角形蜡尖，背微隆起，周围有 7 个圆突，呈龟甲状，雄虫呈星芒状。

（4）仅雄虫在介壳下化蛹，梭形，棕褐色（图 8-10）。

2. 生活简史　华北地区枣龟蜡蚧 1 年发生 1 代，以受精雌成虫在枝条上越冬，多密集于 1～2 年生枝条上。第二年 3 月底开始在枝条上为害和发育，4 月中、下旬迅速增大，5 月底至 6

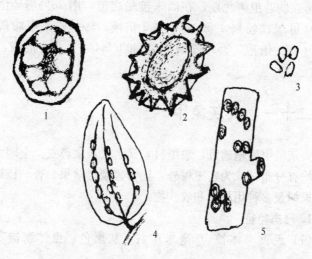

图 8-10　日本龟蜡蚧
1. 雌成虫　2. 雄成虫　3. 卵　4、5. 为害状

月初开始腹下产卵，6月上、中旬为产卵盛期。卵期 20～30 天，6月中、下旬至 7月初为孵化期，7月上、中旬为孵化盛期。7月底雌雄性别分化，8月上、中旬出现雄蛹。9月上旬雄成虫羽化盛期当天交尾，寿命 2～3 天。雌虫为害期可延续到 8月底，后固定在枝条上越冬。

3. 防治方法

（1）农艺措施　在冬季，用细铜丝刷刮刷树枝上的越冬虫体收集杀死。可在严冬季节树上喷水结冰或利用雪、雾水汽结凌的机会用木梆敲颤冰凌，可将虫体连冰一起震落收集销毁。

（2）生物防治　该虫天敌有捕食性红点唇瓢虫可捕食成虫，长盾金小蜂幼虫可寄生该虫腹下，取食蚧卵。应充分保护和利用，避开天敌发生盛期用药，防治时应选择对天敌无害或毒害轻微的农药。

（3）药物防治　春季枣树萌芽前用 5 波美度石硫合剂全树喷雾，也可用 98％的机油乳剂或加德士敌虫死或蜡蚧灵 200 倍全树喷雾。幼若虫孵化期，在尚未被蜡之前，用25％噻嗪酮（扑虱灵）可湿性粉剂1 500～2 000倍液，30％乙酰甲胺磷乳油800～1 000倍液，25％喹硫磷乳油1 000～1 500倍液，均能防治。

二十一、大灰象甲

大灰象甲属鞘翅目，象甲科，又名大灰象鼻虫。全国大部分省市均有分布，除为害枣树外，还为害梨、苹果、杏、核桃、板栗等果树及多种用材林和农作物。

1. 形态特征

（1）成虫　体长10毫米左右，灰黑色，虫体密被灰白色鳞毛。

（2）卵　长椭圆形，长约1毫米，初产时乳白色，两端半透明，经2～3日变暗，孵化时乳黄色。

（3）幼虫　初孵化幼虫体长1.5毫米，老熟幼虫体长14毫米。

（4）蛹　长椭圆形，体长9～10毫米，乳黄色，复眼褐色。

2. 生活简史

辽宁地区两年1代，南部省份1年1代。以成虫和幼虫在土中越冬，第二年4月开始出土活动，先取食杂草，枣树发芽后，转移至苗木和枣树上啃食新芽嫩叶，成虫不能飞翔，爬行转移，行动迟缓，有假死性，傍晚和夜间活动，白天栖息叶背面或土缝中，5月下旬至6月中旬在叶片上产卵，6月中下旬开始孵化为幼虫，幼虫先取食叶片，后入土取食植物根部，并在土中化蛹，羽化成虫后越冬。

3. 防治方法

（1）农艺措施　春天幼、成虫出土前，树冠下覆地膜阻止其出土；利用成虫的假死性通过震枝树下捕捉；在树干光滑部位缠

黏虫胶带阻止成虫上树为害。

（2）生物防治　保护利用天敌。

（3）药物防治　在3月中下旬成虫出土前，在树干周围用40%毒死蜱（乐斯本）乳油200倍液喷洒地面，或用25%辛硫磷微胶囊200倍或5%辛硫磷颗粒剂100倍撒地面，然后浅翻，杀死越冬成虫或幼虫，药效可维持1～2月，并兼治其他在土内越冬害虫，然后覆地膜效果更好。在成虫发生期可用40%乙酰甲胺磷1 000～1 500倍液，48%毒死蜱（乐斯本）乳油1 000～2 000倍液，25%喹硫磷乳油1 000～1 500倍液均可防治。

二十二、黄刺蛾

黄刺蛾属鳞翅目刺蛾科。俗名八角子、洋辣子。全国各地均有分布。除为害枣外还为害苹果、梨、山楂、杏、柿、桃等多种果树、树木及其他作物，发生严重时可吃光全树叶片，仅剩叶柄和主脉。

1. 形态特征

①成虫体长13～16毫米，翅展32毫米左右，头胸部为黄色，腹部黄褐色，触角丝状，前翅的黄色区和褐色区各有一个黄色圆斑，后翅浅褐色。

②卵偏平椭圆形，浅黄色。

③幼虫体长25毫米左右，幼虫黄色，老熟时深黄或黄绿色。头小，浅褐色，背部有哑铃状棕褐色或紫色斑一块，各节有4个刺丛，胸部为6个，尾部2个较大。

④蛹茧被蛹，长12毫米左右，外壳坚硬，椭圆或卵圆形，灰白色，表面有灰褐色纵条纹（图8-11）。

2. 生活简史　黄刺蛾在冀北寒冷地区1年发生1代，中南部地区1年发生2代。以老熟幼虫在树枝或枝杈间做茧越冬。第

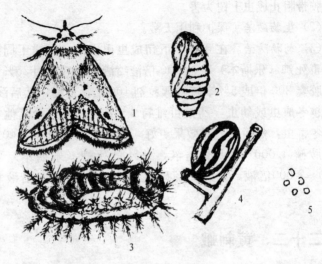

图 8-11 黄刺蛾
1. 成虫 2. 蛹 3. 幼虫 4. 茧 5. 卵

一代成虫羽化期在 6 月中旬,幼虫为害期在 7 月中旬至 8 月下旬。每年 2 代地区的成虫于 5 月底至 6 月初羽化,第一代幼虫为害盛期在 7 月上旬,第二代幼虫 7 月底开始为害,8 月上、中旬为害最重,在 8 月下旬幼虫老熟在枣树枝上做茧越冬。幼虫期一般 30 天左右,卵期 7～10 天,成虫有趋光性,喜夜间活动。

3. 防治方法

（1）农艺措施　冬季修剪,剪除虫茧喂鸡或销毁。

（2）生物防治　上海青蜂是黄刺蛾的天敌,能产卵于黄刺蛾幼虫体上随茧越冬,被寄生的虫茧顶部有褐色凹陷斑点,应注意保护,还有刺蛾广肩小蜂、螳螂等天敌应保护利用。

（3）药物防治　在幼虫 1～2 龄期用 25% 灭幼脲悬浮剂 1 500 倍液,5% 氟苯脲（农梦特）乳油 1 000 倍液,或甲氨基阿维菌素苯甲酸盐 0.5% 微乳剂 3 000 倍液,可兼治红蜘蛛。如在非花期可加入拟除虫菊酯类药剂防治效果更好。

二十三、扁刺蛾

扁刺蛾属鳞翅目刺蛾科，又称扁棘刺蛾、黑点刺蛾，俗名洋辣子。各地均有分布，是为害枣树叶子的重要害虫，也为害其他树种和作物。

1. 形态特征

（1）成虫　体长 14～18 毫米，翅展 25～28 毫米，灰褐色，触角前部丝状，后部栉齿状，前翅灰褐色，自前缘中部向后缘有一深灰色线条，线内色淡，雄蛾翅中前部黑斑点较雌蛾明显，后翅暗灰色。

（2）卵　长 1.2 毫米，黄绿至灰褐色，扁平椭圆形。

（3）幼虫　初孵化时体长 1.2 毫米，老熟幼虫 25 毫米左右，扁长椭圆形，背部隆起，各节具刺突 4 个，体肢刺和刺毛发达，第四节至尾部各节两侧均有一个红点，虫体绿色。

（4）茧　短椭圆形，暗褐色长 10 毫米左右。

（5）蛹　近纺锤形，黄褐色长 13 毫米左右。

2. 生活简史　扁刺蛾在河北及相近省、市 1 年发生 1 代，以老熟幼虫在树下浅土层结茧越冬。来年 5 月上中旬化蛹，5 月底至 6 月初成虫羽化并交尾产卵，卵期 7 天左右，幼虫在 6 月中旬出现，卵孵化期不整齐，至 8 月初仍有初孵幼虫出现，大量爆食期在 5 龄以后，一般在 8 月上中旬为害盛期，8 月下旬幼虫老熟开始入土做茧越冬。江、浙一带扁刺蛾可发生 2～3 代。

3. 防治方法

（1）农艺措施　土壤解冻后结合枣尺蠖、桃小食心虫的防治，人工对树冠下 1 米范围内的土壤翻土 10～20 厘米，捡虫茧并杀死、喂鸡均可，可有效控制此虫为害。

（2）药剂防治　在 3 月中下旬成虫出土前，在树干周围用 40％毒死蜱（乐斯本）乳油 200 倍液喷洒地面，或用 25％辛硫磷微胶囊 200 倍或 5‰辛硫磷颗粒剂 100 倍撒地面，然后浅翻，杀死越冬成虫或幼虫，药效可维持 1～2 月，并兼治其他在土内越冬害虫，然后覆地膜效果更好。幼虫防治参阅黄刺蛾部分。

二十四、褐边绿刺蛾

褐边绿刺蛾属鳞翅目刺蛾科，又名褐缘绿刺蛾、青刺蛾、绿刺蛾、四点刺蛾，全国各地均有分布。

1. 形态特征

（1）成虫　体长 16 毫米左右，翅展 36～40 毫米，头、胸部绿色，触角褐色，前翅基部褐色，中部绿色，外缘黄褐色，在边缘有褐色条纹，缘毛褐色，后翅及腹部浅绿色。

（2）卵　扁椭圆形，长 1.3 毫米左右，浅黄色。

（3）幼虫　长 25 毫米左右，初孵时黄色，6 龄时变绿色，背线黄绿色、亚背浅红棕色，刺毛黄棕色夹有黑毛，腹端有黑色球毛丛 4 个。

（4）茧　椭圆形，棕褐色长 17 毫米左右。

（5）蛹　椭圆形，黄褐色，包于茧中（图 8-12）。

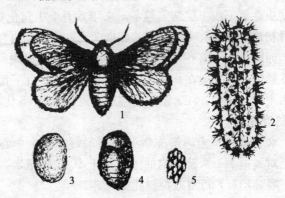

图 8-12　褐边绿刺蛾

1.成虫　2.幼虫　3.茧　4.蛹　5.卵

2. 生活简史 褐边绿刺蛾的生活史与黄刺蛾相近，北方大部1年发生1代，长江以南1年发生2～3代。发生2～3代地区，5月下旬至6月上旬成虫羽化并产卵，7～8月是幼虫发生期；1年发生1代，6月上中旬化蛹，成虫羽化产卵在6月下旬至7月上旬，7～8月是幼虫发生盛期，8月下旬至9月下旬老熟幼虫于树干基部、枝干伤疤、粗皮裂缝及枝杈处结茧越冬。

3. 防治方法 结合刮树皮清除越冬茧销毁，其他防治参阅黄刺蛾有关部分。

二十五、棉铃虫

棉铃虫属鳞翅目夜蛾科，又名棉铃实夜蛾，钻心虫等。全国各地均有分布，主要寄主是棉花、玉米、烟草等作物，食性杂，也为害枣、苹果、桃、杏、泡桐等林木。幼虫吃嫩梢和叶片，致使叶片缺刻和孔洞，果实被害后形成大的蛀孔，外面常有虫粪，引起果实脱落。

1. 形态特征

（1）成虫 体长14～18毫米，翅展30～38毫米，头、胸和腹部淡灰褐色，前翅灰褐色，后翅褐至黄白色，外缘有一褐色宽条带，宽带中部有2个淡色斑。

（2）卵 长球形，初产时乳白色或淡绿色，有光泽，孵化前深紫色。

（3）幼虫 长30～42毫米，体色因食物及环境影响较大，以绿色和红褐色较常见，腹部各节背面有许多毛瘤上生刺毛。

（4）蛹 长17～21毫米，黄褐色，体末有1对黑褐色刺，尖端微弯。

2. 生活简史 棉铃虫发生代数因地而异，新疆、内蒙古、青海1年发生3代，华北1年4代，长江流域以南地区1年发生5～7代，以蛹在土中越冬。华北地区，来年4月中下旬开始羽

249 »

化，5月上中旬为盛期。第一代幼虫主要为害麦类等早春农作物，第二、三代为害棉花，第二、三、四代均可为害枣树。成虫白天潜伏夜间活动，对黑光灯、萎蔫杨柳枝把有强烈趋向性。每头雌蛾产卵期7～13天，卵一般散产于嫩叶和果实上。幼虫3龄后开始蛀果，在入果之前应及时防治。幼虫期15～22天共6龄，老熟幼虫入土化蛹。

3. 防治方法

（1）农艺措施 枣园附近及园内不种棉花等棉铃虫喜欢产卵的作物。在春天土壤化冻后翻土拾蛹，消灭越冬蛹。在成虫发生期插杨树把诱蛾或利用黑光灯诱蛾杀灭成虫。

（2）生物防治 棉铃虫的天敌有姬蜂、跳小蜂、胡蜂及多种鸟类应注意保护利用。

（3）药剂防治 土壤化冻后地面撒药防治参照食芽象甲相关部分；在棉铃虫幼虫的2龄前可用苏云金杆菌乳剂（含活芽孢100亿个/毫升）200倍液、25％灭幼脲1 000～2 000倍液、25％杀铃脲悬浮剂1 000～2 000倍液，药效可达20天以上，也可用20％甲氰菊酯（灭扫利）乳油2 000～2 500倍液或10％联苯菊酯（天王星）乳油3 000～3 500倍液等拟除虫菊酯类药剂防治。与灭幼脲混用防治效果更好。

二十六、枣豹蠹蛾

枣豹蠹蛾属鳞翅目豹蠹蛾科。尚未定名。俗称截干虫，河北省枣区及以南多数省市均有分布。除枣树外还为害苹果、梨、核桃、石榴、柑橘、刺槐和棉花、玉米等多种植物。幼虫蛀食枣吊、枣头及二年枝部分组织。造成落吊、截干，影响树体正常发育。

1. 形态特征

（1）成虫 雌蛾体长18～25毫米，翅展32～50毫米，体瘦灰白色鳞毛，触角丝状灰白色，胸背两侧各有 3 个圆形蓝黑色斑点成两排，前翅密布深蓝色斑点，后翅缘斑色深，腹每节背面具黑斑 3 个，成 3 行排列。雄蛾体长 18～23 毫米，翅展 29～36 毫米，触角基部羽状，前半部丝状，黑色被白色绒毛，其余部分同雌蛾。

（2）卵　椭圆形，长 1 毫米左右，淡黄至橙红色，孵化前变紫色。

（3）幼虫　初孵时浅褐色，后渐变为浅紫红色，老熟幼虫长30 毫米左右，腹部各节有刺毛 6 根。

（4）蛹　红褐色，纺锤形，长 20 毫米左右，腹部末端有 6 对臀棘，雌蛹稍大（图 8-13）。

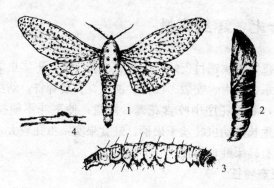

图 8-13　枣豹蠹蛾

1. 成虫　2. 蛹　3. 幼虫　4. 为害枝条状

2. 生活简史　豹蠹蛾 1 年发生 1 代，以幼虫在被害枝条内越冬，来年 4 月下旬发芽时继续蛀食为害，可转移枝条再度蛀食。6 月上中旬开始化蛹，蛹期 13～37 天，6 月下旬开始羽化成虫，羽化盛期在 7 月中旬，8 月份尚有少量成虫出现。成虫多在夜间活动，有趋光性。在嫩枝上及叶腋处产卵，卵期 9～20 天，初孵幼虫多取食枣吊及嫩枝，随虫龄增长，转至为害枣头嫩梢，蛀孔并向枝条基部蛀食移动，枝条上留有多个蛀孔供通气及排粪用。约在 10 月下旬停止蛀食，开始越冬。被害枣吊干枯，枣果随之干枯脱落，被害枝条常遭风折。

3. 防治方法

（1）农艺措施　结合枣树冬季修剪将被豹蠹蛾为害有蛀孔的枝条剪下来，集中销毁，用修剪防治豹蠹蛾较药剂防治效果更好。6～7 月份成虫羽化时利用黑光灯诱杀。

（2）生物防治　豹蠹蛾的天敌有小茧蜂、蚂蚁及鸟类等应保护利用。

（3）药物防治　对蛀孔的枝条用 80％敌敌畏 200 倍液用针管注射，然后用药泥将蛀孔全部堵死，也可用毒签将全部蛀孔堵死，否则效果不佳。

二十七、枣绮夜蛾

枣绮夜蛾属鳞翅目夜蛾科，又名枣花心虫、枣实虫等。分布河北、山东、河南、安徽、江苏、浙江、甘肃等省。幼虫在花期吐丝缠花，藏于花序中咬食花蕊、蜜盘，使枣花不能授粉而脱落。果实生长期幼虫吐丝于果柄，蛀食果实，虫孔较大，最终果实脱落，有转果蛀食习性。

1. 形态特征

（1）成虫　体长 4～6 毫米，灰褐色，前翅暗褐色，后翅浅褐色。

（2）卵　球形，初产时白色透明，后变红色。

（3）幼虫　体长 12～16 毫米，浅黄绿色。

（4）蛹　长 6 毫米左右，初化蛹时绿或黄绿色，后变为褐色。茧为丝质，质地软，灰色。

2. 生活简史　枣绮夜蛾 1 年发生 2 代，以蛹的茧化形式在树皮缝或树洞穴内越冬。5 月上中旬成虫羽化，卵多产生在花梗及叶柄处，成虫寿命 10 余天。5 月下旬第一代幼虫开始孵化，幼虫孵化后开始吐丝缠花并在其中啃食枣花，6月上中旬是为害盛期，6月中下旬开始化蛹，7月上中旬结束。此代蛹中一部分不再羽化而越冬，另一部分在6月下旬开始羽化，7月中下旬结束，为第二代。7月上旬第二代幼虫孵化，多取食枣果，有转果为害习性，1头幼虫可转害4～6个枣果。7月下旬至8月中旬老熟幼虫化蛹越冬。

3. 防治方法

（1）农艺措施 春季堵树洞和刮除树干、树枝杈及主要骨干枝的粗皮并待天敌放飞后集中销毁，夏季在枝杈部位缠草把，引诱老熟幼虫化蛹放飞天敌后烧掉草把及虫蛹。

（2）药剂防治 幼虫发生期正值花期，须保护蜜蜂和天敌，可选用对蜜蜂和天敌影响小的苏云金杆菌乳剂（100亿个/毫升）500～800倍液，5％氟定脲（抑太保）乳油1 000～1 500倍液，25％杀铃脲悬浮剂1 000～2 000倍液喷雾，喷药要选在幼虫的1～2龄期防治效果才好。果实膨大期防治，参照桃小食心虫相关部分，防治桃小食心虫的同时也防治了枣绮夜蛾。

二十八、皮暗斑螟

皮暗斑螟俗称甲口虫，属鳞翅目、螟蛾科，我国枣区均有发生，该虫食性较杂，除为害枣树外尚为害梨、苹果、杏、旱柳、榆树、刺槐、香椿、杨树等。1995年杨振江等人对该虫进行了生物学特性及防治的研究，并由中国科学院动物研究所宋士美先生鉴定并定名为皮暗斑螟。

1. 形态特征

（1）成虫 体长6.0～8.0毫米，翅展13.0～17.5毫米，全体灰色至黑灰色。下唇须灰色、上翘。触角暗灰色丝状，长约为前翅的2/3，复眼，胸部背面暗灰色，腹面及腹部灰色。前翅暗灰色至黑灰色，有两条镶有黑灰色宽边的白色波状横线，缘毛暗灰色，后翅浅灰色，外缘色稍深，缘毛浅灰色。

（2）卵　椭圆形，长 0.5～0.55 毫米，宽 0.35～0.4 毫米，初产卵乳白色，中期为红色，近孵化时多为暗红色至黑红色，卵面具蜂窝状网纹。

（3）幼虫　初孵时头浅褐色，体乳白色，老熟幼虫体长10～16 毫米，灰褐色，略扁。头褐色，前胸背板黑褐色，臀板暗褐色，腹足 5 对，第三至第六节腹足是趾钩双序全环，趾钩26～28 枚。臀足趾钩双序中带。趾钩 16～17 枚。

（4）蛹体　长 5.5～8 毫米，胸宽 1.3～1.7 毫米，初期为淡黄色，中期为褐色，羽化前为黑色（图8-14）。

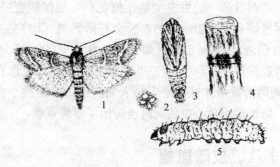

图 8-14　皮暗斑螟

1. 成虫　2. 卵　3. 蛹　4. 甲口为害状　5. 幼虫

2. 生活简史　皮暗斑螟在沧州一年发生 4～5 代以第四代幼虫和第五代幼虫为主交替越冬，有世代重叠现象，以幼虫在为害处附近越冬，第二年 3 月下旬开始活动，4 月初开始化蛹，越冬成虫 4 月底开始羽化，5 月上旬出现第一代卵和幼虫。第一、二代幼虫为害枣树甲口，使甲口不能愈合，树势衰弱，落花落果，严重造成枣树死亡。第四代部分老熟幼虫不化蛹于 9 月下旬以后结茧越冬，第五代幼虫于 11 月中旬进入越冬。

3. 防治方法

（1）农艺措施　春天刮树皮，并重点清除甲口周围的翘皮，消灭越冬虫茧和幼虫。

（2）**药剂防治** 枣树萌芽前喷5波美度的石硫合剂，重点喷洒甲口部位。枣树开甲后的两天内甲口部位用40％乙酰甲胺磷乳油100倍，或40％乙酰甲胺磷乳油100倍加2.5％功夫联苯菊酯乳油200倍或40％毒死蜱（乐斯本）乳油100~200倍加20％灭扫利乳油500倍抹甲口防治，7天1次，连续抹3次即可有效防治，保护甲口愈合。上述药剂加灭幼脲3号200~300倍液防治效果倍增。

二十九、麻皮蝽

麻皮蝽属半翅目，蝽科。又名黄斑蝽，俗名臭大姐，臭板虫。北方果区均有分布，为害多种林木果树。以若虫、成虫刺吸果实及嫩枝汁液，导致果面产生黑点、凹陷，局部果肉组织木栓化，形成疙瘩状果。该虫寄主广、迁移广，可携带多种病菌，是枣树主要传病昆虫。

1. 形态特征

（1）**成虫** 扁平近椭圆形，背面灰黑色，腹面灰黄白色，长18~22毫米，前翅膜质部棕黑色，稍长于腹部。

（2）**卵** 球形，灰白色，常12粒排列于枣叶背面。

（3）**若虫** 初孵时胸腹部有红、黄、黑三色相间横纹，翅尚未形成，2龄时体灰黑色，腹部背面有6个红黄色斑。

2. 生活简史 麻皮蝽1年发生1代，以成虫在树洞、柴草堆、果园小屋等处越冬，4月下旬至5月初成虫开始活动，吸食嫩枝汁液补充营养，（先在梨、桑等萌芽早的树上为害），6月上旬交尾产卵于叶背面，6月中下旬出现若虫，刚孵出的若虫在一起静伏，后分散活动。从7月上中旬至9月上旬为成虫为害时期，9月中旬以后随温度下降陆续寻找越冬场所开始越冬，成虫具有假死性。

3. 防治方法

（1）农艺措施　枣树园内不堆放柴草垛，树洞可用沙子白灰膏堵严，并兼治木腐病，果园小屋应在早春封严（包括墙缝），然后熏蒸杀死越冬成虫。利用成虫假死性人工捕捉。

（2）生物防治　椿象类的天敌有椿象黑卵蜂、稻蝽小黑卵蜂等应与以保护，也可人工饲养，于6月前释放于枣园，控制其发生。

（3）药剂防治　6月中下旬若虫发生期，最好在若虫尚未分散活动之前用50％敌百虫乳油400～500倍液（或90％敌百虫晶制剂800～1 000倍液）、30％乙酰甲胺磷乳油800～1 000倍液、48％毒死蜱（乐斯本）乳油1 500倍液、20％甲氰菊酯（灭扫利）乳油2 000～2 500倍液或10％联苯菊酯（天王星）乳油3 000～3 500倍液等拟除虫菊酯类药剂防治。

另外，茶翅椿象、梨椿象也为害枣树，茶翅蝽的发生规律、越冬场所与麻皮蝽近似，可参阅麻皮蝽防治方法进行防治。梨椿象也是1年发生1代，以2龄若虫在树皮裂缝中越冬，3月下旬梨树发芽时若虫逐渐分散到树枝吸食汁液，高温下有群集习性，常在树干阴面和树杈处静伏，傍晚后分散到树上为害。6月上旬成虫羽化，成虫寿命长4～5个月，8月下旬至9月上旬产卵，卵多产在树干粗皮裂缝、树杈，卵期10天左右，9月中下旬开始卵孵化，孵出若虫蜕皮1次，寻找场所越冬。

防治方法：可在早春，梨椿象若虫活动前刮树皮破坏其越冬场所，9月上旬，在树干绑草把引诱若虫越冬，入冬解开草把，收集在一起放飞天敌后烧毁，药剂防治可选在高温夏天，利用其群集静伏的习性喷药，其他防治事项参阅麻皮蝽部分。

三十、大青叶蝉

大青叶蝉属同翅目叶蝉科。又名大绿浮尘子、大青叶跳蝉等，全国各地均有分布，为害农林植物 39 科 160 余种，以成虫、若虫刺吸植物叶、花、果实及嫩枝汁液，在幼龄果树、苗木及大树一年生枝条上产卵，是为害枣树及苗木的重要害虫。

1. 形态特征

（1）成虫　雌虫体长 9 毫米左右，雄虫略小，翠绿色，前翅绿色，前缘白色，半透明，后翅及腹背深褐色，胸足 3 对善飞翔跳跃，腹面浅橙黄色。

（2）卵　长卵圆形，长 1.6 毫米左右，浅黄色。

（3）若虫　初产黄白色，至 3 龄期时变黄绿色，出现翅芽，老龄若虫体长 6 毫米左右，与成虫相比仅无完整的翅（图 8 - 15）。

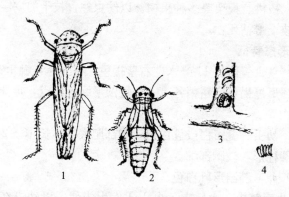

图 8-15　大青叶蝉
1. 成虫　2. 若虫　3. 为害状及卵块　4. 卵

2. 生活简史　在华北地区一般 1 年 3 代，以卵在枝条及苗木的表皮下越冬，来年 4 月初孵化，若虫在杂草及大田作物上为害，5～6 月出现第一代成虫，7～8 月出现第二代成虫，9 月底为第三代成虫，10 月中下旬成虫飞往枣树上产卵越冬，产卵处表皮刺破呈月牙形。为害严重枝条或小苗干枯死亡。

3. 防治措施

（1）农业措施　枣园及附近不能种植晚秋蔬菜及作物，如萝卜、白菜、芹菜等，并注意清除园内及周围杂草。对幼树及苗木的枝干上用石灰乳涂白，防止产卵（涂白剂配方，生石灰、食盐、黏土为 5：0.5：1 的 20 倍水混合物）。7～8 月份成虫发生期用黑光灯诱杀，结合冬季修剪，剪除产卵枝条销毁。

（2）药物防治　虫量较大园片可用 50％二澳磷乳油 800～1 000 倍液，80％敌敌畏乳油 800～1 000 倍液防治。

三十一、六星吉丁虫

六星吉丁虫属鞘翅目，吉丁虫科，又名串皮虫、串皮干等。北方大部分省份均有分布，除为害枣树外还为害苹果、梨、桃、李、杏、核桃、板栗等多种果树。以幼虫蛀食枝干的皮层和木质部，使枝干干枯死亡。

1. 形态特征

（1）成虫　体长 11 毫米左右紫褐色，有光泽，触角锯齿状，复眼椭圆形黑褐色。翅鞘各有 3 个近圆形绿色斑点，足 3 对，基节粗肥。

（2）幼虫　乳黄白或乳白色，胸部肥大，体长 15～25 毫米，腹部扁圆柱形，较胸部细。

（3）卵　椭圆形乳白色。

2. 生活简史　六星吉丁虫 1 年发生 1 代，以幼虫在树木内虫道里越冬。来年 4 月底老熟幼虫在木质部化蛹，5～6 月份羽化成虫，咬破表皮爬出活动。交尾后产卵于树干下部的树皮缝中，卵孵化后幼虫蛀入皮层为害至越冬。成虫有假死性。

3. 防治方法

（1）农艺措施　利用成虫的假死性，可在 5～6 月成虫发生期，清晨到树下振树捕杀。在 4 月底及 8～9 月份，经常检查树体发现虫粪及虫孔时，用细铁丝从虫道挖出蛀干幼虫。

（2）药物防治　在幼虫蛀孔处用 80％敌敌畏乳油 200 倍液

注入毒杀幼虫并用药泥堵死虫孔，或用 50 倍液浸泡脱脂棉球堵塞虫孔熏杀幼虫，或用毒签堵塞虫孔闷熏杀死幼虫（毒签市场有售）。

三十二、星天牛

星天牛属鞘翅目天牛科，又名银星天牛，俗称水牛牛，各枣区均有分布。幼虫蛀食枝干木质部及根干皮层，造成树体衰弱死亡。是为害枣树重要害虫，还为害多种林木和果树。

1. 形态特征

（1）成虫　体长 32 毫米左右，体黑色光亮，触角鞭状黑色，长度超过身体 1～5 节，基部 2 节之外的各节 1/3 处均有蓝色毛环。

（2）卵　长椭圆形乳白色。

（3）幼虫　体长 50 毫米左右，黄白色，头部浅褐色，胸部肥大。

（4）蛹（裸蛹）　乳白色长 32 毫米左右（图 8 - 16）。

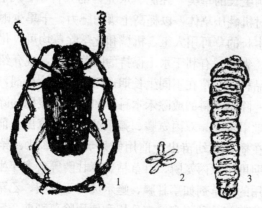

图 8 - 16　星天牛
1. 成虫　2. 卵　3. 幼虫

2. 生活简史　星天牛在大部分地区 1 年发生 1 代，幼虫在树干基部木质部越冬。5 月上旬开始羽化成虫，6 月上旬为盛期，成虫取食叶片和嫩皮，6 月份为产卵盛期，卵多产在根颈上部 20 厘米左右处的韧皮组织内，卵期 9～15 天，7 月中下旬为卵孵化高峰，2 龄前蛀食韧皮部，2 龄后转蛀食木质部，通常在地表上部 5～10 厘米处留一个通气和排粪孔，11 月起，老熟幼虫开始化蛹越冬。

3. 防治方法

（1）农艺措施　5～6 月份人工捕捉上树成虫集中销毁。

（2）药物防治　对成虫在树皮产卵的刻伤处刮治并涂以 20％的敌敌畏柴油乳化剂杀卵。及时查找有虫粪虫孔，清理虫口，以 80％敌敌畏 200 倍的药棉球堵塞虫孔，也可用药签堵塞虫孔。

三十三、枣园草害

对杂草要用生态平衡观点去认识，只要不是恶性杂草或对主栽作物影响生长的草类，在肥、水允许的条件下，可任其生长，选择适宜时机翻压草体，以提高土壤的肥力。干旱少雨或已影响主栽作物生长的草可用人工、机械和化学除草均可。化学除草是一种省工、省时、有利于水土保持的除草技术，现介绍如下：

不同品种的杂草在不同生长期选用不同的除草剂，如禾本科杂草应用专除禾本科的或除禾本科草和阔叶草兼用的除草剂，可用高效氟吡甲禾灵、双丙氨膦、氟乐灵等；杂草出土前的萌芽期除草，可在播种或幼苗出土前用氟乐灵、百草枯、异丙甲草胺等；幼苗期可用双丙氨膦、百草枯、草甘膦等；多年生杂草应用有内吸作用的除草剂如草甘膦、喹禾灵、丁草胺、乙草胺等。目前市场上除草剂品种很多，在选用和使用除草剂前一定要详细阅读说明书，按照说明书的要求，使用浓度、方法去做以取得良好

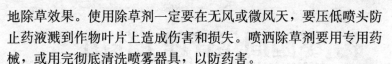

地除草效果。使用除草剂一定要在无风或微风天，要压低喷头防止药液溅到作物叶片上造成伤害和损失。喷洒除草剂要用专用药械，或用完彻底清洗喷雾器具，以防药害。

编者提醒：选择农药一定要对症，并要购买信誉好大厂家的近期产品，成交后一定索要发票。一次进药不宜太多，够用就行，因为再好的药一年最多用两次，以延缓病虫耐药性的产生。每批次药使用后要留少量药样，作为凭证。

枣园周年管理工作历

月份	物候期	主要管理工作
1～2	休眠期	①在幼树主干上缚捆玉米、高粱、向日葵等秸秆，防止野兔啃食树皮。 ②总结上年管理工作，制定今年管理工作计划。 ③备好全年使用的化肥、农药、农膜等农用资料。
3	休眠期	①刮树皮，刮下的树皮收集在一起用纱网罩起来，喷水保持湿度和温度，待天敌出蛰放飞枣园后，然后销毁。枣树刮皮后要及时涂白防冻和消灭病虫。 ②进行枣树冬季修剪。 ③修整树盘平整土地做灌排水渠道。 ④彻底清除枣园修剪下来的枝条、枯枝落叶，病虫落果，枣园杂草采集中销毁，清洁枣园。 注：如果冬剪、刮树皮的工作量大可提前至1～2月份进行。
4	萌芽前、后	①萌芽前全园喷5波美度石硫合剂，消灭树上越冬的病、虫源。 ②进行萌芽前追肥、浇水，浇水后松土保墒。 ③地面喷药浅翻，将药盖入土内，再覆盖地膜，防治地下越冬害虫。 ④树干缚黏虫胶带或塑料裙，阻止枣尺蠖、红蜘蛛等害虫上树。
5	枝叶生长、花芽分化、早花始花	①进行枣树夏剪，枣头摘心，控制营养生长，促进生殖生长。幼树要扶持各类枝头生长，以扩大树冠为主，结果为辅。 ②喷药防治枣瘿蚊、食芽象甲、枣黏虫、枣尺蠖、绿盲蝽等害虫及早期浸染的病害如枣烂果病。 ③5月底可进行花前追肥与浇水，浇水后松土保墒。

月份	物候期	主要管理工作
6	花期及坐果期	①继续做好枣头摘心、调整各类枝条角度和长势等夏剪工作。 ②枣园安排放蜂为枣花授粉。 ③花期适时开甲并做好甲口涂药防治甲口虫。 ④做好花期喷赤霉素（九二〇）、硼砂、硫酸锌、磷酸二氢钾、尿素、清水等促进坐果的技术措施。 ⑤安装杀虫灯诱杀各种蛾类。 ⑥月初、月底各喷1次药防治枣叶壁虱、食叶象甲、枣瘿蚊、日本龟蜡蚧、枣黏虫、桃小食心虫、刺蛾类、红蜘蛛等虫害及枣炭疽病、枣锈病、枣烂果病病菌的初侵染。
7	幼果期	①枣树追肥、灌水及后期排水。 ②适时翻草，压绿肥。 ③利用高温季节沤制有机肥，为秋后备足有机肥作为基肥。 ④喷倍量式波尔多液重点防治此期多发的各种病害，随时检查全园枣树，发现枣枯枝病及时刮树皮涂药防治。有生理性缩果病的枣园可再喷一次到硼酸（砂）予以防治。 ⑤喷药防治枣红蜘蛛、桃小食心虫、日本龟蜡蚧、天斗牛类注干害虫。枣树地里插杨树嫩枝把、引诱棉铃虫产卵，防治棉铃虫。
8	果实膨大期	①继续做好病害防治，8月中旬前可继续用波尔多液，以后改用易保、仙生、大生、高尚等药剂防治。 ②继续防治各种虫害，可用阿维菌素兼治红蜘蛛和其他害虫。 ③喷氨基酸钙、硝酸钙、氯化钙等钙肥减少裂果病的发生。 ④旱时适时灌水，减少裂果病发生。继续注意排水。 ⑤在树干捆草圈诱使害虫在草内越冬。 ⑥加工品种在白熟期即可采摘加工蜜枣，早熟鲜食枣半红期采摘上市。

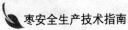

(续)

月份	物候期	主要管理工作
9	果实成熟期	①继续采摘白熟期枣加工蜜枣,鲜食枣半红期采摘上市。有贮藏价值的鲜食枣可下树贮藏。 ②果实采前喷钙,减少果实裂果和提高果实保鲜期。 ③准备贮藏鲜枣的库房及用具进行消毒灭菌。 ④准备红枣制干场地及其用具,烘烤房的检修、工具修缮。 ⑤9月下旬成熟制干枣应在完熟期下树制干枣。 ⑥已采完果的枣园、树应进行秋施基肥,继续加强树上管理,采果后马上喷一次 0.5%～1% 尿素液,延缓落叶,保证叶片生理功能制造更多营养贮备。
10	晚熟枣成熟及落叶期	①鲜食品种半红期下树上市或入库贮藏。 ②红枣制干,分级包装入库贮藏或外运销售。 ③继续秋施基肥,秋翻松土保墒。 ④晚熟枣下树入库贮藏保鲜或制干。 ⑤落叶后摘除树上、树下病虫果。 ⑥枣粮间作地块应适时播种冬小麦。
11～12	休眠期	①清洁枣园,清除枯枝落叶、病虫落果及果园杂草,运出枣园销毁。 ②枣园浇封冻水(最迟要做到夜冻日溶,再迟对安全越冬不利),水渗后松土保墒。 ③随时检查入库保鲜枣,随时调节库内温、湿度,保证库内最佳贮藏温度、湿度及气体组成,枣变红要挑出及时销售。 ④做好干、鲜枣的市场销售工作。 ⑤进行全年枣园管理工作总结。

附 录

附录一　无公害水果农药残留、重金属及其他有害物质最高限量

项　目	指标 （毫克/千克）	项　目	指标 （毫克/千克）
马拉硫磷	不得检出	氯氰菊酯	≤2.0
对硫磷	不得检出	溴氰菊酯	≤0.1
甲拌磷	不得检出	氰戊菊酯	≤0.2
久效磷	不得检出	三氟氯氰菊酯	≤0.2
氧化乐果	不得检出	抗蚜威	≤0.5
甲基对硫磷	不得检出	除虫脲	≤1.0
克百威	不得检出	双甲脒	≤0.5
水胺硫磷	≤0.02	砷（以 As 计）	≤0.5
六六六	≤0.1	汞（以 Hg 计）	≤0.01
滴滴涕	≤0.1	铅（以 Pb 计）	≤0.2
敌敌畏	≤0.2	铬（以 Cr 计）	≤0.5
乐果	≤1.0	镉（以 Cd 计）	≤0.03
杀螟硫磷	≤0.4	锌（以 Zn 计）	≤5.0
倍硫磷	≤0.05	铜（以 Cu 计）	≤10.0
辛硫磷	≤0.05	氟（以 F 计）	≤0.5
百菌清	≤1.0	亚硝酸盐（以 NaNO$_2$ 计）	≤4.0
多菌灵	≤0.5	硝酸盐（以 NaNO$_3$ 计）	≤400

注：未列项目的有害物质的限量标准各地根据本地实际情况按有关规定执行

附录二 北京市安全农产品土壤环境质量标准

项 目	指标（毫克/千克）		
土壤 pH	＜5.6	6.5～7.5	＞7.5
镉≤	0.30	0.30	0.60
汞≤	0.30	0.50	1.0
砷≤	40	30	25
铜 农田≤	50	100	100
果园≤	150	200	200
铅≤	250	300	300
铬≤	250	200	250
锌≤	200	250	300
镍≤	40	50	60
六六六≤	0.50	0.5	0.5
滴滴涕≤	0.5	0.5	0.5

附录三 北京市安全农产品农田灌溉水质指标

项 目	指 标	项 目	指 标
pH	≤5.5～8.5	总锌（毫克/升）	≤2.0
总汞（毫克/升）	≤0.001	总镉（毫克/升）	≤0.005
总铬（毫克/升）	≤0.005	总盐量（毫克/升）	≤1 000
总砷（毫克/升）	≤0.05	氯化物（毫克/升）	≤250
总铅（毫克/升）	≤0.1	氟化物（毫克/升）	≤2.0
总铜（毫克/升）	≤1.0	粪大肠菌群数（个/升）	≤10 000
总硒（毫克/升）	≤0.20	蛔虫卵数（个/升）	≤2

附录四 北京市安全农产品农田大气环境
质量标准（标准状态）

项　　目	日平均浓度限值	1 小时平均浓度限值
总悬浮颗粒物（TSP）（毫克/米^3）	0.30	—
二氧化硫（SO_2）（毫克/米^3）	0.15	0.50
氮氧化物（NO_X）（毫克/米^3）	0.10	0.15
氟化物（F）（微克/米^3）	10	—

附录五 北京市安全农产品果品生产
氮肥限量使用标准

品　种	纯氮（千克/亩）	备　　注
苹果	8～18	限量标准中的氮，是全生育期需氮总量，果树是 4～5 年盛果期的需氮总量
梨	8～15	
桃	10～20	
葡萄	10～15	

附录六 北京市安全农产品果品生产
限制使用的化学农药

农药名称	最后一次施药距采收间隔期（天）	农药名称	最后一次施药距采收间隔期（天）
乐果	30	双甲脒	40
杀螟硫磷	30	噻螨酮	40

（续）

农药名称	最后一次施药距采收间隔期（天）	农药名称	最后一次施药距采收间隔期（天）
辛硫磷	30	克螨特	40
氯氰菊酯	30	百菌青	30
溴氰菊酯	30	异菌脲	20
氰戊菊酯	30	粉锈宁	10
除虫脲	30		

附录七　北京市安全农产品果品生产禁止使用的化学农药

种　类	农药名称
有机砷杀菌剂	甲基砷酸锌、甲基砷酸铁铵、福美甲砷、福美砷
有机锡杀菌剂	三苯基醋酸锡、三苯基氯化锡
有机汞杀菌剂	氯化乙基汞（西力生）、醋酸苯汞（赛力散）
氟制剂	氟化钙、氟化钠、氟乙酸钠、氟乙酰胺、氟铝酸钠、氟硅酸钠
卤代烷类熏蒸剂	二溴乙烷、二溴氯丙烷
有机磷杀虫剂	甲拌磷、乙拌磷、久效磷、对硫磷、甲基对硫磷、甲胺磷、甲基异柳磷、氧化乐果、磷胺
氨基甲酸酯杀虫剂	克百威、涕灭威、灭多威
有机氯杀虫剂	滴滴涕、六六六、林丹、艾氏剂
有机砷杀虫剂	砷酸钙、砷酸铅
二甲基甲脒类杀虫杀螨剂	杀虫脒
有机氯杀螨剂	三氯杀螨醇
取代苯类杀虫剂	五氯硝基苯、五氯苯甲醇
二苯醚类除草剂	除草醚、草枯醚

附录八　北京市安全农产品果品有害物残留标准

项　目	最高含量标准 （毫克/千克）	
汞	0.01	GB 2762—94
氟	0.5	GB 4809—94
砷	0.5	GB 4810—94
镉	0.03	
铅	0.2	GB 14935—94
六六六	0.2	GB 2763—81
滴滴涕	0.1	GB 2763—81
敌敌畏	0.2	GB 5127—85
乐果	1.0	GB 5127—85
杀螟硫磷	0.5	GB 4788—94
倍硫磷	0.05	GB 4788—94
甲拌磷	不得检出	GB 4788—94
马拉硫磷	不得检出	GB 5127—85
对硫磷	不得检出	GB 5127—85
溴氰菊酯	0.1	GB 14928.4—94
氰戊菊酯	0.2	GB 14928.5—94

主要参考文献

北京农业大学.1989.果树昆虫学［M］.北京：农业出版社.

陈贻金，等.1993.中国枣树学概论［M］.北京：中国科学技术出版社.

河北省邯郸市农业局，邯郸市技术监督局.2001.无公害农产品生产技术标准［S］.北京：中国农业出版社.

梁国安，等.1993.果品保鲜贮藏技术［M］.北京：气象出版社.

刘宏海，黄彰欣.1999.广东地区小菜蛾对 Bt 和阿维菌素敏感性的测定［J］，中国蔬菜.（2）：9-12.

刘孟军，汪民.2003.中国枣种质资源［M］.北京：中国林业出版社.

刘玉升，郭建英，等.2000.果树害虫生物防治［M］.北京：金盾出版社.

聂继云，等.2001.我国农药残留国家标准［J］，中国果树（4）：47-49.

农业部全国土壤肥料总站肥料处.1990.肥料检测使用手册［M］.北京：农业出版社.

曲泽州，王永蕙.1993.中国果树志·枣卷［M］.北京：中国林业出版社.

任国兰，等.1995.枣树病虫害防治［M］.北京：金盾出版社.

史玉群.2001.全光照喷雾嫩枝扦插育苗技术［M］.北京：中国林业出版社.

王红旗.2008.金丝小枣无公害标准化栽培技术［M］.石家庄：河北科学技术出版社.

杨丰年，刘彩莉.1990.枣的栽培与加工［M］.石家庄：河北科学技术出版社.

张格成.1995.果树农药使用指南［M］.北京：金盾出版社.

张光明.2000.绿色食品蔬菜农药使用手册［M］.北京：中国农业出版社.

张友军，等．2003. 农药无公害使用指南［M］．北京：中国农业出版社．

张志善，等．2004. 枣无公害高效栽培［M］．北京：金盾出版社．

浙江农业大学，等．1979. 果树病理学［M］．上海：上海科学技术出版社．

周俊义，刘孟军．2007. 枣优良品种及无公害栽培技术［M］．北京：中国农业出版社．

周正群，等．2002. 冬枣无公害高效栽培技术［M］．北京：中国农业出版社．